数据化管理

洞悉零售及电子商务运营

黄成明（@数据化＿明）著

电子工业出版社
Publishing House of Electronics Industry
北京·BEIJING

内 容 简 介

本书讲述了两个年轻人在大公司销售、商品、电商、数据等部门工作的故事，通过大量案例深入浅出地讲解了数据意识和零售思维。作者将各种数据分析方法融入到具体的业务场景中，最终形成数据化管理模型，从而帮助企业提高运营管理能力。

本书全部案例均基于Excel，每个人都能快速上手应用并落地。

未经许可，不得以任何方式复制或抄袭本书之部分或全部内容。
版权所有，侵权必究。

图书在版编目（CIP）数据

数据化管理：洞悉零售及电子商务运营 / 黄成明著. —北京：电子工业出版社，2014.7
ISBN 978-7-121-23406-4

Ⅰ.①数… Ⅱ.①黄… Ⅲ.①数据管理 Ⅳ.①TP274

中国版本图书馆CIP数据核字（2014）第116742号

责任编辑：张月萍
印　　刷：天津千鹤文化传播有限公司
装　　订：天津千鹤文化传播有限公司
出版发行：电子工业出版社
　　　　　北京市海淀区万寿路173信箱　邮编：100036
开　　本：880×1230　1/24　印张：12.75　字数：459千字
版　　次：2014年7月第1版
印　　次：2023年7月第28次印刷
印　　数：147 001~148 000册　定价：79.00元

凡所购买电子工业出版社图书有缺损问题，请向购买书店调换。若书店售缺，请与本社发行部联系，联系及邮购电话：（010）88254888，88258888
质量投诉请发邮件至zlts@phei.com.cn，盗版侵权举报请发邮件至dbqq@phei.com.cn。
本书咨询联系方式：010-51260888-819　faq@phei.com.cn。

专家推荐

（排名不分先后）

零售业出路不仅是线上线下的成功融合，更源于对数据的收集、整理、分析，实现可预测、可指导，就是常说的数据化管理。市面上不少关于大数据的书籍，多来自国外，理论性强，不适合国情。能针对零售业进行系统化、专业化分析的书籍也不多。作为黄老师多年老友，他认真、踏实的钻研精神，也令我深深折服！

曹志国，志向卓越咨询集团，董事长（新浪微博@曹志国-连锁研究）

互联网时代电商对零售行业的影响有目共睹，这个行业的竞争变得越来越激烈，以前的粗放式管理已不适应潮流，我们需要精细管理，这就需要数据，数据是无形资产，也是核心竞争力的基础。本书系统介绍零售行业数据方面的应用思路和实战的数据分析要点，书中模拟实战，同时渗透着数据化思路的引导，相信这本书能让你快速成长！

邓凯，资深数据分析师，新浪微博，资深博主（新浪微博@数据挖掘与数据分析）

用数据来指导和决策商业经营管理，是最近很火的一个概念。但与许多高大上的数据分析挖掘类图书有所不同，在这本书当中并没有堆砌太多的数据分析理论和数理统计公式，而是用最通俗易懂的实例和最轻便易用的工具来为我们演绎了商业数据化管理的理念和方法，并具有高度的可操作性和可复制性。这本书让我们认识到，商业数据分析很多时候难的不是工具和方法，而是在于对数据敏感的意识、观察数据的角度以及对数据理解的方式。同时，作为一个使用Excel的"熟练工"，我在阅读这本书的时候感到了久违的轻松和愉悦，因为它让我找到了Excel这种平民化工具在激发企业生产力和决策力方面的巨大潜力，依托于Excel的数据化管理，大有可为！

方骥，微软最有价值专家MVP（新浪微博@Excel大全）

随着全零售时代的到来，传统商业的每一个供应链细节都离不开数据的支撑。特别是以C端驱动的供应链模式成为主流的今天，用数字解读顾客需求成为品牌和渠道竞争的核心。本书可以让你学会全面地利用数字化的方式掌握对人、货、场、财等经营管理，特别适合新零售、电商、供应链、大数据的朋友一读！

黄刚，著名物流供应链专家·汉森世纪供应链，总经理（新浪微博@黄刚-物流与供应链）

随着电子商务对零售业态的改变，数据已经成为企业竞争力的"核心"。对于企业来说掌握市场环境、营销流量、运营管理、客户关系的数据越多、越立体化，越可以精细化企业管理。《数据化管理》一书从"人、货、场"的维度，为我们呈现了真实的零售数据世界。希望大家可以通过本书的学习，提升自身对数据的理解和企业运营效率。

海云飞，艾瑞咨询集团，艾瑞学院总监

本书通过几个人对实际业务的探讨展开了数据驱动业务的有趣旅程。既有数据分析逻辑、基础指标计算和对比方法，又具备数据分析技巧，涵盖数据分析从入门到高级再到精深的各个阶段，其中数据分析立体化无疑是数据分析的重要指导思想，从由小到大，由局部到整体的立体化，到通过增加不同维度实现立体化的思考，为数据分析从业者提供很好的思路和借鉴。在立体化逻辑的基础上，再从不同维度的数据指标组合中找寻业务解释，为企业提供更多的决策和效率优化依据！

罗盘，微博数据中心，总监（新浪微博@五洲红）

不懂数据，就做不好生意；不懂大数据，就做不成大生意！数据是生意经营过程的量化结果，里面蕴含着不为人一眼察觉到的奥秘。通过洞悉数据背后的逻辑、规律、趋势和洞见，可以更好地读懂过去、了解现在、预见未来！在这本书中，我们可以深刻感受到黄老师对数据的解读深度、对分析方法的不倦追求、对生意逻辑的深刻洞察！推荐各行各业的企业家、高管们，都好好读一读这本帮你读懂生意、发现生意的专业书！

穆兆曦，优识营销学院，院长

无论是传统领域里的企业人，还是基于互联网技术发展起来的电商公司，更包括了大量的IT、科技公司，对于数据化的概念，向来是敞开怀抱热烈欢迎。这一方面是，在实际的业务中，数据真得给予了企业者更理性化、系统化管理业务的支撑点，另外一个因素则有些窘迫：关于数据管理的知识总显得太过严谨生涩而让人难以轻松接受。这次的新书，数据君一如既往地保持着通俗有趣的写作风格，并且不再受到篇幅的限制，可以酣畅淋漓地把案例一个个穿插在理论中，就算是刚接触数据的新人，都可以通畅地阅读。实在是目前市面上，将数据化管理最接地气的一本书啦！

强音，i天下网商，主编

在经济学中，最经典的概念是"看不见的手"，这是所有微观经济学及市场经济的核心。"看不见的手"，是一种对于市场的敬畏，也是对于市场中多方博弈的一个总结。而这个经典的概念，正在被另外一个更加重要的概念所替代"看得见的数据"，也就是所谓的"数据赋能"。伴随着互联网的发展，尤其是移动互联网的发展，市场的每一个细节都将数据化、智能化。

数据的力量正在展现，数据对于商业的价值，就像电子对于科技的价值，正在一步步成为商业的现实。而在整个数据的商业应用中，最先价值化的是电子商务。

在阿里巴巴的平台上，商家在经营淘宝及天猫店铺时，有两个重要的数据平台，一个是量子恒道，以本店铺的所有营销、客户、商品信息为基础；二是数据魔方，涉及全网的行业数据，包括爆款、行业指数等方面。除此以外，还延伸出大量的数据化的工具与公司，这点都是因为互联网非常透明的竞争，数据就是精细化运营的基础。

在O2O的领域也是如此，O2O是商务电子化的过程，也就是将所有的商务环节数据化与智能化，提升效率，节约成本，挖掘新需求。

@数据化管理，是对于商务数据化与智能化的一个系统的探索与思考，开启了一个新的商业思考的维度，值得我们在商业巨变的时代，掌握时代的潮流与商业的未来。

天机，阿里巴巴集团，O2O项目 品牌商负责人

大数据时代已悄然来临，那些默默沉睡在服务器上的陈年旧数一夜间身价倍增。现在市面上已经有很多关于大数据、数据挖掘等的各类书籍了，本书却非常新颖和务实地聚焦在"如何利用数据及数据挖掘分析方法来支持企业各项管理工作"。而这种视角，对于我们连锁零售百货公司非常有价值。新世界百货从1993年来大陆开店，至今已经有21年的历程，在我们的后台服务器上积累了海量的中国各个城市消费者的消费记录，同时我们已经拥有超过300万的VIP会员，他们21年的消费行为、消费习惯，以及这种行为和习惯的变迁，都刻录在存储器上。我们一直在思考如何挖掘这些堪比石油的数据矿。本书的问世给我们带来了一种欣喜和尝试的冲动。

王宝军，新世界百货中国有限公司企业管理服务部，总经理

零售界著名的数据化管理培训师兼好友黄成明出书了！可喜可贺！一向与成明私交甚笃，有感于他这几年厚积薄发、真材实料的飞速发展，特地向大家推荐本书！

吴子恒，中国零售界及商业地产界第一微博，博主（新浪微博@Hermann中国零售微博）

行业资深人士，都有一个共同点：观市势，而创己道；填万坑，而成己法。黄老师浸泡零售行业20余年，将运营归结为"人货场"三方面，并采用一套缜密的数据分析方法分解落地。道法合一，基于"人货场"思维的立体化，在介绍各种分析方法的同时，将各种"坑"逐一呈现，值得一阅。

杨帆，唯品会，商业智能高级总监

优秀的数据分析师要求五懂，即要懂业务、懂管理、懂分析、懂工具、懂设计，本书为五懂结合应用的结晶。

张文霖，《谁说菜鸟不会数据分析》作者（新浪微博@小蚊子乐园）

前言
测试你对数据的敏感度

五一刚过,北京某大学校园内来了几个人,他们是新春天连锁商业有限集团公司负责校园招聘项目的员工。而此时阶梯教室早已坐满了慕名而来的同学,他们是被这样一张海报吸引过来的:

> **We want you**
> 我们不在乎你学的是什么专业,我们也不在乎你是男是女,但是我们在乎:
> 你是否对未来的工作充满幻想和期待?
> 你是否对数据有足够的敏感度?
> 你是否有很强的逻辑思维能力?
> 如果有,我们5月7日14:00阶梯教室见!
> 招聘会中将有资深职场人士分享"如何提高你对数据的敏感度"等内容。
> 我们是新春天连锁商业有限集团公司,中国50强零售企业。我们的总部在北京,我们的主要业务来源于百货、超市和电子商务。

14:00新春天校园招聘会准时开始,例行发言后,主持人给每位同学发了一张笔试卷子。要求10分钟内完成,不能使用计算器或者具有计算功能的手机等(友情提示:最好是心算)。

亲爱的读者,准备好纸和笔,你也一起来测试下自己对数据的敏感度吧。

第一部分:请判断下面的描述是正确的、错误的还是不能确定。

1 某公司业务员小强有24个客户,4月不重复客户购买比率为78%。(注:不重复客户购买比例=有订单的客户总数÷总客户数,重复购买的客户只算一次)

2 我国城镇住房建设较快发展,人均住宅建筑面积升至26.11m^2(北京市为32.68m^2),户均住宅建筑面积为83.2m^2。同时,城镇住宅建筑面积达到历史最高的300.16亿m^2。

3 2013年4月,某品牌在某地区销售同比增长32%,该地区的三个客户分别完成销售23.8万元、36.8万元、27.0万元,去年同期他们分别完成销售18.3万元、28.8万元、20.9万元。(注:该地区只有三个客户)

4. 某学校200名同学全部参与了优秀学生干部的选举活动，最后李刚同学以88.8%的投票支持率当选。（注：共5名候选者，每位同学只能选择支持1位，候选者也可以参加投票）

5. 国家统计局发布的《2009年国民经济和社会发展统计公报》显示，2009年70个大中城市房屋销售价格上涨1.5%，其中新建住宅价格上涨1.3%，二手住宅价格上涨2.4%，房屋租赁价格下降0.6%。

6. 2012年，某公司各部门员工离职率分别为：销售部125%，市场部48%，物流部26%，人事部0%。

7. 甲、乙两单位进行大学生招聘，只要两单位的女性录用率分别都高于男性录用率，就能确保两单位的总录用率女性高于男性。（注：录用率=录取人数÷应聘人数×100%）

8. 2011年8月，京沪高铁开通运营一个月以来，共开行动车组列车5542列，日均179列；运送旅客525.9万人，日均17万人，平均上座率为107%。

9. 345678＋13897＋6732＋19753＋685454＋23988＋348766＋768＝1445038

第二部分：请找到如下数字的规律，并将正确答案填到括号中。

1. 11, 27, 66, 146, （　　）
2. 5, 5, 9, 17, 29, （　　）
3. 3, 4, 6, 10, （　　）
4. 65, 8, 50, 15, 37, 24, （　　）

第三部分：请运用加减乘除和括号计算如下试题，要求计算结果是24，同时要求每题用两种方法。

1. 5, 8, 9, 2
2. 6, 6, 8, 3
3. 3, 5, 7, 8

测试题答案请见附录，总分20分。

15分钟之后，一位英俊潇洒的帅哥走上了讲台。他叫杰克，新春天集团总裁特别助理，主要负责集团的数据化管理项目，也是这次校园招聘项目MT（Management Trainee，管理培训生）的导师。杰克以严谨、严厉、严格著称，被下属取绰号"严三儿"。

杰克上台后环顾了一下全场，场下是数百位同学在等待他的演讲。

大家好，我叫杰克。我今天第一个问题是：有谁知道数字、数值和数据的区别吗？

同学A：数字就是阿拉伯数字，而数据应该和数值差不多吧？

同学B：我认为数据和数值不一样，比如我数学考了88分，88是数值，而88分就应该是数据。

杰克：不错，综合你们的说法就是答案。数字是阿拉伯数字，只是计数符号，数据是有背景的数值，这个背景一般以单位来体现。例如，2013年5月5日新春天集团王府井店营业额是人民币3686万元，3、6、8、6是数字，3686是数值，人民币3686万元就是数据。

如果你们能进入新春天集团的数据部门工作，那你们就会每天面对各种数据。

我的第一份工作是做销售经理的助理，天天负责给销售团队做各种报表，也就是大家熟知的"表哥"。刚开始的时候，非常痛苦，辛苦半天做好的报告被经理一秒钟就给打回来了，说里面有错误，并且还不告诉我具体错在什么地方了。于是我又不得不花上一些时间去找那个该死的错误值。时间长了我就总结出一些快速找到数值（注意不是数据）错误的方法。

请大家在30秒内选择出下面这4道题的正确答案，前提是不能用计算器：

1 345678+13897+6732+19753+685454+23988+348766+768=

 Ⓐ 1445035 Ⓑ 1445036 Ⓒ 1445037 Ⓓ 1445063

2 3872×68=

 Ⓐ 263296 Ⓑ 283296 Ⓒ 193296 Ⓓ 213296

3 1258×308=

 Ⓐ 38764 Ⓑ 3874064 Ⓒ 3870464 Ⓓ 387464

4 12837+9235+432867+235=

 Ⓐ 435174 Ⓑ 489174 Ⓒ 455174 Ⓓ 555174

说实话，我现在非常感谢我的这位领导对我的磨练，他用一种特殊的方法让我快速融入到数据之中。你们进入社会以后也需要这种磨练才能快速成长，这样能迫使自己快速进入状态，找到对数据的感觉。心算是找数据感觉的一种方法，并且在很多场合，例如在商务谈判时，在听别人做销售报告时，下属向你汇报工作时……你好意思拿出计算器来吗？所以我们需要掌握一套判断数字运算结果是否错误的速判法。这种方法虽然不能准确知道正确的结果是什么，但是可以快速判断哪些结果肯定是错误的。

如何快速识别真假数值？

- 尾数法：只看最后一位数字，尾数相互加减乘除后的结果必须满足对应的算术规律。例如 **1** 所示，我们可以快速判断尾数应该是6，所以 **A** **C** **D** 肯定是错误的。

- 首位法：只看每个数值的第一个数字，相乘或相加，结果需要满足或近似满足四则运算规律。例如 **2** 所示，首位数字近似于4乘以7，计算结果应该靠近且小于28，所以 **B** **C** **D** 是错误的。

- 数位法：通过数每个数值的位数来判断计算结果是否正确。例如 **3** 所示，4位数乘以3位数结果应该是6或者7位，而题中的两个数值偏小，所以结果应该是6位。从而判断 **A** **B** **C** 都是错误值。

- 极值法：在求和运算中，最大值左右了运算结果，所以通过对比最大值和运算结果大致就能做出判断。例如 **4** 利用此法很容易就能判断 **A** **B** **C** 是错误的。

"So easy, 我们在小学就会这些了！"突然从人群中冒出一句话，随即引起了同学们的哄堂大笑。杰克平静地看着大家，等大家安静下来后才继续。

杰克：我曾经在不同的企业、不同的层面，把上面几组错误的数据嵌套到销售报告中做测试，遗憾的是，只有少数人发现了其中的错误数据，这个比例不到5%，因为大家已经将这些知识"还给"小学数学老师了。我相信到时候你们中的大部分人也会犯这种错误，因为大部分人没有数据思维，也没有养成对数据的质疑精神，这种精神不是学出来的，而是练出来的。

如何提高自己数据化思维的意识？

包括三个方面：对数据的敏感度、数据化思维意识以及习惯用数据说话，可以从主动和被动两方面来提高。

- 主动提高

1 **玩数字游戏**：什么24点[1]、数独等都统统可以有。刚开始工作的那几年，在每天上下班的路上，我常常一个人盯着公交车外一闪而过的汽车尾部牌照玩24点，很有效。最后我可以做到在下一辆车出现之前就能算出前一辆车牌照号的24点。

---

1 24点规则：随机抽取4个整数（一般是1~9之间的数字，可以重复），运用加减乘除等运算法则，最后得到结果必须是24。

2 **多看财经类的新闻报道：**当看到数据的时候，多想一想，花点时间思考一下，还可以通过搜索、查证、逻辑判断等来证明这些数据是正确或错误的。

3 **学会质疑：**不迷信不盲从专家的数据，养成独立思维的习惯。

4 **记大数、关键数、异常数等：**在业务过程中多记一些有用的数据会让你显得更专业，时间长了对数据的感觉就出来了。

当然每个人都有适合自己的方法，找到它坚持下去，时间长了这就会变成一种能力。很多女孩子总是认为自己对数据敏感度低是天经地义的，其实这是用心不够。

◆ 被动提高

杰克：被动总是一件很痛苦的事情，我服务的第一家公司是一家号称具有浓郁报表文化的美国公司。当时我平均每天需要做10~20张左右的报表，在那个没有电脑、报表只能靠手工传真的年代，大家可以想象这是一个多么宏大的工程。

若干年前的某个夏天，我在主持某品牌服装北京地区销售周例会的时候，有个商场当周销售额环比下降了18%，店长解释的原因是天气太热，顾客都不愿意逛商场，客流量下降，所以销售额也必然下降。有意思的是当周有个商场销售额环比上升了15%，而这位店长给出的原因也是天气。天气太热顾客都喜欢逛商场，因为可以享受凉爽的空调，平均停留时间增加，所以销售额上升。

2012年8月28日，我在新浪微博写了这样一条，如图Q-1所示。

【那些年我们为销售不好编过的理由】销售不好时领导总是追着问原因，于是出现各种拍脑袋理由：①天气不好（太冷/太热/打雷/刮风/下雨）；②没有客流；③缺货；④对面竞争对手搞促销；⑤没有促销活动；⑥股市下跌，没心情消费；⑦股市上涨，钱都炒股去了；⑧昨晚和男朋友吵架了...告诉大家那些雷人借口

标签：用数据说话 销售 忽悠

8月28日 17:41 来自新浪微博 ｜ 转发(1028) ｜ 收藏 ｜ 评论(131)

图Q-1 微博图片

"So easy！"不知道哪位同学又冒出一句，又是哄堂大笑。

杰克微笑地看着大家：很多职场人士遇到问题的时候，不是主动找问题的原因，而是习惯性地编故事。我做过统计，当销售表现不好的时候，有25.7%的人会归结于天气，有22.1%的人会归结于客流，就是没有顾客，有18.5%的人会归结于商品的原因……为了帮助这个公司的同事更快地提高数据化思维，我做了一个艰难的决定，必须强迫他们养成用数据说话的习惯。

1️⃣ **培训**：我们准备了专业的数据课程培训，同时我还安排了公司数据分析中心的同事每月给大家上课。

2️⃣ **做表**：每天做5张表，包括日销售分析表、月销售预测表、商品数据汇总分析表、会员数据汇总分析表、竞争对手数据调查表。这是我当时强制留给店长们的作业，他们报表交上来后，我会不断地给他们"挑错"。三个月后再看大家对数据的感觉，效果相当不错。

3️⃣ **诱惑**：三个月后我把上面的5张表整合成一个店铺管理模板，我在里面植入了各种销售和商品的分析及各种算法。只需要店铺每天录入几个数据，其他的模板自动生成，如图Q-2所示。通过模板诱惑他们主动去分析，这时候提高的就是店长的综合分析能力。

图Q-2　店铺管理模板（部分）

4️⃣ **换岗**：经过前三步的培养之后，对于那些实在不愿意改变的同事，这是下下策的安排。

数据思维是一个不断训练提高的过程，然后放到业务环境中去思考问题，数学成绩的好坏并不是我们这次招聘的必备条件。

祝大家好运！

目 录

第1章 什么是数据化管理 /17
1.1 "聪明"的销售人员 /17
1.2 数据化管理的概念 /20
1.3 数据化管理的意义 /21
1.4 数据化管理的四个层次 /22
- 1.4.1 业务指导管理 /22
- 1.4.2 营运分析管理 /22
- 1.4.3 经营策略管理 /22
- 1.4.4 战略规划管理 /22

1.5 数据化管理流程图 /23
- 1.5.1 分析需求 /23
- 1.5.2 收集数据 /23
- 1.5.3 整理数据 /23
- 1.5.4 分析数据 /24
- 1.5.5 数据可视化 /24
- 1.5.6 应用模板开发 /25
- 1.5.7 分析报告 /26
- 1.5.8 应用 /27

1.6 数据化管理应用模板 /27

第2章 寻找零售密码 /29
2.1 周权重指数 /30
- 2.1.1 寻找店铺零售规律 /31
- 2.1.2 周权重指数 /32
- 2.1.3 周权重指数的计算 /34
- 2.1.4 日权重指数的特殊处理 /36

2.2 周权重指数的应用 /37
- 2.2.1 判断零售店铺销售规律辅助营运 /38
- 2.2.2 分解日销售目标 /39
- 2.2.3 月度销售预测 /41

2.2.4　销售对比　/44
2.3　神奇的黄氏曲线——单位权重（销售）值曲线　/47
　　　2.3.1　单位权重（销售）值曲线　/47
　　　2.3.2　应用在销售追踪过程中　/47
　　　2.3.3　特殊事件的量化处理　/50
　　　2.3.4　促销活动的分析及评估　/52
　　　2.3.5　新产品上市的分析及评估　/54
　　　2.3.6　其他应用　/55
2.4　案例及应用——数据化排班　/56

第3章　销售中的数据化管理　/61

3.1　销售都是追踪出来　/62
　　　3.1.1　没有目标管理就没有销售的最大化　/62
　　　3.1.2　没有标准就没有追踪的依据　/63
　　　3.1.3　如何用数据化追踪销售　/64
　　　3.1.4　销售追踪注意事项　/68
3.2　常用的销售分析指标　/69
　　　3.2.1　人货场是零售业基本的思维模式　/69
　　　3.2.2　零售业常用的分析指标　/72
　　　3.2.3　如何确定指标的重要性　/86
3.3　提高销售额的杜邦分析图　/87
　　　3.3.1　路过人数　/89
　　　3.3.2　进店率　/89
　　　3.3.3　成交率　/89
　　　3.3.4　平均零售价　/90
　　　3.3.5　销售折扣　/90
　　　3.3.6　连带率　/90
3.4　促销中的数据化管理　/92
　　　3.4.1　影响冲动购买的因素有哪些　/92
　　　3.4.2　零售业常用的促销方式　/93
　　　3.4.3　促销活动的准备、执行和评估　/94
3.5　案例及应用　/97

第4章　商品中的数据化管理　/103

4.1　常用的商品分析指标　/103
　　　4.1.1　商品分析的基本逻辑　/103
　　　4.1.2　常用的商品分析指标　/104

4.1.3　伤不起的售罄率　/117
　　　4.1.4　再谈如何确定指标间的重要性　/119
　4.2　常用的商品分析方法　/120
　　　4.2.1　商品的自然分类方法　/120
　　　4.2.2　商品的销售分类方法　/122
　　　4.2.3　商品的价格分析　/124
　　　4.2.4　商品的定价策略　/130
　4.3　商品的关联销售分析　/136
　　　4.3.1　商品的关联程度分析　/136
　　　4.3.2　购物篮分析　/139
　　　4.3.3　提高商品关联度的方法　/141
　4.4　商品的库存管理　/142
　　　4.4.1　库存分析逻辑　/142
　　　4.4.2　异常库存管理　/150
　　　4.4.3　设置库存预警条件　/151
　4.5　商品的利润管理　/152
　　　4.5.1　谁在决定商品的利润　/153
　　　4.5.2　商品的现值　/153
　　　4.5.3　库存的现值分析法　/156
　4.6　案例分享　/157

第 5 章　电子商务中的数据化管理　/164

　5.1　数据分析是电商营运的指路明灯　/164
　　　5.1.1　电子商务和传统零售数据分析的区别　/164
　　　5.1.2　电商数据分析需要的数据　/166
　　　5.1.3　电商数据来源及分析工具　/167
　5.2　电商数据分析指标　/168
　　　5.2.1　流量指标　/168
　　　5.2.2　转化指标　/169
　　　5.2.3　营运指标　/171
　　　5.2.4　会员指标　/171
　　　5.2.5　财务指标　/173
　　　5.2.6　关键指标　/175
　5.3　流量数据分析　/177
　　　5.3.1　流量及转化的漏斗图分析　/177
　　　5.3.2　对比发现有质量的流量　/178

   5.3.3 电商销售额诊断 /180
  5.4 案例分析 /181

第 6 章 零售策略中的数据化管理 /184

  6.1 渠道策略的数据化管理 /185
   6.1.1 如何科学地将渠道分类 /185
   6.1.2 渠道拓展分析 /191
   6.1.3 渠道的管理指标 /197
  6.2 会员策略的数据化管理 /198
   6.2.1 会员数据分析 /199
   6.2.2 会员价值分析 /203
   6.2.3 会员的生命周期管理 /206
   6.2.4 会员购买行为的研究 /209
  6.3 竞争对手分析 /211
   6.3.1 谁是你的竞争对手 /211
   6.3.2 如何收集竞争对手的数据 /214
   6.3.3 竞争对手的分析方法 /217
  6.4 营运策略的数据化管理 /224
   6.4.1 如何做销售预测 /224
   6.4.2 如何制定年度销售目标 /230
  6.5 案例分享 /235
   6.5.1 整理思路 /236
   6.5.2 界定问题 /237
   6.5.3 收集数据 /238
   6.5.4 分析数据 /241

第 7 章 必知必会的数据分析方法 /244

  7.1 数据分析的立体化 /244
   7.1.1 数据分析必须立体化 /244
   7.1.2 三维分析之点-线-面 /245
   7.1.3 三维分析之时间-对象-指标 /245
   7.1.4 三维分析之人-货-场 /246
   7.1.5 三维分析之广度-宽度-深度 /248
  7.2 数据没有可对比性就没有数据分析 /251
   7.2.1 被滥用的同比和环比 /252
   7.2.2 伤不起的各种"率" /253
   7.2.3 她真的是销售冠军吗 /257

7.3 常用的数据分析方法 /259
　　7.3.1 如何设定指标的权重 /260
　　7.3.2 经典的二八法则应用 /262
　　7.3.3 ABC分析方法 /264
　　7.3.4 排行榜分析方法 /265
　　7.3.5 你真的了解平均值吗 /267
7.4 数据展示也是一种分析方法 /269
　　7.4.1 Excel图表的展示逻辑 /270
　　7.4.2 不一样的雷达图 /271
　　7.4.3 清清爽爽的K线图 /273
　　7.4.4 高端大气的热力图 /275
　　7.4.5 四象限图的策略思维 /278

第8章　如何建立数据化管理模型　/280

8.1 数据化管理应用模板 /280
　　8.1.1 自定义区域 /281
　　8.1.2 数据源区域 /282
　　8.1.3 分析辅助区域 /283
　　8.1.4 业务预警区域 /283
　　8.1.5 业务分析区域 /284
　　8.1.6 报告展示区域 /286
8.2 搭建数据化管理模板必会的Excel十大技巧 /287
　　8.2.1 必须要掌握的54个函数 /287
　　8.2.2 数据透视表 /288
　　8.2.3 自动排名 /289
　　8.2.4 四象限图 /290
　　8.2.5 智能提醒 /291
　　8.2.6 PPT随Excel图表自动更新 /292
　　8.2.7 密码保护 /293
　　8.2.8 控件和VBA的使用 /295
　　8.2.9 名称管理器 /298
　　8.2.10 如何隐藏数据 /300

后记 /304

附录　测试你对数据敏感度的答案 /305

第 1 章
什么是数据化管理

2013年8月5日，星期一，经过多轮面试的柯北和星星终于踏进了新春天北京总部办公室，开始了向往中的白领生活。办完入职手续后，二人被带到杰克的办公室。在未来的6个月内，杰克将是他们的直接上司以及试用期内的培训导师。

杰克：我们又见面了，请叫我杰克，欢迎加入新春天商业集团，你们的职务是见习数据分析员。我们集团的所有业务都实行数据化管理，所以需要你们俩尽快养成用数据说话的习惯。不知道上次校园招聘结束后，你们有没有进行一些针对性的训练？

柯北：我天天看财经新闻，然后再去网上搜索相关数据来证明财经结论的真伪。我从中发现了不少错误的引用数据，有些还是故意误导读者。

星星：为了练24点，我每天放学坐车时都盯着汽车牌照看！我还把我们家周边的超市逛了好几遍，看看能不能找到他们零售价格的规律。

杰克：不错，待会儿我发几个案例考考你们。不过我先带你们去部门认识一下大家。

1.1 "聪明"的销售人员

零售行业有大量的地面一线销售人员，比如超市的促销员、商场的导购、专卖店的店员等。这个群体非常庞大，非常年轻有活力。他们也非常聪明，会利用公司的各种管理制度漏洞来获得利益。我们来看两个案例。

 喜欢赚差价的艾米

艾米是一家服装公司的普通店长，每月工资收入4,000~5,000元，而实际上每月她还能从这个店铺赚到5,000~10,000元外快。她每月的外快来自于两部分：会员顾客差价和促销活动差价。艾米的店铺是在一个大型购物中心内，所有款项都是店铺自己收，这为她的行为提供了便利。

- 会员每次购买正价服装都可以享受88折，对于那些非会员且用现金支付的顾客购买的商品，每次艾米都用自己偷偷办的会员卡结账，这样她可以赚到12%的差价。

- 每个月店铺都会有几天打折销售，一般是8折。在打折促销活动期间，艾米会把之前顾客正价且现金购买的衣服先做退货处理（退全款），再按照促销价开单（8折结算），这样她又可以赚到20%的差价。

当然这一切都不是艾米自己一个人完成的，她有好几个姐妹协助自己完成这些工作，有时候为了防止公司抽查，她们还会多办几张VIP卡轮流使用。

杰克：这两种情况的危害性非常大，既让企业的绩效考核失效，也使顾客管理失效，当然销售数据也会失真。那你们俩说说如何监控这种行为？

柯北：我觉得可以去抽查她们的购物小票，如果是没有购买凭证的退货记录肯定就是有问题的。

星星：针对虚假的VIP购买记录，我觉得可以打电话抽查。

杰克：这个公司在全国有上千家专卖店，十几万VIP会员，直接抽查和打电话都是没有考虑成本的方法。作为数据分析人员应该首先考虑：我们是不是可以利用数据建立一项监控制度，设定预警条件，定期筛选出有问题的店铺，然后再辅以其他抽查等监控手段。

杰克：针对这个案例，如果你是一线销售管理者（包括销售主管、城市经理、区域经理等），需要在60秒内回答出下面5个问题，如果不能，门店管理很可能已经失控：

1. 你负责的区域最近一个月的退货率是多少？
2. 退货率最高的店铺是哪些？
3. 你负责的店铺最近一个月的VIP顾客销售额占比[1]是多少？
4. VIP销售额占比最高的店铺是哪些？
5. 你最近一次去抽查退货单或VIP顾客销售单是什么时候？

---

1 VIP顾客销售额占比是指会员顾客消费金额占总销售额的百分比，一般用来判断店铺会员贡献。

杰克：前4个问题是需要销售管理者每月、每周甚至是每天去关注和追踪的，最后一个问题是需要落实到自己常规店铺拜访行程中去的。

案例2　永远争第一的妮可

妮可是一个服装店铺的普通店员，她所在的店铺有近千平米的营业面积，有50位和她一样负责每日销售的店员。在店长、销售主管甚至城市经理眼里，妮可是一个不可多得的销售高手，因为她每个月销售都是第一名，从她第一个月来这个店铺的时候就是第一名。

但是，有一天这个店铺的店长离职了，换了一个新的店长，从此以后妮可的销售业绩下滑得非常厉害，有时候竟然排在最后几名。销售主管和城市经理也分别找她了解过原因，还曾把她调到其他店铺工作，但是效果都不好。

杰克：你们俩认为可能是什么原因呢？

柯北：是不是妮可和新来的店长有矛盾，从而影响了销售业绩？

星星：我认为可能是妮可和原来的店长有某种关系，但是我又说不好这种关系是什么，就是感觉相关。

杰克：星星猜得有道理，当我拿到这个案例的时候，心里差不多就有答案了。这里面涉及一个长期被销售管理者忽视的问题，就是排班问题。目前大部分零售品牌的排班都是由店长来编排的，这是职责所在，无可厚非。但是如果店长在排班的过程中有私心，且销售主管又没有监控的话，问题就会出来了。问你们两个问题：

① 同样是上一天的班，在周一上和在周六上效果是否一样？

② 同样是上6个小时的班，在周六的9:00—15:00和15:00—21:00上效果是否一样？

"当然不一样啊！"星星和柯北同时回答道。

杰克：上面这个案例的答案就是，妮可和原来的老店长是有某种关系或默契，店长在排班时总是把她排到最好的日期、最好的时段上班。这样即使是妮可的销售能力一般，但是由于有足够的客流也能保证妮可的销售业绩是最好的，况且这个服装品牌也是非常有知名度的。

杰克：这种排班方式会极大地伤害团队凝聚力，也会影响店铺的销售。如果你们俩是这个公司的营运总监，你们会如何杜绝这种现象的发生？

柯北：我会建立一套零售店铺排班流程表，让他们变成体系，让店长、销售主管、城市经理等销售管理者都参与进来。

杰克：有道理，不过不现实。每个企业流程已经很多了，我们完全不需要这点"小事"去麻烦

管理层。我们只需要用Excel做一张表,一张【数据化排班表】,这张表将具有如下功能:

- ◆ 自动分析排班是否符合销售规律。
- ◆ 自动分析排班的公平性。

店长每月做完这张表后,需要将此表发给自己的直线上司审核,同时还需要张贴在店铺内供所有店员监督就可以了。具体的"数据化排班"我们将在第4章中仔细讲解。

星星:懂了。作为数据分析员,我们不但需要分析数据,还需要为其他团队提供简单化、模板化的工具帮助他们进行管理。

杰克:对的。从上面两个案例来看,在一个企业仅有数据分析是不够的,我们需要搭建数据化管理的体系,让它能"管理"到业务的每个角落。

1.2 数据化管理的概念

数据化管理是指运用分析工具对客观、真实的数据进行科学分析,并将分析结果运用到生产、营运、销售等各个环节中去的一种管理方法,根据管理层次可分为业务指导管理、营运分析管理、经营策略管理、战略规划管理四个由低到高的层次。根据业务逻辑还可以分为销售中的数据化管理、商品中的数据化管理、财务中的数据化管理、人事中的数据化管理、生产中的数据化管理、物流中的数据化管理等。

定义中的数据分析工具主要有Excel、SAS、SPSS、Matlab等,其中Excel由于通用性强、门槛低、功能强大等原因深受各种水平的数据分析人员的喜爱(本书所涉及的模板或工具均是用Excel独立完成的)。作为一个每天和数据打交道的人员,你可以不会那些专业的分析软件,但是Excel必须会,并且还要非常熟练。

柯北:Excel使用到什么程度算熟练呢?

杰克:当你觉得Excel是一张白纸的时候!因为白纸,你就可以在这上面设计你想要的分析模型,前提是你必须驾驭这个工具。当你刚入职的时候,可能只需要做表,简单的函数运算就可以满足你的需求;当变成部门助理时,领导需要分析的东西会很多,你就需要再学习一些比如高级函数、透视表等才能满足这个阶段的需要;当成为专业的数据分析人员时,Excel里面的控件、宏甚至Access就必须会用了。也就是说你的Excel水平必须够用,必须和你的业务需求相匹配。

柯北:好吧,今天开始我就拼命学习。

星星:数据化管理的作用是什么呢?

杰克：我打几个通俗的比喻你们就明白了：

- 是一部CCTV（Closed Circuit Television，闭路电视），起监控作用，可以通过数据及对应的分析指标监控到业务的各个层面。
- 是一台预警机，提前预测销售、客流、访问量、盈亏等数据，业务层面可提前做出反应，从而制定对应的策略。
- 是一架播种机，为新产品、新策略、新政策的制定提供数据支持。
- 是一台CPU（Central Processing Unit，中央处理器），即一个企业管理的核心。

1.3 数据化管理的意义

从数据化管理的流程来看，应用是数据化管理的核心。这也是数据化管理和数据分析最大的不同，不能应用到业务层面的数据分析是没有意义的。

1 量化管理

无论是传统零售还是电子商务，大部分管理工作都是可以量化的。本章前面的两个案例就是量化管理的反例。绩效KPI（Key Performance Indicator，关键绩效考核指标）就是对日常业务的一种量化管理。

2 最大化销售业绩、最大化生产效率

数据分析本身不能带来最大化的业绩或效率，只有将正确的分析结果用最实际的方式应用到业务层面才能产生效益，只有持续不断地产生效益才能称之为数据化管理。

3 有效地节约企业各项成本和费用

每个业务中心都可以建立独立的数据化管理体系，建立自己部门的追踪及预警机制，从而达到节约成本和费用的目的。

4 组织管理、部门协调的工具

同样一个指标，不同的部门提供的数据可能不一致，这既浪费资源，又不利于标准化管理。日常和数据有关的信息传递尽量按如下的原则来做，这样会大大提高组织及部门间的效率：

- 提供正确且有效的数据给对方。
- 不仅提供数据，还尽可能提供数据结论。

- 对结论进行必要的补充说明，将你的论证逻辑告诉对方。
- 建立业务管理模板共享机制。

5 提高企业管理者决策的速度和正确性

我们习惯给管理层扣一顶"拍脑袋"的帽子，其实"拍脑袋"并不是一件容易的事情，它是基于经验、深思熟虑之后的一种结论。不是每个人都有资格"拍"的。当然如果管理层在"拍脑袋"决策的过程中能够参考必要数据的话，这将是极好的。

1.4 数据化管理的四个层次

根据业务逻辑，数据化管理分为四个层次，如图1-1所示。

1.4.1 业务指导管理

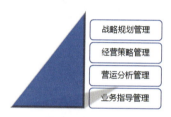

图1-1　数据化管理的四个层次

通过数据收集、数据监控、数据追踪等手段透视业务，通过数据分析、数据挖掘等方式搭建业务管理模型来提升业务。业务指导管理的范畴包括销售、人力资源、生产、财务、客服等业务单元。主要管理模块有目标及预测管理、利润及费用管理等。

1.4.2 营运分析管理

简单来讲营运分析管理是对人、货、场、财的分析管理。包括绩效考核管理、库存分析管理、供应链分析管理、客流分析管理、资金分析管理、客户关系管理（CRM）等。

业务指导管理和营运分析管理的区别是前者侧重于追踪和监控，后者侧重于分析和管理。

1.4.3 经营策略管理

经营策略管理指通过对各经营环节进行对应的数据分析来达到制定或修改策略的目的，数据化的策略管理是企业策略合理化的一个保证。包括消费者购买行为分析、会员顾客策略、商品定价策略、品牌定位策略、竞争对手策略管理、资源分配策略等。

1.4.4 战略规划管理

战略规划管理是通过企业内部和外部数据，制定企业的长远规划的过程。包括宏观经济分析、行业环境分析、经营环境分析、内部资源分析、企业竞争力分析、战略目标规划管理、战略可操作性评估等。

1.5 数据化管理流程图

如图1-2所示,数据化管理流程分为8个步骤,它和常规数据分析最大的不同就是强化应用,要求应用模板化,模板智能化。实施数据化管理之后,每个层面看到的不再是枯燥的数据,干巴巴的表格。你的受众看到的将是简洁的可视化图表,傻瓜式的业务诊断,智能化的应用提醒,高互动性的使用界面。

图1-2　数据化管理流程图

1.5.1 分析需求

分析需求又包括收集需求、分析需求、明确需求三个部分。收集需求的方法主要有:和使用对象进行访谈、市场调查、走访专家[2]等。分析需求推荐利用思维导图来整理收集的信息,思维导图的逻辑可以参考使用5W2H分析法[3]、人货场等概念。

1.5.2 收集数据

收集数据是根据使用者的需求,通过各种方法来获取相关数据的一个过程。数据收集途径包括公司数据库、公开出版物、市场调查、互联网、购买专业公司数据等方法。数据收集是数据分析的基础环节,在收集过程中需要不断地问自己,数据来源是否可靠？我收集数据的方法是否有瑕疵？我收集的数据是否有缺失？

1.5.3 整理数据

整理数据是对收集到的数据进行预处理,使之变成可供进一步分析的标准格式的过程。需要整

---

[2] 这里所指的专家包括行业专家、业务单位的资深人士、管理者等。
[3] 5W2H是英文单词Who、Where、When、What、Why、How、How much的简称,下文会介绍。

理的数据包括非标准格式的数据、不符合业务逻辑的数据两大类。非标准格式数据例如文本格式的日期、文本格式的数字、字段中多余的空格符号、重复数据等。在零售行业中不符合业务逻辑的数据非常多，比如为了冲销售额可能会有不真实的销售数据进系统，大量虚假的会员购买记录，电子商务中的虚假点击，等等。

我曾经见过一个服装专卖店，该店铺年销售额的65%来源于同一个会员顾客的购买行为，不用说都知道，这个会员数据是不真实的，如果我们用这样的数据来分析会员顾客的购买行为，结果可想而知。

数据整理的好与坏直接决定了分析的结果。整理数据的方法主要有：分类、排序、做表、预分析等；逻辑有理口径、看异常、查大数、观趋势等。工具可以利用Excel中的分列、删除重复项、透视表、图表、函数等功能来辅助整理。

1.5.4 分析数据

分析数据是指在业务逻辑的基础上，运用最简单有效的分析方法和最合理的分析工具对数据进行处理的一个过程。没有业务逻辑的数据分析是不会产生任何使用价值的，对分析师来说，熟悉业务、有业务背景是非常重要的。分析方法简单有效就可以，实用为最高准则，本书第7章将会详细讲解一些常用的数据分析方法。对工具熟练掌握的深度决定了你分析的高度。对分析师来说，工具不在多而在精。当然片面强调对工具的掌握或对业务的理解度都是不对的，我们可以用一个四象限图来展示二者的关系，如图1-3所示，只有均衡发展才是真正的数据分析师。懂数据分析的人很多，懂业务的人更多，但是既懂业务又懂数据分析的人却非常少。

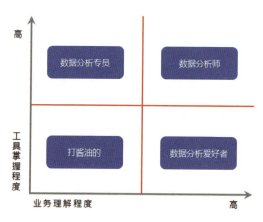

图1-3 数据分析人员层次图

1.5.5 数据可视化

数据可视化是将分析结果用简单且视觉效果好的方式展示出来，一般运用文字、表格、图表和信息图等方式进行展示。Word、Excel、PPT、水晶易表等都可以作为数据可视化的展示工具。现代社会已经进入了一个速读时代，好的可视化图表可以自己说话，大大节约了人们思考的时间。用最简单的方式传递最准确的信息，让图表自己说话，这就是数据可视化的作用。

在数据可视化过程中需要注意的事项：

1 数据图表主要作用是传递信息,不要用它们来炫技,不要舍本逐末般过分追求图表的漂亮程度。

2 不要试图在一张图中表达所有的信息,不要让图表太沉重。

3 数据可视化是以业务逻辑为主线串起来的,不要随意地堆砌图表。

4 不要试图用图表去骗人,否则你的结果会很惨。

杰克:柯北,你能说说图1-4中的两个曲线图有什么区别吗?

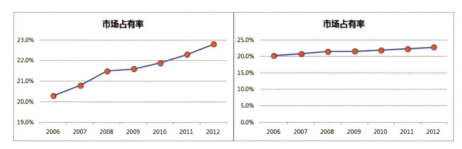

图1-4 市场占有率曲线

柯北:左边的市场占有率"涨"势喜人,右边的市场占有率看起来有些变化,但是增长得太缓慢。不过仔细一看,发现这两张图很可能是同一组数据源,只是左边这图改变了Y轴的起始点后,图表趋势就显得不一样了。

星星:对对对,如果不把它们放在一起来看的话,很难看出它有什么误导。

杰克:柯北说得对,这是同一组数据源。左边的图是用来汇报工作或给消费者看的,右边的图是用来向董事会申请增加广告费预算用的。

杰克:另外,教你们一招,如何判断一个人是老鸟还是菜鸟?你只需要给他看一张漂亮的可视化图表,看他的第一反应是"哦,好漂亮啊!""这图是怎么做的?",还是"这张图是想说明什么问题?结论和这个图有直接关系吗?"。

柯北和**星星**几乎同时答道:这是为什么?

杰克:你们自己琢磨吧(哈哈)。

1.5.6 应用模板开发

对于那些标准化程度比较高的数据以及使用频率比较高的分析文件,可以开发成一种固定的模板格式,这样的好处是标准化、程序化,并且会大大节约时间。1.6节和第8章"如何建立数据化管理模板"中都会谈到数据化管理模板的问题,这里就不细说了。

1.5.7 分析报告

分析报告是数据分析师的产品，可以用Word，Excel，PPT作为报告的载体。写数据分析报告就犹如写议论文。议论文有三要素：论点、论据、论证，数据分析报告也必须要有明确的论点，有严谨的论证过程和令人信服的论据。虽然在报告中不一定都要将三者呈现，但是论点是一定要有的。其次在写分析报告之前，一定要弄清楚你是在给谁做分析报告，对象不同，关注点自然不一样。

杰克：柯北，星星，如果下周一需要给我看三个分析数据，你们会给我看哪三个？

柯北：我会给你看本月的销售额、完成率和利润吧。

星星：我会给你看上周销售额、上周客流量、同环比增长率。

杰克：如果下周一你需要给新春天集团的营运总监看三个数据，你们又会给他看哪三个数据呢？

柯北：我想营运总监也会关注销售额、完成率吧，还有就是星星说的客流量。

星星：我有点懂了，虽然我还不知道具体给他看什么。你是想让我们明白对象不同他对数据的关注点就不一样吗？我们不应该根据自己的逻辑来给对方看什么数据，而是应该给对方看他最需要看的数据？

杰克：你说对了一部分。我们集团是零售企业，每天都会产生大量各式各样的数据，销售数据、商品数据、客流数据、财务数据，等等。我是数据化管理总监，我的关注点和营运总监自然不一样。还有为什么是下周一，而不是周二或者是周五，你们想过吗？为什么是三个数据而不是四个或五个数据？

所以，在做数据分析报告之前，你们必须要做的一件事情就是要学会审题！

写数据分析报告的注意事项：

1 不要试图面面俱到，一定要有重点，可以聚焦在关键业务以及受众的关注重点上。

2 不能写成记叙文，要写成议论文，要有论点、论据、论证。记叙文是叙事[4]，议论文是有观点的，是有力量的。其次需要注意的是同一个主题下面的论点不能太多，建议最好不要超过三个。我曾经收到过一百多页的月营运报告，报告人为了证明自己当月是多么的辛苦，几乎罗列了所有当月自己的行动。其实这样的记叙文报告无异于谋财害命，如果真的想证明自己的辛苦程度，完全可以将自己的行动数据化就行了，而不是罗列图片和事件内容。

3 既要关注点，还要照顾线和面。何为点、线、面？举例来说：截止到2013年8月18日成都春熙路店完成了当月销售目标的62%，这就是点。但是单凭这个数据我们是没有办法判断春熙

4　读到这里，你可以停下来想想，自己曾经见过多少只罗列数据而没有任何观点的分析报告，下次记住打回去重做吧。

路店销售完成的好坏，还需要线和面的概念。简单来说线就是趋势，面就是扩大对比范围，和同类型的其他店铺对比，甚至有的时候还需要和竞争对手的店铺数据做对比。

4 报告需要有逻辑性。一是报告各部分内容之间的逻辑性，其二是某一个内容的逻辑性。前者可以利用业务间的逻辑来串联，后者一般遵照发现问题、解读问题、解决问题的逻辑。

5 数据分析报告要有很强的可读性，尽量图表化。千言万语不如一张图。

6 不要回避"不良结论"，有时候做数据分析也是一个良心工程。

7 报告中务必注明数据来源、数据单位、特殊指标的计算方法等，尽量少用或不用专业性强的术语。

1.5.8 应用

数据分析报告并不是数据化管理流程的终点，它反而是数据化管理流程的另一个起点，数据化管理的目的是为了应用，没有应用的流程是不完整的。应用就是将数据分析过程中发现的问题、机会等分解到各业务单元，并通过数据监控、关键指标预警、对趋势进行合理判断等手段来指导各部门的业务提高。

数据化管理的8个步骤有别于常规的数据分析步骤，强调应用，强调模板化。

1.6 数据化管理应用模板

一个完整的数据化管理模板应该包括如下5部分：自定义区域、数据源区域、辅助分析区域、业务分析区域、报告展示区域。它由模板开发者制作，数据维护者定期录入数据，最后提供给模板使用者进行数据化管理。这三者有时可以是一个人，也可以是不同的对象。

星星：杰克，为什么要将数据化管理模板化？我们公司不是有专门的数据分析师吗？

杰克：这个问题问得好。数据化管理是一个过程，分析师只是这个过程的一个环节，负责做数据分析报告，供自己或公司其他人使用。好的模板可以提高效率、节约时间，还可以使分析过程逻辑化、分析结论自动化、使用过程傻瓜化。

数据分析师设计模板，将自己对商业逻辑的理解植入到分析模板中去，最后变成一个一个的产品。所以从这个角度来说数据分析师不是在做数据分析，而是在制造产品，有些产品是一次性的，这样会比较浪费，所以需要生产一些通用且实用性强的可重复利用的产品，这就是模板。

设计分析模板也不是数据分析师的全部工作，毕竟有很多分析是不能模板化的。当然可以设计模板的也不仅仅是分析师们，每个人都可以是数据化管理的模板设计者。

柯北：我们需要把模板开发成软件或系统吗？或者说模板的载体是什么？

杰克：柯北，你这个问题问得也不错。小的模板可以是一个文件，一个应用程序，也可以是系统的一个组成部分，大的模板可以自成一个系统。但是对普通的数据分析人员来说，开发一个应用程序或系统是不现实的，不但成本高，开发周期也会很长，专业度要求也高。一个公司可以没有系统软件，但是不会没有Excel，模板开发可以借助Excel完成，这种模板具有通用性强、开发和使用成本低、使用简单化的特点。本书会在第8章详细介绍如何利用Excel建立数据化管理模型。

当然，我也鼓励有能力有技术的同事把数据化管理做成系统或APP，图1-5就是我们新春天集团旗下美妆店在使用的一个业绩雷达系统，简单的一张仪表盘就把店铺日常营运的核心包含在里面了。一号美店是一个智能零售系统，为线下美妆零售门店提供数据化、场景化的新零售服务。通过软件和智能硬件帮助店铺实现从顾客、员工、陈列到销售的场景化营销和供应链服务，是美妆零售企业精准营销的利器。

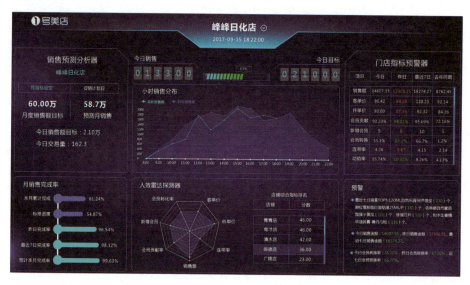

图1-5 业绩雷达系统

理解了数据化管理的概念和流程，接下来我就带你俩进入具体的业务场景中去，我们一起去找找零售业的数据规律。

如果觉得本书内容不错，扫描下来分享给你的小伙伴看看吧！

第 2 章
寻找零售密码

正式入职培训后,柯北和星星都快速进入了工作状态,都对未来的工作充满期待。尤其是柯北,他兴奋地对星星说:"星星,我觉得我的机会来了,我觉得能在三个月内挖掘出一个数据宝贝给杰克,让他看看我们的实力。我总觉得他有些小瞧我们。"

星星: 我觉得我们现在还是以学习为主吧,毕竟我们才刚毕业。

柯北: 数据分析都一样,没有什么了不起的,只要有数据,哥们儿就能把它分析出花来。

下班前,两人收到杰克发来的邮件,并且邮件只给了他们一个晚上的时间来做分析。看完邮件后柯北吐了吐舌头:"真不愧是严三儿啊"。

发件人:杰克
收件人:李云贝;夏晓星
主题: 新春天集团上海古北店销量

两位:
附件是我们集团上海古北分店的2012年每日销售数据,试试看能不能从每日销售额的角度找到一些规律来。期待你们明天上班前给到我各自独立的分析。
请注意:不要太复杂,一张图就行。因为我不希望我们彼此浪费时间。

杰克

收到邮件后柯北马上给杰克回了一封邮件,询问可否给自己的电脑装上SPSS或其他分析软件。他很快就收到杰克的回复(同时也抄送给了星星):抱歉,你们现在还不能用专业数据分析软件,

不过可以用Excel试试。

2.1 周权重指数

第二天一早,柯北和星星都第一时间将自己的分析报告发给了杰克。随后杰克邮件回复说当天14:00-15:00开会讨论大家的分析报告。

会上,杰克第一个拿出了柯北的分析报告(图2-1),问星星如何看待这张图。

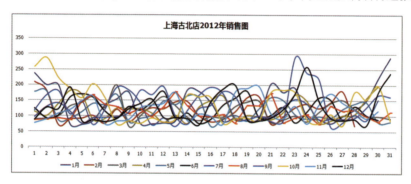

图2-1 柯北的销售分析图

星星:从图中看出每月前几天和后几天好像销售还不错,不过线条太多,有点乱。看不出来柯北想表达什么内容。

柯北:是想……

杰克打断了他的话并将投影切换到星星的报告内容(图2-2)。

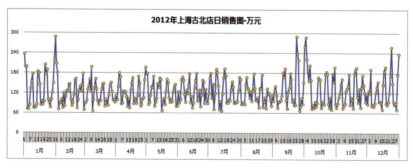

图2-2 星星的销售分析图

杰克：柯北，这张图和你的那张对比一下看有何不同？

柯北：我的图是月线，星星的图是年线。这张图看起来比较简单，展现了古北店全年销售趋势。春节、国庆和圣诞到元旦是2012年销售的高峰期。另外，这张图看起来有点像医院的心电图……

杰克：对，它像心电图。心电图是医院用来24小时监视病人心脏功能的，可以用它来发现各种心律失常、心率异常、心肌缺血、心衰等病症。而我们的零售曲线它类似于心电图，它也代表着某种规律，也能发现我们日常销售中的一些"病症"。不过如果要发现这种规律我们还需要做一些技术处理，再一起来看看星星的另一张分析图，如图2-3所示。

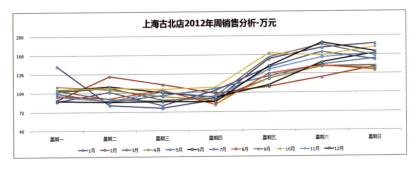

图2-3 星星的销售额分析图

2.1.1 寻找店铺零售规律

星星：杰克，你说只能交给你一张图，本来想只给你第二张图，但是考虑到有一个论证过程，所以就把两张图一起给你了。

杰克：嗯，下次注意。

星星：我是先计算出每个月从星期一到星期日每一天的平均销售，从图上来看，发现它们保持着某种周规律：星期一到星期四的日平均销售一般最低，星期五会好一些，周末达到周最高。不过一月份数据看起来有些特殊，我查了一下原始数据发现是元旦的原因，因为1月2日是星期一但却是放假日。

杰克：分析得不错。有基本的周概念，不过还需要做一些技术处理。零售业规律就是以周为单位不断循环的过程，这就是零售业的规律。无论是传统零售还是电子商务都会遵循这种规律，区别是传统零售一般周末是销售高峰，电子商务周末反而一般。

要找出日销售数据的规律性，还需要做一些技术处理。首先需要剔除每个月中的那些异常数据

之后再做分析会比较靠谱,如下一些日销售数据是你们做这项分析之前必须要剔除掉的,因为它们会影响到整个循环过程:

1 法定节假日。包括元旦、春节、清明节、五一、端午节、中秋节、国庆节等。比如2012年5月1日,星期二,但由于是五一假期,所以这天的数据就失去了星期二作为工作日这个时间属性,具有了假日特征。由于我们是去寻找日销售规律,所以这一天的数据需要剔除掉。每年年底假日办都会公布下一年的节假日安排。

2 法定假期的调休日。这和 **1** 中的情况相关联。例如2012年4月28日,这一天虽然是星期六,但是由于五一调休,这一天实际是上班日。属性发生了改变,所以也需要剔除。

3 行业特殊日。包括情人节、三八节、儿童节、圣诞节等。这些日期因不同的零售业态有不同的意义,对应的销售值是否必须剔除,要看具体业态或行业特性。例如2012年2月14日星期二,对于销售巧克力的商家,它就是一个异常星期二的销售值,但是对于销售儿童用品的零售店铺来说它就是一个正常星期二的销售值,则不需要特殊剔除。

4 非正常销售日。主要指不可抗力或人为影响对应的销售值,前者比如天灾人祸,后者比如零售企业的店庆日等。另外有些店铺每月最后几天的销售都不正常,这种数据也需要剔除。

杰克:做完这些数据清洗的工作后,我们就可以开始寻找这个零售密码了,首先需要学习一个概念:周权重指数。

2.1.2 周权重指数

周权重指数是以某段销售周期内的历史日销售额数据为基础,以周为单位,进行权重分析处理的一种管理工具。周权重指数是一个相对概念,每个企业都不尽相同,一般介于7.0～14.0之间。值越大表示该企业或者店铺的日销售额波动幅度越大。周权重指数是零售店铺用来量化处理各种销售状况、销售事件的管理工具,非常强大。

周权重指数等于周一到周日每天的日权重指数相加(详细的计算过程见2.1.3节)。假如某个零售店铺的周权重指数为10.0,其中周一到周日依次为1.0,1.2,1.3,1.2,1.6,1.9,1.8。可以这样简单地理解周权重指数和日权重指数:如果这个店铺每周销售额为10.0元,那一般来说周一可以销售1.0元,周二可以销售1.2元……权重指数是一个相对值。

为了标准化管理,每个零售企业应该是统一的周权重指数。图2-4是某两个零售企业及其中三个门店的周权重指数以及日权重指数。

杰克:对企业A来说,每周销量最小的应该是星期一,周末达到销售的最高峰。企业B也具有这种规律性，这就是它们的销售规律，我们用权重指数的方法展示出来了。柯北，你能从这两张表格中看出一些什么吗？

日权重指数	星期一	星期二	星期三	星期四	星期五	星期六	星期日	周权重指数
企业A	1.0	1.1	1.0	1.1	1.3	1.8	1.7	9.0
分店1	0.8	1.2	1.0	0.9	1.6	2.0	1.5	9.0
分店2	1.0	1.1	0.9	1.0	1.5	1.9	1.6	9.0
分店3	1.3	1.2	1.5	1.4	1.5	1.1	1.0	9.0

日权重指数	星期一	星期二	星期三	星期四	星期五	星期六	星期日	周权重指数
企业B	1.0	1.1	1.0	1.2	1.7	2.2	2.0	10.2
分店1	1.0	0.8	1.2	1.3	1.6	2.1	2.2	10.2
分店2	0.5	0.6	0.8	1.2	2.0	2.5	2.6	10.2
分店3	1.2	1.3	1.7	1.3	1.0	1.9	1.8	10.2

图2-4　企业A和企业B权重指数

柯北：从企业A和企业B对比来看，企业B在周末三天（周五到周日）占了周总销售额的58%，而企业A这三天同样的占比只有53%，说明企业B更依赖于周末的销售。

说完柯北看了一眼杰克，然后继续说道：企业A的三家分店中，分店3在周末两天的权重指数合计只有2.1份，只占周权重指数的23%，我觉得这个店铺很可能是位于写字楼区域内，因为这个时间段正好是写字楼周末休息时间。而在企业B的三家分店中，分店2比较特别，周五到周日的权重指数合计为7.1份，占总权重指数10.2的70%，这说明分店2的销售过于集中。同样在企业B中分店3的情况却真好相反，周末三天只占到总销售额的46%。

杰克：嗯，分析得有道理。星星，你说说哪些行业可能具有这种以周为单位循环的规律？

星星：我觉得百货商场、超市应该是最明显的，其他一些专卖店应该也有这种现象。不过我还觉得像饭店、酒店神马的好像也有点这种规律。

杰克：是的，总的来说以普通消费者为销售或服务对象的业态都会具有这种规律，只不过零售行业表现得相对更明显一些。大体上来说权重指数概念适用于如下这些行业或业态：

1 传统零售业，包括百货商场、Shopping Mall、超市、便利店等；同时这些零售业态中销售的品牌也同样具有这种特性。

2 各种专卖店，包括如服装专卖店、电器专卖店、手机专卖店、建材专卖店、药店等。

3 以普通消费者为对象的电子商务模式，包括B2C、C2C等。

4 售卖服务的业态，比如火车站、汽车站、手机营运商的营业厅、电影院、饭店、旅游景点等等，甚至你们家附近的理发店、彩票店都适用。

杰克：下面我结合我们新春天集团的数据讲讲如何计算这个权重指数。可以利用销售额或客流量数据来计算权重指数。销售额数据比较便于采集，所以我们一般采用前者。而以售卖服务为主的业态，比如手机营运商的营业厅，可能不会产生销售额，就可以利用日客流量为基础数据进行计算。其他如呼叫中心可用电话接通数的数据，电子商务网站可用访问量数据等。本书一律采用日销售额的算法。

2.1.3 周权重指数的计算

企业标准周权重指数的计算步骤如下:

Step 1 收集企业每个完整店铺[1]最近一个完整年度(比如2012年1月1日到2012年12月31日,也可以是2012年8月1日到2013年7月31日)中的日销售额数据。

Step 2 将所有完整店铺的每日销售额数据对应相加得到企业的每日销售额数据。

Step 3 根据前面2.1.1节提到的原则对日销售数据进行预处理,剔除掉异常数据。之所以要剔除异常数据,目的是为了让数据能更真实反映正常日期的销售规律走势。

Step 4 将剩下的数据以周为单位整理,然后计算出平均日销售(如图2-5所示)。

Step 5 找到平均销售中销售额最低一天的销售数据,设定它的日权重指数为1.0,然后分别用其余六天的平均日销售除以这个最低值,就分别得到每天的日权重指数。图2-6中销售额最低是星期一的91万元[2],再用其他对应销售额和91万相除,依此就得到周二到周日的权重指数。

Step 6 将每日权重指数相加就是周权重指数。图2-6中的周权重指数就是9.4。

杰克:最小的周权重指数应该是7.0,周权重指数越大说明这个企业的日销售越不稳定,这个值越接近7.0,说明这个企业每天的销售都差不多。另外问你们俩一个问题,新春天集团共有39家百货商场,我们需要为每一个分店都确定各自的周权重指数吗?

周	星期一	星期二	星期三	星期四	星期五	星期六	星期日
1							
2	-	73	72	84	133	154	177
3	77	75	78	86	184	180	145
4	84	95	86	95	205	177	191
5	101	92	78	101	122	151	-
6							
7	-	-	83	109	126	-	146
8	-	102	82	91	115	160	163
9	76	99	128	140	126	145	179
10	70	89	92	99	132	142	161
11	126	-	67	100	135	163	133
12	97	86	98	97	132	141	149
13	81	89	102	84	114	142	152
14	124	101	100	93	114	-	-
15	-	-	89	91	125	122	124
16	110	80	103	76	129	151	165
17	88	104	98	90	113	170	150
18	81	86	103	107	159	-	-
19	-	87	93	113	140	137	170
20	82	93	104	149	137	165	160
21	68	92	103	86	125	161	152
22	107	93	100	95	124	141	146
23	81	83	124	92	101	-	-
24	-	115	93	129	118	144	178
25	92	110	76	90	135	158	180
26	96	104	129	80	115	159	153
27	89	131	103	89	118	166	180
28	105	147	72	119	191	183	142
29	72	94	67	118	166	193	172
30	92	91	101	98	130	155	140
31	90	93	92	96	129	167	162
32	87	89	93	88	145	168	137
33	130	107	123	96	129	179	134
34	100	97	106	77	135	134	175
35	79	95	107	75	134	117	121
36	100	82	114	97	129	141	114
37	76	94	95	99	112	-	-
38	-	100	74	124	135	179	163
39	95	102	85	86	290	239	219
40	67	80	106	88	153	-	-
41	-	-	-	-	-	74	-
42	76	94	81	91	168	162	160
43	76	93	95	88	178	185	177
44	90	77	107	71	178	154	198
45	87	78	90	109	121	148	163
46	75	84	89	127	135	142	176
47	86	107	100	75	179	190	197
48	110	93	134	77	138	174	144
49	122	94	118	88	127	122	191
50	84	87	81	92	123	139	154
51	95	95	92	72	146	187	198
52	89	86	95	122	173	258	149
53	95	87	90	71	177	-	-
平均日销售	91	94	96	96	142	160	161

图2-5 2011年新春天集团日销售额

---

1 完整店铺是指在完整年度中有完整销售的店铺,所以新店和有停业间断销售的店铺不属于完整店铺。
2 注意,不一定每个零售企业都是星期一是日销售最小值。

单位：万元	星期一	星期二	星期三	星期四	星期五	星期六	星期日	合计
平均日销售	91	94	96	96	142	160	161	840
日销售权重指数	1.0	1.0	1.1	1.1	1.6	1.8	1.8	9.4

图2-6 新春天集团权重指数

柯北抢先答道：需要！因为我们需要确定每个分店的零售规律。

星星：我倒是觉得不需要，如果每个分店都有自己的周权重指数，会不会太乱了？

杰克：星星说得对，如果每个店铺都有自己的周权重指数，会显得比较乱套，并且不利于后期的标准化应用。在计算新春天集团标准时，我们首先是利用汇总数据计算出了新春天集团的周权重指数，这个周权重指数就是企业标准，其他分店只需要用这个标准去推导自己的日权重指数就行了。所以每个企业只会有一个周权重指数，但是星期一到星期日的日权重指数每个店铺可能是不一样的。比如前面大家看到的图2-4中企业A和企业B周权重指数都是统一的，不同的是日权重指数。

柯北：那分店的最小日权重指数就有可能小于1.0了。

杰克：对。当确定完企业标准的周权重指数后就不要轻易更改了，接下来开始计算各分店或分部的日权重指数，也就是要找到总部以下单位的销售规律。

Step 1 计算分部规律不需要全年数据，有三个月的销售数据就行，一般是最近两个月和去年同期月份数据。例如在预测2013年10月的分部销售规律时，可以收集2013年8月、9月以及2012年10月的数据。这样的好处是既考虑了数据的时效性，又考虑了数据同期的可参照性。

Step 2 根据2.1.1节提到的原则对日销售数据进行预处理，剔除异常数据。

Step 3 将剩下的数据以周为单位整理，然后计算出周中每天平均日销售额以及平均周销售额。

Step 4 分部日权重指数公式（其中N为1~7）：

星期N的日权重指数
= （星期N的平均日销售额 ÷ 平均周销售额）× 企业周权重指数

从这个步骤来看，分部的销售规律需要每个月都处理一次，即通过三个月的历史数据来预测下一个月的销售规律。权重指数的概念是为了给每天赋予一个值，每天每个分部都会对应一个日销售权重值，我们可以用这些权重值来处理很多复杂的商业数据了。

另外，企业的权重指数由于是企业标准，则不需要每月处理一次。当然各分部的权重指数也可以固定化，不必每月处理一次，前提是在 **Step 1** 中需要收集完整年度而不是三个月的数据进行分析。

每月处理一次的好处是销售规律更有时效性和针对性。

2.1.4 日权重指数的特殊处理

分店的日权重指数，我们是采用了至少三个月的数据来分析，规律性是比较强的。但对于一些特殊日期的处理，由于每年只会有简单的几个销售日数据，我们就不能简单使用这种方法了。例如国庆节七天假，每年只会有七个销售日数据，数据量太少，偶然性会比较大。所以我们需要扩大分析范围，增加数据源，可以选取2~3年的历史数据作为数据源，增加这些特殊日期权重指数的规律性。

特殊日期可以分成三种情况：七天和三天假期[3]、春节、促销档期。下面分别举例说明：

国庆和三天假期的日权重指数：我们以清明节三天假期为例来说明，同时假设这个店铺的周权重指数为9.4（计算过程参考2.1.3节）。

Step 1 取三年历史数据，每年取2~4个标准周的销售数据为参照（本例取3个标准周，如图2-7中的2010年4月6-26日，2011年4月6-26日，2012年4月5-25日）

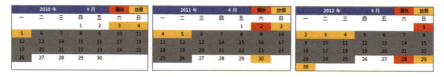

图2-7 清明节日权重指数计算示意图

Step 2 计算2010年4月6-26日单位权重（销售）值，计算公式为：2010年4月6-26日总销售额除以2010年4月6-26日总权重指数。再按下面的公式分别计算2010年4月3-5日的权重指数：

Step 3 用同样的方法计算出2011年4月3-5日，以及2012年4月2-4日的日权重指数。

Step 4 计算清明节每一天的平均日权重指数，取三年中清明节第一天的日权重指数的平均值作为清明节第一天的日权重指数，第二、第三天依此类推。这三个值就是清明节的销售规律值。

---

3 包括元旦、清明节、劳动节、端午节、中秋节等，每次都会有三天假期（2014年会有一天假期存在），以国务院假日办公告为准。

对于三天假期，据我的经验（不绝对），很多零售公司或店铺遵照如下的规律，第一天约等于星期六的日权重指数，第二、第三天约等于星期日的日权重指数。

春节日权重指数：计算方法和清明节的计算方法大体一样，不一样的地方是由于春节是在每年的1月或2月间飘忽不定，所以我们需要选取三年1-2月的销售额数据作为数据源。另一个不同是我们不但需要计算春节周[4]的日权重指数，还需要计算春节前一周的日权重指数，因为春节的特殊性，这一周在销售数据上已经没有正常的星期一到星期日的概念了。如图2-8，蓝色为节前周、橙色为春节周，灰色区域为计算参照区域，每年取了4个标准周。春节期间的算法同上，不再赘述。

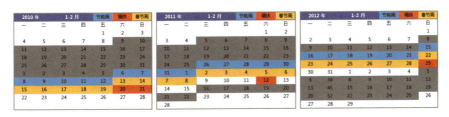

图2-8 春节日权重指数计算示意图

促销档期的日权重指数：促销活动会影响到零售业态的日权重指数值，比如某个周一它的正常权重指数是1.0，但是由于当日有个促销活动，而它的权重指数值就需要随促销活动的力度而提高。促销活动的量化处理可以参照"风力等级"的办法，风力等级一般分为0～12共13个等级，每个等级都有对应的风速指标。同样的道理，我们可以设定0级促销即无促销，日权重指数为正常值（假定为1.0）；1级促销为销售额增长10%，日权重指数为1.1；2级促销为销售额增长20%，日权重指数为1.2……依此类推。这里的增长幅度可以根据日常促销的历史数据计算得出，此处不再赘述。

杰克： 周权重指数的计算过程虽然比较麻烦，但它的用途很广泛，可以堪称为"核武器"，威力巨大无比。它可以让你们尽情挖掘零售业的各种秘密！不过答案需要一周后我才会告诉你们，这段时间你们可以从公司的系统上下载一些数据，自己再算一下周权重指数，试试看能发现什么。

2.2 周权重指数的应用

权重指数的目的是为了给365天都赋予权重值。正常状态下赋予每天常规的权重，促销时则使用将促销级别考虑进去的特殊权重，节假日时则使用节假日权重。

听完杰克讲的周权重指数的计算过程，柯北、星星既兴奋又有点疑惑，兴奋的是发现了零售的

---

4 春节周，即每年的腊月30到初六的春节放假时间段，请以国务院办公厅公告为准。

奥妙，疑惑的是它有什么作用。

第二天一早上班，星星就敲开了杰克的办公室。

星星：我昨晚根据你的培训分析了我们公司成都春熙路店的销售数据，请帮我看一下是否正确？我分析了春熙路店三年的销售数据，发现它的权重指数从星期一到星期日依次如图2-9所示。

日权重指数	星期一	星期二	星期三	星期四	星期五	星期六	星期日
企业A	1.0	0.8	1.3	1.1	1.2	2.0	1.8

图2-9　春熙路店权重指数

杰克：（扫了一眼报告）为什么周权重指数是9.2而不是我们新春天集团的标准9.4？

星星：……

2.2.1　判断零售店铺销售规律辅助营运

权重指数除了用来分析集团或门店的数据，还可以用来分析集团旗下某个区域（比如华北区的权重指数），甚至是商场或超市中某个品牌的权重指数，因为它是一个灵活的概念。

权重指数最基本的应用是用来判断分析对象[5]的周销售规律，图2-10是新春天集团百货商场中某个服装品牌在其中4家店铺的权重指数图，由图可见：

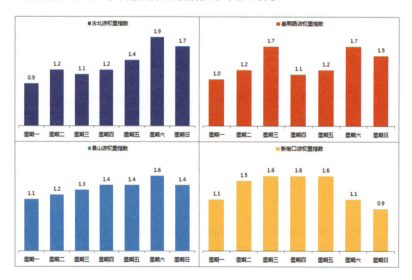

图2-10　某服装品牌权重指数

5　分析对象：包括集团、区域、分店、品牌、品类，甚至单个SKU等。

- **古北店**：符合大部分零售店铺的销售规律，周一是当周的最低点，销售主要集中在周末。
- **春熙路店**：星期三是一个亮点，原因是每个星期三都是该店的会员日。
- **景山店**：销售相对比较平均分布，没有明显的周末现象，这是社区店所具有的特征。
- **新街口店**：销售明显地分布在星期一到星期五，而周末两天是一周中的销售最低点，大部分写字楼店铺是这样的。

权重指数值对品牌或企业营运有积极的指导意义，我们可以根据权重指数值的高低来安排店铺的员工排班（2.4.1节将详细介绍）、安排店铺的陈列调整时间、部署送货时间窗口等。比如春熙路店的每周服装陈列换装时间定在星期三就不合适，星期三对春熙路店来说是销售高峰，应该尽量不要安排可能影响销售的事情。同样的道理，在春熙路店星期三上班的店员应该是一周中最多的，而相反周一应该是最小的。我们目前很多零售店铺的店员排班还没有实现差异化，每天在班的店员数量都是一样的，这样的排班不利于销售最大化。另外，古北店安排周四送货，新街口店周一送货最好。

2.2.2 分解日销售目标

新春天集团旗下有39家百货商场、79家超市以及一个B2C的在线购物网，一共是119家店铺。零售店铺的目标管理是零售管理的重心，根据集团CEO的要求，必须将目标分解到可执行的最小单元的原则，新春天的习惯做法是，先将年目标分解到各店铺，再拆分成12个月，依次分到各楼层（百货商场）或各业务组（超市），百货商场还会细化到品牌。

在2012年以前我们的目标基本就细化到月和到品牌，从2012年开始，我要求所有分店必须根据周权重指数将每月目标细化分解到日。这样的好处是可以按天来追踪销售完成状况，同时都采用周权重指数标准流程，所以便于店铺间日目标是有对比性的。

杰克：柯北，你知道销售人员最怕什么吗？

柯北：我觉得销售人员应该最怕"老板"吧？我昨天跟着徐总去北京知春里超市巡场，发现店铺主管都很紧张。徐总问营运主管在洗化类商品中哪一个SKU[6]上周销量第一，营运主管居然迟疑了一下才回答说是某品牌牙膏。实际上她回答错了，徐总出发前让我查过这个数据的。

杰克：哦？徐总很低调啊！不过需要提醒你，别透露徐总的秘密，保守秘密是数据分析师最起码的职业操守。

杰克：实际上销售人员怕领导用数据说话，最怕领导用数据对比。因为这是一种赤裸裸的压

---

[6] SKU是Stock Keeping Unit（库存量单位）的简称，中文习惯叫最小存货单位。

力。而我们工作的一部分内容就是让数据更透明，标准更统一，对比更有意义，也便于更好地进行销售管理。日销售目标分解就是起这样的作用。试想一个销售团队连日目标都没有，如何去追踪销售业绩，评估销售达成呢？

日销售目标公式如下（其中的月权重指数等于全月日权重指数之和）：

日销售目标 = 月销售目标 × （日权重指数 ÷ 月权重指数）

杰克：我们用两道练习题来说明日销售目标的计算公式（权重指数参照图2-10）。

题目一：2013年8月上海古北店的目标是8,200万元，8月18日（星期日）的店铺总目标是多少？（注：店铺没有促销活动。）

题目二：如果上海古北店在8月17-18日做了一场3级促销[7]活动，整月没有其他促销活动，8月18日的店铺总目标又是多少？

经过一番计算，星星和柯北都给出了自己的答案，不过在第二题有分歧。

星星：题目一中8月18日的目标是331.1万，计算公式为8,200万×（1.7÷42.1），1.7是18日作为星期日的权重指数，42.1是8月的总权重指数。题目二中8月18日由于有个3级促销，于是当天日目标就变成了430.5万元。我用的计算公式是331.1×1.3。

柯北：我觉得星星题目二的算法是错误的，因为8月17-18日的三级促销不但会改变8月18日的权重指数，也会改变这个月的总权重指数。我的答案是419.7万元，首先计算出8月总权重指数是43.18（用42.1再加上8月17-18日权重指数的0.3倍，即1.08），接着再计算出8月18日当天的目标，公式是8,200×（（1.7×1.3）÷43.18）。

杰克：柯北的算法是正确的，我们必须注意如前文提到的一些特殊日期和事件会影响到店铺的日权重指数，进而影响到日销售目标。

星星：杰克，是不是有了这个目标我们就可以去追踪各分店的日目标达成率了？

杰克：对，我们不但可以追踪到分店，还可以追踪到具体品牌的日销售目标达成情况。现在我们分店都在每天公布日销售目标达成情况排行榜，这是一种无声的竞争，对销售最大化很有效果。以前我们只是每周追踪一次销售达成情况，被追踪人只会每周紧张一次，现在好了，他们必须天天紧张起来。未来我还准备考虑搭建实时追踪预测系统，让销售完成情况尽在管理者掌控之中。

7　3级促销，就是日销售额增长为30%的促销。

记住，销售最大化首先是追踪出来的，其次才是分析出来的。

杰克：日销售完成情况可以借鉴股市的K线图来展示，如图2-11就是新春天集团的销售追踪体系中的日销售K线图。K线图的优势是简单且直观，既能反映是否完成目标，还能反映差目标或超目标的绝对值（柱体的长度）。图2-11中显示广东省2013年7月完成情况，有6个查询条件，分别是大区、省份、城市、门店名称、业态和店铺级别。这个目标追踪系统是用Excel制作的，除了K线图外，还有其他功能，后续我都会介绍到。

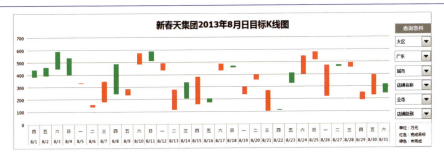

图2-11 新春天集团销售追踪体系-日销售目标完成K线图

星星：杰克，这种图做起来是不是很麻烦？

杰克：So easy！Excel中有专门的股价图模板，在7.4.3节"清清爽爽的K线图"中会详细介绍K线图的制作及使用方法。

2.2.3 月度销售预测

周权重指数可以用来做月销售预测。先问你们一个问题：截止8月18日，成都春熙路店完成当月目标的60%，而上海南京路店完成当月目标的57%，北京王府井店完成当月目标的54%。问谁最有可能完成8月的销售目标？

柯北：我觉得从可能性来讲春熙路店应该最有可能吧？！

星星也同意柯北的回答。

杰克：从数据本身来说，你们的回答没错。不过因为我们是数据分析人员，将数据融入业务背景去思考是第一原则。要回答这道题，你们需要考虑业务背景，还需要一些条件。你们俩商量下，看还需要我提供什么条件来辅助你们回答这个问题。

经过一个中午的讨论，两人一致认为应该还需要几个条件：本月目标是多少？三个分店的销售规律，8月1-18日之间是否有促销活动及时间，8月19-31日是否还会有促销活动，如果有促销活动，活动级别是多少。

经过一下午的努力，柯北和星星又从系统中找到一些销售数据，同时根据2.1.3节提到的方法，计算出来了三个分店的权重指数，数据如图2-12所示。下午，收到杰克的邮件，原来他已经出差去了。

> 发件人：杰克
> 收件人：李云贝；夏晓星
> 主题：销售预测
>
> 二位：
> 我下午不在办公室，这是我给你们的几个问题的回答，我要的答案是本月谁最有可能完成销售目标。
> 1. 成都春熙路店、上海南京路店、北京王府井店本月目标分别是7,800万，8,900万元，7,300万元。销售数据在公司系统中。
> 2. 三个分店的周权重指数需要你们自己根据前面的知识来分析。
> 3. 成都春熙路店8月16-18日做过4级促销，北京王府井店会在8月27-31日有次3级促销。
>
> 今天是星期三，希望能在星期五看见你们的结论。
> 杰克

店铺名称	本月目标-万	1-18日实际销售-万	权重指数							周权重指数
			星期一	星期二	星期三	星期四	星期五	星期六	星期日	
成都春熙路店	7,800	4,680	1.0	1.2	1.7	1.1	1.2	1.7	1.5	9.4
上海南京路店	8,900	5,073	1.1	1.2	1.3	1.4	1.4	1.6	1.4	9.4
北京王府井店	7,300	3,942	0.9	1.2	1.1	1.2	1.4	1.9	1.7	9.4

图2-12 销售及权重指数数据

第二天一早星星给出了她的结论。如图2-13所示，三个分店截止到8月18日的相对目标达成率都差不多，且都没有超过100%（成都春熙路店最高为99.8%，北京王府井店最低为95.3%），也就是说它们本月都有可能完不成目标。

店铺名称	本月目标-万	权重指数		理论完成率	阶段目标	1-18日销售	
		1-18日 ①	1-31日 ②	③	④	实际销售额	阶段完成率 ⑤
成都春熙路店	7,800	26.1	43.4	60.1%	4,688	4,680	99.8%
上海南京路店	8,900	24.6	42.0	58.6%	5,213	5,073	97.3%
北京王府井店	7,300	25.0	44.1	56.6%	4,135	3,942	95.3%

图2-13 销售阶段完成率

星星的计算步骤：

Step 1 计算出三个店铺8月1-18日的总权重指数，其中成都春熙路店由于在8月16-18日有个4级促销，所以日权重指数对应乘了1.4。

Step 2 计算8月的总权重指数，对应处理了成都春熙路店8月16-18日促销权重指数和北京王府井店8月27-31日的促销权重指数。

Step 3 用1-18日的权重指数除以8月总权重指数计算出三个店铺的理论完成率。

Step 4 参照2.2.2节的方法计算出1-18日的阶段销售目标，也就是用月目标乘以理论完成率。

Step 5 用1-18日的实际销售额除以阶段目标算出阶段完成率。

星星将结论和论证过程发邮件给了杰克并抄送给了柯北，很快就收到杰克的回复，只有一个词：perfect！

一周后，杰克给大家讲解了利用周权重指数实现月销售预测的公式（Σ是和的意思，"Σ日销售额"就是从1号到某个销售日期的销售总和，"Σ日权重指数"是同样的道理）。其中"Σ日权重指数÷月权重指数"实际上就是星星 **Step 3** 中提到的理论完成率。

月销售预测值 = Σ日销售额 ÷（Σ日权重指数 ÷ 月权重指数）

对于这个公式，举例来说，今天是2013年8月19日，我们就可以根据8月1-18日的实际销售额来预测8月可能完成的销售额，对应的公式就变成了：1-18日销售额之和÷（1-18日权重指数之和÷8月权重指数）。

杰克：回到上周给你们出的那道题，三家分店的8月销售预测值分别如图2-14所示。其中的预测完成率是有可对比性的。不过要用好这个指标还需要注意以下几点：

店铺名称	本月目标-万	权重指数		理论完成率	1-18日 实际销售额	8月 销售预测值	预测完成率
		1-18日	1-31日				
成都春熙路店	7,800	26.1	43.4	60.1%	4,680	7,787	99.8%
上海南京路店	8,900	24.6	42.0	58.6%	5,073	8,661	97.3%
北京王府井店	7,300	25.0	44.1	56.6%	3,942	6,960	95.3%

图2-14 三店铺8月销售额预测值

1 每月从1日开始每天都产生一个实际销售值，也就意味着每天都可以计算一个当月销售额的预测值，不过一般每月的1-9日由于数据偏少，所以预测值偏差会大一些。10日（含）之后和实际销售额就比较接近了，参考价值较大。

2 从月销售预测值公式来看月预测值每天都在不断地滚动变化中，最新一个预测值是最有效的。这点就像天气预报一样，8月18日预报8月22日最高气温35℃，而到8月19日根据最新的气象信息预测22日的最高气温为34℃，则19日的预测是最有参考意义的。

3 此方法可以灵活地预测各种对象的销售额，预测值的准确度高低排序：全国预测值>区域预测值>城市预测值>分店预测值>品牌或品类预测值。需要注意各个级别的预测值不能简单相加，例如全国预测值不等于各分区域预测值相加，某城市的预测值也不等于该城市各分店预测值之和。如沈阳共有三家新春天百货，三家百货本月的预测值分别是5000万，4500万，5500万，整个沈阳预测值不能直接将三个值相加，而应该是按照沈阳的销售规律和沈阳每日销售额来推算。

4 预测值的准确度会受突发状况的影响，比如异常天气，月中突然决定的促销活动（强烈建议每月初就确定本月的促销活动时间及级别），无规律人为大单销售，店铺本身销售就没有规律性等。

星星： 我有一个问题，杰克。你说1-9日数据偏少，为什么在 **1** 中对1-9日进行预测时不利用上月最后一段时间的数据来辅助预测？这样不就解决了数据少、预测误差大的问题了吗？

杰克： 好问题，从逻辑上是可以的，也是可行的。不过据我对零售业的一些观察，发现每月最后几天的销售额出现异常状况的概率非常大，这几天的销售人为迹象明显，用它们做数据源来预测误差会更大，所以我一般不建议用上月的销售数据。这就是我强调的数据分析和业务逻辑完美结合的一个实例。

2.2.4 销售对比

杰克： 柯北，你说北京王府井店2013年8月31日应该和哪一天同比？

柯北： 是2012年8月31日吗？（柯北被杰克突然问得有点不自信了）

杰克： 从同比定义本身来说，你的回答没错，不过我有点小失望。因为我们是数据分析人员，将数据融入业务背景去思考是第一原则。2012年8月31日是一个星期五，而2013年8月31日却是星期六，从零售规律来看，二者是没有可比较性的，2013年8月31日最好是和距离2012年8月31日最近的一个星期六的数据进行对比才有意义，即2012年9月1日。

进行对比分析第一要素就是必须要有可对比性，否则就有可能误导受众。日销售数据的同比需要遵循如下的原则：

1 首先遵循星期几对比星期几的原则，因为这是零售业的基本规律。

2 其次遵循公众假期对等对比原则，例如2014年5月1日（星期四）应该和2013年4月29日（星期三）对比，因为这两个日子都是五一放假的第一天。

3 再次遵循中国阴历对等对比原则，这种情况只是出现在每年春节期间，初一和初一对比。春节放假结束后又回归到 **1** 中的对比原则。

4 最后遵循阳历对等对比原则，这适合一些特殊的日期和特殊的行业，例如鲜花和巧克力要遵循2月14日对比原则，女士用品特别是服装和化妆品遵循三八节对比原则，玩具行业遵循六一对比原则等。

日销售数据对比必须符合业务逻辑，再问你们一个问题：对于零售门店来说2013年2月、7月和2012年的2、7月有绝对的同比关系吗？

柯北、星星已经学聪明了，赶紧掏出手机查看日历。

柯北：从同比的角度来看，2月没有绝对的同比关系，因为2012年2月比2013年2月多一天，是29天。

星星：7月也没有绝对的同比关系，虽然它们都是31天，但是2012年7月有4个星期六、5个星期日，而2013年7月只有4个星期日。

杰克：你们的回答是对的。需要注意的是，我说的是没有绝对的对比意义，在实际的工作中这样直接计算同比还是比较常见的，因为从同比的定义上来说是没错的。同样每年的1月和2月由于春节飘忽不定，这也会让同比数据毫无参考意义，以前我是将每年的1月和2月合并来分析同比，而现在我用单位权重值法。

单位权重（销售）值的公式如下：

$$\text{单位权重(销售)值} = \Sigma\text{日销售额} \div \Sigma\text{日权重指数}$$

销售额和权重指数为某个销售期的对应值

这个公式的意义是计算在某个销售时期[8]内平均单位权重指数值的销售额，这就解决了"时间标准"有时没有可对比性的原则。例如北京王府井店某个星期日销售330万元，第二天星期一销售200万元，直接把星期日和星期一的销售额对比是没有意义的。如果把它们分别除以星期日的权重指数1.7，星期一的权重指数0.9，分别得到194万元，222万元。这样我们就非常清楚地发现星期一的相对销售实际上是好于星期日的。

再举个例子来说明单位权重（销售）值。2013年2月成都春熙路店的销售额是8,000万元，而2012年2月同期的销售额是9,000万元，简单来看同店同比增长是−11.1%，业绩表现不好。但是如果

8　销售时期可以是一个月、一星期、几天，也可以是一天，可以根据实际业务来确定。

我们运用单位权重（销售）值来看，则需要颠覆这个结论了，实际上这个店铺单位权重（销售）值是增长了4.9%。造成这样反差结论的原因有两个：2012年2月比2013年同期多一天，2012年的春节在1月，2013年的春节在2月，一般来说传统零售百货在春节放假周的销售是不好的，对应的权重指数也是最低的。计算过程如图2-15所示，对应的成都春熙路店权重指数参考图2-10，权重指数的特殊处理参见2.1.4节。

月份	2012年2月							2013年2月						
星期	一	二	三	四	五	六	日	一	二	三	四	五	六	日
日期				1	2	3	4					1	2	3
权重指数				1.7	1.1	1.2	1.5					1.2	1.7	1.5
日期	6	7	8	9	10	11	12	4	5	6	7	8	9	10
权重指数	1.0	1.2	1.7	1.1	1.2	1.7	1.5	1.0	1.2	1.7	1.7	2.2	1.9	0.5
日期	13	14	15	16	17	18	19	11	12	13	14	15	16	17
权重指数	1.0	1.2	1.7	1.1	1.2	1.7	1.5	0.6	0.6	0.7	0.7	0.6	1.0	1.7
日期	20	21	22	23	24	25	26	18	19	20	21	22	23	24
权重指数	1.0	1.2	1.7	1.1	1.2	1.7	1.5	1.0	1.2	1.7	1.1	1.2	1.7	1.5
日期	27	28	29					25	26	27	28			
权重指数	1.0	1.2	1.7					1.0	1.2	1.7		放假	调休	
总销售额·万元				9,000							8,000			
月总权重值				39.3							33.3			
单位权重（销售）值				229							240			

图2-15 成都春熙路店2月同比分析图

杰克：单位权重（销售）值这个概念还可以被放大，只需要把"销售"替换成例如店铺的人流、网站的UV（独立访客）、呼叫中心的电话量等就行。

单位权重这种概念属于零售业中比较精细化的管理概念了。要想使用好这些概念，首要的条件是必须精通业务，所以，我做了一个艰难的决定，晚上发邮件给大家。

发件人：杰克
收件人：李云贝；夏晓星
主题：外派分公司学习

两位：

我一直反复强调，你们需要非常熟悉零售业务，熟悉业务最好的方式就是去业务现场。你们进公司已经两个月了，但是去卖场的次数屈指可数：星星9次，柯北3次。

我们暂时不需要你们在学校学到的那些高级理论，现在只需要你们快速熟悉业务。我准备派你们到外地分公司锻炼一段时间。星星去上海，柯北去成都，明天就走，时间暂定两个月。

注意事项：
1.请直接去各分公司的营运部报道，工作上直接汇报给门店营运经理。
2.每周你们如果有时间，可以写点东西发邮件给我，题材不限。
3.我会把外派这段时间的培训内容放到公司的公共盘中，请保持学习状态。
4.两个月后我会发邮件分别请你们回来。

保重！

杰克

2.3 神奇的黄氏曲线——单位权重（销售）值曲线

其实杰克让他们去分公司锻炼是经过深思熟虑的，其一确实需要他们熟悉业务，其二他们刚从学校毕业，心高气傲，总是想利用自己所学快速挖掘出来类似于"啤酒与尿不湿[9]"那样经典的成果。曾经有次部门聚餐时，杰克和所有人说过一段话：零售行业的数据分析不总是需要用高射炮打飞机，我们实际需要的是用拍子打苍蝇的工作。因为飞机不常有，而苍蝇随处可见，当然如果你用高射炮去打苍蝇那就问题大了。所以大多时候需要静下心来用一些简单的逻辑去分析数据，发现问题或规律，从而提高企业的数据化管理水平。

2.3.1 单位权重（销售）值曲线

前面已经讲过单位权重（销售）值的公式了，如果我们把每一天的销售额分别除以当日的权重指数，就变成了单位权重（销售）值曲线了。抱歉，这个名字好长，我们简单叫权重曲线吧。图2-16是新春天集团北京景山店2013年9月的销售额曲线和权重曲线。

图2-16　北京景山店销售额曲线和黄氏曲线

从图2-16中看出销售额曲线是一条波动幅度比较大的曲线，而权重曲线则显得比较平稳。如果一个零售店铺的每日销售额是绝对服从周权重指数的规律，那对应的权重曲线则将是一条绝对的水平直线，而这种情况是根本不可能出现的，正常的权重曲线是一条围绕某个值变化的曲线，正是这种变化给我们提供了去洞悉某些营运现象的可能。例如图2-16中销售额的最大值出现在9月7日，而单位加权（销售）的最大值则出现在9月3日，最小值分别为23和24日两天。这种变化说明有某种业务逻辑暗含其中，具体的原因需要把权重曲线给大家剥开看，这样就可以让各位看得清清楚楚、明明白白、真真切切。

2.3.2 应用在销售追踪过程中

在零售业务中，有一些口传心授而不对外的伎俩，经常出现总部和分部、分部和门店间的博

9　据传说美国沃尔玛曾经通过数据分析和挖掘后，发现将啤酒和尿不湿二者陈列在一起能提高两者的销量。

弈，而数据化管理则是要通过数据分析揭示这些现象，提醒相关人员加以干预，从而促进销售额的最大化。本节用数据揭示两种常见的现象：月初放松和月末踩刹车[10]。每个月的最初几天，有些店铺会习惯性地从心态上开始放松；而每月的最后几天有些店铺由于已经或即将完成当月的目标，心态上会放松，也可能担心本月销售做得太多下月目标会被拔高，就会出现有意识或无意识的踩刹车。

我曾经给某个服装品牌在全国的直营店铺做过这方面的量化分析，仅仅因为月初放松和月末踩刹车现象，平均影响3%的月销售额。对零售业来说3%已经不是一个小数字了，况且这几年零售业同店同比都不好。

这两种情况一般出现在有店员辅助销售的品牌、专卖店、店中店等。如果一个大型百货商场中的多个品牌同时出现这两种情况就会产生共振，直接导致商场的销售数据出现月初放松和月末踩刹车现象。这两种现象对销售最大化都是一种伤害，零售业的销售额是靠大家每天不断的努力和辛苦付出换来的。这点类似于出租车行业，每当送完一个乘客，不能有半点休息时间，需要马不停蹄地去寻找下一位乘客。

如何用数据追踪这两种现象？给大家看两张图就明白了。

图2-17是2013年7月上海南京路店女装类的4个有月初放松嫌疑品牌的权重曲线图。它们都有一个共同的特点：都是在7月1日这个时间节点开始权重曲线值向下突变。"休息"时间最长的是品牌1，涉嫌7月1—6日放松，最短的是品牌4，涉嫌7月1—3日在"休息"。

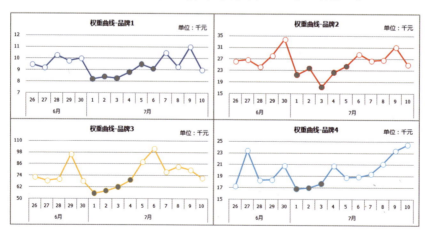

图2-17　上海南京路店某4个品牌的权重曲线图

10　踩刹车：零售业术语，意指为了某种目的而故意压低销售的情况。类似于高速公路以80～100公里/小时速度行驶，却在没有紧急状况发生的情况下人为踩刹车降速到60～80公里/小时行驶。

同样的道理，图2-18是2013年6月深圳华强北店中男装类的4个涉嫌月末踩刹车品牌的权重曲线图。它们的共同点都是在月末权重曲线值向下突变。涉嫌踩刹车时间最长的品牌2是5天，最短的品牌1是3天。

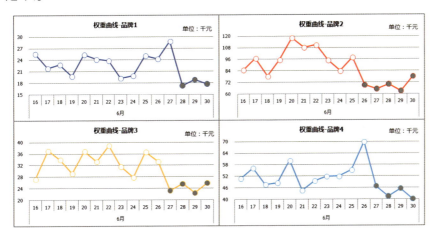

图2-18　深圳华强北店某4个品牌权重曲线图

之所以在前面的文字中用到的是"涉嫌"，是因为出现这种突变的原因是多方面的，有可能是商品缺货，突发的天气状况，等等，只是从时间节点来看（正好是月初和月末），更可能是"放松"或"踩刹车"。不管怎样反正是有问题。

曾经在互联网上看到一个网店转化率数据突变的案例，最后复盘的原因竟然是老板奔丧去了，没有老板盯着，客服人员的服务就大打折扣。销售首先是追踪出来的，其次才是分析出来的。销售人员是需要"盯"的，过去用人盯，现在简单了，用数据报表盯。

问 如何处理这两种状况？

答 目前还没有办法预测这种现象的发生，不过我们可以做到预防这种现象的连续发生。建议管理人员在发现权重曲线数据向下突变的第一天就应该去找原因，如果连续两天非突变原因而出现这种突变，管理者可以考虑请这个店长"喝茶"了，要和他们"谈谈心"。所以，偶尔1~2天这种突变是店长的问题，超过2天还出现这种现象就是管理者的问题了，因为管理者没有去终止这种损害销售额的事情。

月末踩刹车背后的业务原因：

1 月底完成目标后心态放松，销售也放松。或者到月底发现根本完不成本月销售，奖金拿不到，也会破罐子破摔地踩刹车。

2 店铺员工藏销售，本该本月录入系统的销售，人为转移到下月初才录入系统。

3 对于购物中心来说，也可能是销售被商户转移到其他地方去了。原因是目前很多购物中心和商户的合同是租金和扣点两者取最高值，商户在销售额达到二者的平衡点后就有转移销售的动机。

月初放松背后的业务原因：

1 上月末拼得太凶，本月初习惯性地心态放松几天。

2 上月末有虚增销售额的现象，本月初将虚增部分做退货处理。

无论是月初放松还是月末踩刹车，亦或是月中出现这种现象，都对销售的最大化造成伤害。只有第一时间处理好这种情况，才能实现数据化管理中的销售最大化的目标。

2.3.3 特殊事件的量化处理

零售过程中会遇到很多销售不可控的特殊事件，比如2008年的奥运会，315曝光某个品牌，突发的异常天气状况……这些状况虽然不可控，但是我们需要事件结束后去评估它的影响。比如如何评估2008年奥运会[11]对北京商场销售的影响？如果和2007年同期同比，由于时间跨度太大可比性不强。如果和2008年7月对比也有很多客观因素影响，比如7月有促销，季节不同等，可比性也不强。不过我们可以借助权重曲线来进行评估。

图2-19上是新春天集团旗下北京5家百货店2008年8月的销售额曲线和权重曲线。如果只从销售额曲线来看，不容易看出奥运会期间的销售受到了多少影响。从权重曲线看就比较明显了，8月8日（星期五）开幕当天，日权重销售值就由7日的103万元下降到55万元，奥运会闭幕后的8月25日权重销售值为99万元，而闭幕式（8月24日，星期日）当天权重销售值只有74万元。我们能从权重曲线中看出奥运会期间是对北京店有影响的，不过这条曲线还是有些不直观。于是我们把权重曲线换一种表达方式，如图2-19下中黄氏曲线（黄氏曲线为权重曲线同时间段的平均值），奥运会对销售的影响就非常直观地显示出来了。并且这条曲线只是和相邻的时期对比，所以时效性很强，可对比性也很强。

在黄氏曲线的基础上就可以非常容易地就奥运会对北京店铺的影响进行量化评估了。我们把黄氏曲线从图2-19中独立出来，变成图2-20，从图中的数据可以算出奥运会期间比奥运会前单位销售额下降了20%，而奥运会后又比奥运会期间上升了30%。这种上升和下降就体现了特殊事件的突发性。

11　2008年北京奥运会，8月8日开幕，8月24日闭幕。

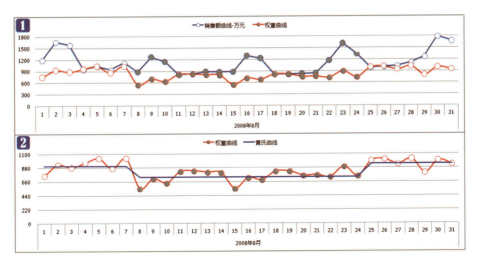

图2-19 2008年8月北京五家店销售数据

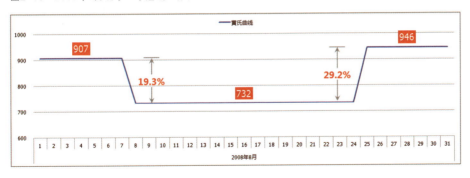

图2-20 2008年8月王府井店黄氏曲线

问 奥运会影响了北京5家店铺多少销售额呢?

答 4668万元,占北京5家店当月销售额34,980万元的13.3%。这是一个复盘的过程,计算过程如下:

4668万元
= ((907 + 946) ÷ 2 - 732) X 24.0   8-24日权重指数和
　　平均单位权重销售值

用这种方式可以对一些特殊事件进行评估,当然促销活动也可以算作是一种特殊事件,接下来专门说说利用黄氏曲线对促销活动进行评估。

2.3.4 促销活动的分析及评估

促销是零售业最常见的销售模式，现在的促销逐渐常态化，促销分析和评估也变成一种固定工作。不过目前无论是线下还是线上的促销活动数据分析都存在一些误区：

- 只和促销目标对比，完成目标的促销活动就算成功。
- 只进行促销期的数据同比，且对比误差较大。
- 只关注促销前和促销中的数据，从来不关注促销后的数据。

借鉴2.3.3节特殊事件的量化处理的思路，同样可以用黄氏曲线来评估促销活动。黄氏曲线之所以有这么大的作用，主要原因是它是和相邻的时间段进行权重值的对比。相邻的时间段能保证对比状态一致，有可对比性。同时对比单位权重（销售）值[12]又剔除了星期一到星期日销售额的不均衡现象。

图2-21是2013年3月新春天集团上海地区百货渠道所有店铺三八促销分析图。2013年三八促销档期是3月7-10日。促销期间比促销前单位销售额上升了79.5%【79.5%=（1102-614）÷614】，促销后单位销售额下降了98.4%【98.4%=（1102-498）÷614】。这两个数字我们可以把它们分别叫做促销爆发度和促销衰减度，注意这两个公式都是除以促销前的平均权重（销售）值，这是为了让二者更具有可对比性。

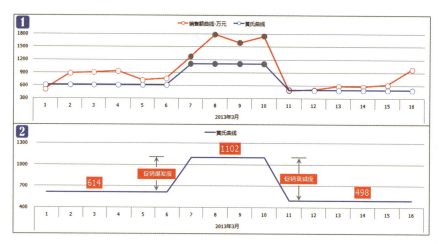

图2-21 上海区域2013年三八促销分析

促销爆发度体现了促销活动立竿见影的程度，这和促销活动的方案、宣传力度、卖场等息息相

---

12 在计算促销单位权重值时，促销期使用的加权值是常规加权值，并不因为促销级别提升而改变，这和目标分解及预测时的使用稍有不同。

关，是一个综合指标。而促销衰减度是用来判断促销活动是否有透支销售的情况发生。如果衰减度大于爆发度则有销售透支的现象发生（图2-21即是这种情况），如果衰减度大于两倍的爆发度，那这个促销活动就是彻底失败了。大家可以把以前所有促销都复盘重新评估一次，重新去判断促销活动是否成功，是否有透支销售的情况发生。

写完这部分，杰克把它放到公司内网，故意没有通知柯北、星星去学习，想看看他们主动学习的意识。让他没有想到的是，第二天一早就收到了柯北和星星的分析邮件。还让他没有想到的是他们的分析是如此的精彩，正是他接下来想完善的部分。当天杰克特意给柯北和星星打了一个电话，询问了他们在成都和上海的工作状态。

图2-22是星星的分析，她在邮件中写到：

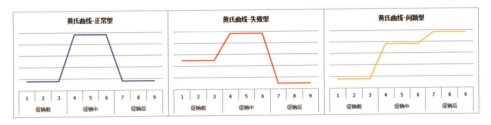

图2-22 促销评估图谱（一）

杰克，根据你的黄氏曲线理论，我对整个华东区所有门店2013年三八节促销活动都做了分析，我把它们的黄氏曲线也都画出来了。画完后，我惊讶地发现它们有三种情况，我把它们分别称为正常型（爆发度等于衰减度）、失败型（爆发度小于衰减度）和问题型（促销后没有衰减）。如果只看爆发度，这三种类型无疑都是成功的。某个分店的企划人员告诉我，他们评估促销活动只看是否完成促销目标，根本不会关注促销前后销售走势情况。我认为这是不对的，特别是失败型，如果只把促销中和促销前对比来看该促销活动无疑非常成功，促销目标也可能完成得不错，但是它对总体销售一点帮助都没有，并且还花了不少促销费和宣传费。

问题型我目前还没有找到原因，还在继续挖掘中。

杰克：不错的总结，正常的促销评估曲线介于这几个图之间，促销活动评估必须要向促销活动后看，否则就没有意义，透支后期销售的促销活动其实很多。如果多做一些分析，我们还能发现如图2-23更不靠谱的促销评估图。出现这种状况的情况不多，但不是没有。想一想，这促销方案得多差啊？！

图2-24是柯北的分析图，这是一个类似于波士顿矩阵分析的图（也叫四象限分析图，四象限图的具体做法见8.2.4节），我将华西区所有门店都用散点图表示出来了。4号区域店铺是总体表现最好的，2号区域店铺是最差的，两项指标都差，1和3号区域各有优缺点，需要进一步分析。

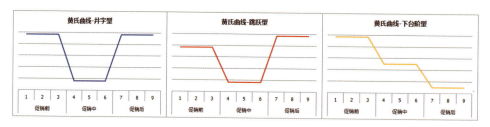

图2-23 促销评估图谱（二）

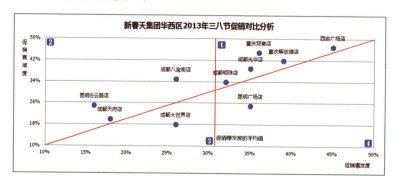

图2-24 柯北的三八节促销对比分析

杰克：柯北和星星的方法不但可以应用到零售店铺，还可以向下分析到品类、品牌甚至SKU，电子商务也可以使用。对于百货商场和超市来说同一个促销活动不同品类的爆发度是不一样的，有高有低；对连锁企业来说，不同的促销也会造成不同店铺的爆发度不一样。通过这种分析可以发现什么类型的促销更适合什么样的店铺或品类。

需要注意的是在使用这种方法时，不能简单地将爆发或衰减看成促销的影响，有可能在促销的同时还有诸如新品上市等其他因素的作用，虽然黄氏曲线的处理方法已经尽量降低了其他因素的影响度，但还是需要综合分析。另外促销前和促销后的周期一般取7天，特殊情况除外。

2.3.5 新产品上市的分析及评估

黄氏曲线也可以用于对新产品上市的分析及评估，道理和前面的一样，只需要将新品上市看成一次销售事件就可以了。在服装、手机数码、汽车等行业的零售业务中新品上市是非常重要的一个环节。对新品上市做黄氏曲线分析图时需要注意三点：

1 只需要做上市前和上市中的黄氏曲线图，由于"上市后"的时间节点不好把控，所以一般不做第三段的黄氏曲线。

❷ 需要同时分析新品占比，以判断黄氏曲线的变化是否主要是新品影响的。

❸ 同样可以根据黄氏曲线做爆发度和衰减度的分析。

图2-25是一个新春天集团华北区旗下某手机品牌几个店铺的新品上市分析图，上市时间2013年8月17日。

图2-25 手机新品上市分析图（右图新品上市前的占比为前序新品占比）

2.3.6 其他应用

黄氏曲线还可以在如下的状况中使用：

❶ 突然的短缺货对销售的影响，请注意是"突然"短缺货。

❷ （商圈内或电子商务）同业竞争分析，比如竞争对手新店开业、竞争对手搞促销等，我们可以用这种方法来分析事件对自己的影响度。

❸ 关键人物的离到任分析，比如某个店铺新调来一个店长，从常理来讲黄氏曲线在数据上会呈现积极反应，说明大家欢迎新店长的到来，反之如果黄氏曲线向下说明大家有保留意见。当然如果你去现场问店员，肯定是百分百地说支持新店长的工作的，只是他的支持只是停留在嘴，而不是数据上。

❹ 店铺其他状态变化分析，比如新装修，陈列改变，动线的调整等。

❺ 电子商务网页改版分析。

❻ 其他情况。

杰克：最后做一个总结，对于黄氏曲线的应用，一定需要注意是"突发"状态，就是要有非常清晰的时间节点、非常明确的事件信息状态才可以使用；另外建议要同时画权重曲线和黄氏曲线，权重曲线是用来进行追踪跟进的，用它可以及时反应状态在数据上的变化，以便及时采取对应的策略调整。黄氏曲线是用来分析和评估的，所以它是"事后"工作。

黄氏曲线的事前、事后的时间长度不能过长或过短，一般选取5～10天比较合适，7天是最佳时间段。权重曲线可以每天关注，正常的权重曲线应该是围绕一个值上下波动，如果出现连续的上升或下降，很可能是有某种状况发生，此时可以结合其他分析去寻找异动背后的故事。

> **案例　数据化排班**
>
> 　　Amy是一个服装公司的店长，管理着一个1,000m²的店铺，店铺加上自己共有51名店员（收银员2名，陈列员和仓库管理员各1名，2名副店长带着44名店员负责店铺销售），店铺年销售额在3,000万元左右（年目标是3,600万）。Amy现在最大的困惑是总感觉人手不够，面对每天如织的客流量，她只能拼命地让店员加班，但是在高峰时期还是有很多顾客由于没有店员接待而流失掉了。
>
> 　　Amy曾不止一次给公司打报告要求增加人手，每次公司都以店铺还在亏损为由拒绝了。并且人事部也在严格控制员工的加班时间，防止增加人力成本。
>
> 　　Amy很痛苦，我们来帮帮她吧！
>
> 　　——店铺成交率大概在10%左右，平均客单价为750元左右。店铺采用顾问式销售方式，接待一个成交的顾客平均需要30分钟，接待未成交顾客平均需要10分钟左右。店铺营业时间：10:00—22:00（店员9:30上班打扫卫生、做陈列）。

星星：我觉得用权重指数来寻找零售业的秘密这个工具非常不错，缺点就是有点麻烦，需要计算的地方太多了。我整理了一下发现有7个内容：

1. 寻找零售规律的企业标准，就是企业周权重指数。
2. 找到各分部的零售规律，就是根据企业标准来计算各分部的日权重指数。这个工作杰克建议每个月做一次。偷懒的做法是每年做一次。
3. 每日计算当天的日目标，也可以月初一次性计算出来。
4. 根据每日销售计算当月的销售预测值，这个工作需要每天进行一次。
5. 计算每天的单位权重值，进行销售追踪，发现销售是否有异常。
6. 促销评估，新品上市等事件量化处理。根据事件进度随时进行。
7. 排班评估，每月进行一次。

杰克：其实这些东西应该都可以利用Excel制作一个模板来自动计算，难的是业务逻辑，而不是计算过程。

2.4　案例及应用——数据化排班

零售企业管理层大多重视生产线上的排班，但很少有重视店铺员工的排班情况，不合理的排班会增加人力成本，还会极大地影响销售额，影响团队的和谐，值得初、中级管理层重视。

简单概括一下Amy遇到的其实是两个问题：

1 51名店铺员工够不够？

2 如何优化现在的排班？

先来回答人手够不够的问题。目前各零售店铺的员工数量配置一般是综合月销量、店铺面积等因素来确定的。这种配置方法是相对简单、可执行性较高的方法，但是却不太科学。之所以说它不科学，大家可以回答以下几个问题就明白了：

问 同样月销售额的两个店铺，员工数量配置应该一样多吗？

答 不一定，还和店铺面积有关。

问 同样月销售、同样面积的两个店铺，员工数量配置应该一样多吗？

答 不一定，例如其中一个店铺100张销售单可以产生10万元销售额，而另一个店铺可能需要200张销售单才能产生同样的销售额，客单价不一样，店员工作量大不同。

问 同样月销售、面积同样大、客单价也差不多的两个店铺，员工数量配置也应该一样吗？

答 不一定。其一店铺可能500名顾客就能产生100张单子，而另一个店铺则可能需要1000名顾客才能达到这个数量。成交率大不同，店员工作量自然不一样。

店铺人员配置应该是所有店员的工作量能够满足接待顾客总量为宜。这样能保证每一个光顾店铺的顾客都会有店员负责接待，这样才能销售最大化。当然这是一种理想状态，顾客不可能按我们的要求"有序"进场。不过我们可以找到每周销量最大的一天来测算店员的工作量（即接待顾客时间的长短）。

通过对店铺日销售数据进行分析，计算出它的销售规律如图2-26所示，同时发现星期六是每周销售最大的一天，平均日销售11.7万元。

店铺名称	权重指数							
	星期一	星期二	星期三	星期四	星期五	星期六	星期日	周权重指数
Amy的店铺	0.9	1.2	1.1	1.2	1.4	1.9	1.7	9.4

图2-26 Amy店铺的销售规律

店员的有效工作量即是顾客接待总量，计算步骤如下：

Step 1 店铺日均成交单数：3,000万元÷365天÷750元/单=109.6单/天

Step 2 店铺日均客流量：109.6人÷10%[13]=1096人

---

13 假设每个顾客每次只开一张单子，单数即为人数，10%为成交率。

Step 3 店铺日均接待顾客总时长：109.6人×30分钟＋（1096－109.6）×10分钟=13,152分钟

Step 4 店铺星期六接待顾客总时长：11.7万元÷750元/单×30分钟+（11.7万元÷750元/单）÷10%×90%×10分钟=18,720分钟

Amy的店铺店员目前的工作量能满足上面的需求吗？目前店铺采用的是上一休一的排班方法，每组有1名副店长和22名店员，每天上班人数都是23人（不含店长、收银、陈列、库管）。

Step 5 店铺店员每日工作时长：23人×12小时×60分钟=16,560分钟。这个工作时长介于店铺日均接待顾客总时长（13,152分钟）和店铺星期六接待顾客总时长（18,720分钟）之间，说明常规状态下人员配置是没问题的，但是除让员工加班就没办法满足周六销售高峰时的接待量，但是加班是会增加企业成本的。

目前全国零售店有三种排班方式：

- **上一休一制**：两组店员轮流上一天休息一天，两组员工之间不见面，每组每次都上一整天班，目前上海及周边流行这种方法。优点是店员能够充分休息，减少了每天在途的奔波。主要缺点有如下四个：

1 两组店员不见面，没办法直接交接。

2 每天上班人数一样，不符合销售规律。权重指数1.9（星期六）和0.9（星期一）的时候，如果上班人数还一样的话肯定不科学，也不利于销售额的最大化。

3 店员每天上12小时班，而零售店铺一般是下午和傍晚客流量最大，此时店员已经相当疲惫了。这个缺点同样不利于销售额的最大化。

4 上一休一制造成了人力资源的浪费。本案例中星期六23人上班时会忙死，星期一23人上班时肯定会闲死。

- **AB倒班制**：两组店员分别上早晚班，在每天下午某个时间交接班，一般AB两个班次店员数量是一样的。优点是解决了上一休一中 **1** 和 **3** 的问题，缺点是店员需要每天都上班，对于大城市来说是很麻烦的事情。另外 **2** 和 **4** 的缺点同样存在。

- **排班制**：根据店铺的实际需要进行排班，一般分早、中、晚三个班次，有的时候可能会有中晚班。优点是按需分配，灵活多变，基本没有了前两种排班方法的缺点。

排班的三种方法中排班制优于AB倒班制，AB倒班制优于上一休一制。这两年已经发现很多上海店铺在将上一休一制转变为排班制，但进展缓慢，最大的障碍来自于店员。

我建议Amy将目前上一休一的排班模式改成早中晚排班制。接下来我们就来回答如何优化店铺排班的问题。

早中晚排班制的好处是一目了然的：

1 可以根据每天的销售规律（如图2-27所示）安排上班人数，平时销售相对差一些，上班的店员就可以少一些，让他们轮流休息，周末销售最好的时候则要求全员上班。

2 上一休一制和AB倒班制决定了店铺每天每时段上班的人数是一个常量，而每天不同时段的人流量是一个变量。这样就会造成客流量小的时候店员闲死，客流高峰时则忙死。店铺每天的人流量是有规律的：一般来说上午客流最少，中午12:00-14:00和下午16:00-20:00客流量最大（不同的店铺规律可能不一样）。排班需要根据客流量来匹配店员数量。

3 排班制比上一休一制和AB倒班制更灵活，还能灵活地兼顾到一些特殊的销售事件，比如促销等的排班。并且从人力成本上来说它是最经济的一种排班方式。

4 因为做到了按需排班，所以排班制更有利于销售额最大化。

上班时间	班次	星期一	星期二	星期三	星期四	星期五	星期六	星期日
10:00-16:00	早班	9	11	11	11	12	12	12
12:00-20:00	中班	9	10	10	10	12	14	15
16:00-22:00	晚班	14	16	15	16	18	20	19
合计（人数）		32	37	36	37	42	46	46

图2-27 Amy的排班汇总表

图2-27的说明：此排班汇总表不包含店长、收银员、陈列员、库管等，只包含做销售的46人。星期一中班9人表示有9位店员12:00上班，20:00下班，不是这个时间段只有9人上班。周一合计人数32人表示有14位店员当天被安排休息。另外需要注意早班人数必须满足大于或等于最低看场量的人数。

如何利用销售规律来排班？要回答这个问题我们首先需要明白什么是销售规律？这里说的销售规律包含两方面：

1 周销售规律，也就是本章一直讨论的销售权重指数。Amy的店铺销售规律如图2-26所示。

2 日客流规律：店铺每个时段的客流规律，可以用时段和日总客流量的百分比来分析，一般来讲销售额和客流量是成正比关系的。所以我们既可以用客流量，也可以用销售额[14]来计算这个百分比。如图2-28第2列所示。

时间段	销售份额	星期一	星期二	星期三	星期四	星期五	星期六	星期日
10:00-11:00	3.0%	9	11	11	11	12	12	12
11:00-12:00	5.0%	9	11	11	11	12	12	12
12:00-13:00	12.0%	18	21	21	21	24	26	27
13:00-14:00	6.0%	18	21	21	21	24	26	27
14:00-15:00	6.5%	18	21	21	21	24	26	27
15:00-16:00	7.0%	18	21	21	21	24	26	27
16:00-17:00	8.7%	23	26	25	26	30	34	34
17:00-18:00	9.8%	23	26	25	26	30	34	34
18:00-19:00	14.5%	23	26	25	26	30	34	34
19:00-20:00	12.5%	23	26	25	26	30	34	34
20:00-21:00	8.0%	14	16	15	16	18	20	19
21:00-22:00	7.0%	14	16	15	16	18	20	19
合计（工时）	100.0%	210	242	236	242	276	304	306

图2-28 店铺每个时间段的在岗人员汇总表

如果把店铺上班人数做成一条曲线，那合理的排班曲线应该是和周销售规律曲线、日客流规律

---

14 用销售额来计算的时候需要注意计算机系统显示时间是顾客交款的时间，而不是顾客进店时间，有一个滞后，所以需要预处理。

曲线一致的。根据我的建议Amy重新制定了她的排班计划。如图2-28所示，就是她的排班汇总表。

我们把Amy的排班和每一个时间段的销售比重做一个对比，如图2-29所示。这个排班基本上满足了上班人数和日客流规律曲线一致。如果用这个图与上一休一制和AB倒班制做一个对比就完整地体现了排班制的优越性了。

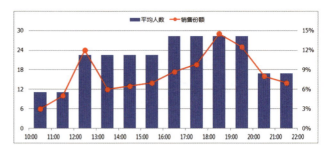

图2-29　一周每个时段的平均在岗人数对比图

最后再对Amy说她的排班还可以更细化和精准一些，由于她的店铺附近有很多写字楼，所以工作日的12:00-14:00是每天的第一个高峰，但这个现象在周末是不存在的。我建议她将日销售规律按工作日和周末区分开来。

企业执行排班制的注意事项：

① 必要时排班制可以由三班制（如本例，早中晚三班）升级为四班制（早、中、中晚、晚班）。

② 在排班时需要平衡每个员工的上班效率值，要保证排班对每个员工的公平性。公平性不仅仅体现在上班时长要差不多，还需要每个人上班的总（销售）权重指数也要差不多。总权重指数和上班的天数有关，还与每天的班次有关。

③ 通过排班和销售权重指数对比分析，还可以评估店铺员工的工作能力高低。传统评估是按销售额的高低衡量员工的工作能力，但这是非常不科学的。第1章曾提到有一个执行排班制的店铺，有位员工每个月销售都是冠军（备注：没有销售数据作假的情况）。某月该店铺更换了一个新的店长，奇怪的是该员工就再也没有拿到过店铺销售冠军了。背后数据反应的原因是老店长给该员工安排了很多高质量的班次（原因你懂的）。所以零售管理需要一个基于销售权重指数的评估机制。7.2.3节会进一步分析排班的公平性以及员工评估的问题。

后记：这种排班制的方法还适合呼叫中心、餐饮企业等。

第 3 章
销售中的数据化管理

转眼间柯北到成都分公司学习已经一个月时间了,他每天的主要工作就是跟着新春天春熙路店的营运经理李艾参加各种销售会议,同时帮助她收集、整理、分析一些店铺数据。除此之外他还每天和各楼层的楼层主管,甚至是主要品牌的店长打成一片,虚心向她们学习各种业务知识,甚至了解到很多只可意会不可言传的销售伎俩。因为他深深地记住了从总部外派成都前一晚上杰克找他所说的那句话:我不怀疑你的数据敏感度,但我需要你去打磨自己的业务深度!

他分析了10月商场中各大品牌的单位权重曲线,惊讶地发现在168个品牌的日销售数据中藏着很多销售伎俩。居然有43%的品牌月末几天的销售都非常异常(异常数据中有72%的品牌有踩刹车的嫌疑,有28%的品牌涉嫌虚增销售),其中虚增销售的品牌在11月初都有大量的退货单出现,有58%的品牌月初几天的销售明显有松懈的现象,如图3-1所示。柯北将自己的分析结果发给了杰克和李艾。

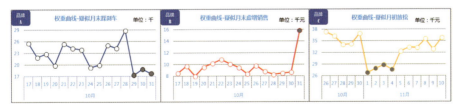

图3-1 销售异常的部分品牌

当天柯北就收到杰克的回复邮件(同时抄送了星星和李艾),杰克赞扬了柯北的分析,邮件中同时给他俩布置了一个任务:如何利用数据化管理来提升零售店铺的销售额。带着这个任务,柯北叩开了李艾的办公室。

李艾：我看了你的邮件，分析得相当不错。利用数据化管理来提升我们的管理水平一直是我最近的工作重点。我们的一线员工长期以来形成了一些陋习，爱耍小聪明。我总结他们有三个依赖症：促销依赖症、新品依赖症（这个主要针对鞋服、手机等）、月末依赖症（总是习惯月初放松心态几天，到月中才开始冲销售）。这些都是病，都得治疗。之前我们更多是靠楼层经理的行政手段，例如提高月目标等，来解决这些问题，但是效果不明显。关于杰克给你的任务，权重曲线是一个非常好的工具，我建议你可以先从用数据化追踪销售的角度下手。记住，**销售不追踪，到头一场空**。追踪的结果随时向我汇报吧。

柯北：好的，我又学到了！

3.1　销售都是追踪出来

IBM前总裁郭士纳曾说过一句话：下属不会主动做你希望他做的事情，他们只会做你监督和检查的事情。仔细体会一下，这句话其实非常的精彩。很多经理人常常抱怨下属工作没有执行力，事事都需要自己亲自盯，不盯销售就完不成，自己不盯的事情就没有人去做。这是现实，除了部分经理人确实喜欢事必躬亲外，我们是否需要思考一下，真的是下属的问题吗？你是否搭建了一个监督和检查系统来追踪你的计划？你的追踪计划是否是用数据说话？你会定期检查追踪结果吗？

如果答案都是"否"，那恭喜你中奖了！

有些消费品公司喜欢在公司总部专门成立一个追踪小组，有的甚至是一个部门，可见销售追踪的重要性。这个团队的主要工作职责如下：

1. 负责追踪各种销售目标的完成情况。
2. 追踪并提醒团队成员各种销售异常状态。
3. 监督及检查各种项目计划的执行进度。
4. 通过数据持续地给到团队压力。

3.1.1　没有目标管理就没有销售的最大化

销售追踪普遍存在的误区是只追踪销售不好或销售权重大的组织或个人，其实销售追踪的目的是让落后的组织或个人改变直到好一些，让销售一般的好起来，让销售不错的变得更加卓越！销售追踪和目标管理是一对亲兄弟，目标通过追踪得以完成得更好，追踪又必须以目标为依据。销售目标有销售额（量）目标、销售费用目标、利润额（率）目标、新增客户目标等，对于电商还有流量和转化率的目标。

目标管理首先必须遵循SMART原则[1]：

- **S–Specific**：具体而明确的。目标必须明确且不能模棱两可，同一个目标考核点最好具有唯一性。见过有些公司的月销售目标就有三个：基本目标（能交差的目标）、执行目标（和绩效挂钩的目标）、挑战目标（理想状态的目标），管理者的本意是增加目标的灵活性，但是会造成执行和追踪的困惑。

- **M–Measurable**：可量化的。不能量化的目标就不是目标，能量化却不去量化的目标也不是目标。例如开月会时，销售总监大声说下月要降低各分公司的库存，但是却没有给出降低库存的标准，这样的目标下属只会当你随便说说而已。

- **A–Attainable**：可实现的。目标必须务实，不能虚高也不能太低。很多老板和职业经理人信奉高目标就能带来高完成额，其实我是不认同的。目标不是个人理想，是应该基于团队、客户、市场状况得出的一个合理值。

- **R–Realistic**：相关性。目标必须和人或组织的工作内容职责相关联，不能跑题。例如考核销售人员你就不能用订单到货率这个指标。

- **T–Time bound**：时限性。每一个目标都应该有完成时间，有的目标甚至可以分解到好几个时间节点。这样既利于销售完成，又利于对目标的追踪。例如零售店铺的年度销售额目标，就可以拆分到月、日、时段等。

3.1.2 没有标准就没有追踪的依据

销售追踪必须有理有据，必须用数据说话。要有一个数据化的标准，标准既可以是人为确定的，也可以是客观存在的。而数据间的对比就是销售追踪的标准，通过对比分析，找到差异，从而找到追踪的依据。对比分析的标准有4项：时间标准、空间标准、特定标准、计划标准，如图3-2所示。

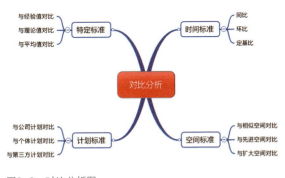

图3-2 对比分析图

---

1 目标管理由管理学大师Peter Drucker提出，首先出现于他的著作《管理实践》（The Practice of Management）一书中。

- **时间对比**：同比就是与去年的同一个时间段进行对比分析，可以是季、月、周、天。环比就是和上一个时间段来对比（也有和下一个时间段对比的，也叫后比），例如本月和上月，本周和上周对比。定基比是和某个指定的时期进行对比分析，比如2013年每个月都和2013年1月的销售额进行对比取值，前面计算周权重指数（2.1.3节）就是用了定基比的概念。

- **空间对比**：就是不同空间数据的对比，比如华北区和华南区对比，北京和上海，上海古北店和成都春熙路店进行对比。相似空间的对比对象必须是形态上比较接近，先进空间则是和同一种形态中的优秀空间进行对比，与扩大空间的对比，比如北京和全国的数据对比，北京王府井店和全北京的数据对比，和竞争对手的对比也在此列。

- **计划标准**：是一种人为标准，和计划标准的对比是销售追踪中非常重要的一环，所有的绩效考核都是计划标准，例如实际销售额和销售目标的对比等。

- **特定标准**：其中的经验标准是在大量的实践过程中总结出来的值，而理论标准则是根据理论推断出来的值，平均值则是某一空间或时间的平均值。

销售对比往往不是单一标准的对比，有时候既要看同比又要看环比，既要看销售完成率还要看利润完成率。这时候可以用四象限图来描述这些状况，如图3-3所示，左图是店品牌和平均值做对比，右图是品牌和计划值做对比，这样就可以根据不同的状况进行分析和追踪。

图3-3 各品牌会员贡献度环比同比/对比图

对比的目的是找到被追踪对象的差距，也就是找到一个追踪它的借口。**12种对比方法，总能找到一款适合你**（杰克语录）。

3.1.3 如何用数据化追踪销售

销售追踪不只是打打电话，发发邮件这么简单，它也是一门技术工作，销售追踪是建立在大量数据分析的基础上的。利用数据来追踪主要有如下几种形式。

1 **数据对比**：对比产生差距，对比产生压力，对比产生问题。对比分析的形式有绝对值对比和相对值对比两种。我们常用的城市销售额排行榜就是绝对值对比，而销售贡献度排行榜则是相对值对比。若干年前我在做销售的时候，每季度城市排行榜是大家非常关注的，大家总是紧盯着排在自己前后1位的城市，既要超越前一个城市，又要防止被后面的追上。

2 **有效地利用极值来追踪销售**：销售中有很多极值（包括极大值和极小值）可以用来追踪销售，比如店铺日/月销售额最高纪录，黄金周销售高峰值，店庆销售最大值，历史最低销售额，等等。销售就是一个不断突破自我的过程，优秀的销售人员非常享受这个突破的过程，所以好的追踪手段就是引导销售人员不断地突破自己的最高纪录，同时把自己的最低纪录不断抬高，为此企业甚至还可以设置一些突破奖和奖品。

有些销售纪录是企业级的，打破它可以极大地鼓舞员工和客户的士气。曾经新春天百货卖场的一个服装专卖店，某个月零售额突破了200万元，这既是一个企业纪录，也是一个里程碑式的销售数字。该公司的CEO为此专程坐飞机来请这个团队吃饭庆功，并且总部也发来贺电并通报给全国所有客户和自己的销售团队。硬是把这个销售纪录做成了一个销售事件，传递了正能量，极大鼓舞了团队士气。

突破销售纪录要防止出现"有心栽花花不开，无心插柳柳成荫"的情况，销售纪录是计划出来的，只有这样才会让销售纪录的突破变得更有意义。

若干年前杰克在一家化妆品公司做销售经理，公司新上市一个男士护肤品系列（之前只有女士护肤品），但是上市一个月后杰克发现很多专柜每天连1瓶男士护肤品都没有销售。于是他就要求凡是每天不能销售1瓶男士护肤品的专柜店员，第二天必须要给他打电话解释原因。其实打电话解释原因不是目的，目的是让团队产生压力。店员自然不愿电话面对杰克的训斥，所以就想方设法完成每天至少1瓶的销量。当大家都能完成最低销量后，杰克又将最低值标准提高到平均每天5瓶。这就是一个利用最小值来追踪销售的真实案例。

销售极值犹如海绵里的水，挤挤总是越来越多的

使用这一招的前提是你必须知道对方的极值是多少，所以追踪团队需要建立一个极值库以便随时"提醒"销售团队。

3 **利用单位权重曲线[2]来追踪销售**：权重曲线犹如一个监视器，随时监控销售额、人流量、网

---

2 单位权重曲线的具体阐述见本书前一章。

站点击量等的异动。从前面柯北的分析中看到它可以用在监控月初放松和月末踩刹车等状况上，其实它可以监控每一天的数据走势。如图3-4所示，这是一个化妆品专卖店的销售权重曲线，该月的走势图中有5个突变点（如图中数字所示），其中❸❹之间的突变应该是有一个短期促销活动，可以用来追踪及评估促销效果。其中❶❷❺突变背后一定有某种销售问题出现，需要进一步跟进直接负责人，突变❷疑似有"等待促销活动[3]"的嫌疑，突变❺则有月末踩刹车的嫌疑。

图3-4　2013年11月某化妆品权重曲线走势图

我们还可以权重曲线的基础上添加一条3日或5日均线[4]，如图3-5所示，通过每日的加权值和前3或5日均值做比较来判断单日销售的好坏。这个有点类似股票市场中股价的3、5、10日均线的道理。

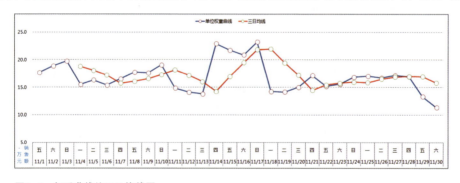

图3-5　权重曲线的三日均线图

当然，高效的追踪方法是把权重曲线的逻辑植入软件或Excel分析模板，让系统自动提醒这些突变状况。

3　等待促销活动指店铺员工提前知道了促销活动，于是会告知熟悉的顾客暂缓购买的行为。

4　3日均线为前三日销售总和的加权平均值，5日均线同理。

4 用预测值来追踪销售：我们常常习惯于用销售完成率来追踪销售，但是完成率的缺陷是同一个时间节点在不同的区域的完成率很可能没有可对比性（因为销售节奏可能不一样）。完成率是历史数据的对比，预测是对未来的预估。

- 月销售额预测：可以利用周权重指数法来预测月销售，详见2.2.3节。
- 年销售额预测：零售业常用的是月销售占比法，利用历史数据中每个月占年度总量的百分比来做预测，这个百分比就是一种销售规律。为了预测的准确性，历史数据通常用3年。计算方法如下（用新春天集团华北区2010-2012年的月数据做示范）：

Step 1 根据历史数据计算每年中每个月的销售占全年总销售的百分比，如图3-6所示。

	A	B	C	D	E	F	G	H	I	J	K	L	M	N
1		1月	2月	3月	4月	5月	6月	7月	8月	9月	10月	11月	12月	合计
2	2010年	9.8%	8.2%	8.0%	7.8%	8.5%	6.5%	6.8%	7.0%	7.8%	9.7%	9.5%	10.4%	100.0%
3	2011年	10.3%	8.0%	7.5%	7.7%	8.2%	6.6%	7.0%	7.0%	7.4%	9.8%	9.9%	10.6%	100.0%
4	2012年	10.1%	8.6%	7.7%	7.8%	8.4%	6.1%	7.2%	6.8%	7.6%	9.5%	9.5%	10.7%	100.0%
5	算术平均值	10.1%	8.3%	7.7%	7.8%	8.4%	6.4%	7.0%	6.9%	7.6%	9.7%	9.6%	10.6%	100.0%
6	加权平均值	10.1%	8.3%	7.7%	7.8%	8.4%	6.3%	7.1%	6.9%	7.6%	9.6%	9.6%	10.6%	100.0%

=(G2*1+G3*2+G4*3)/6   =(G2+G3+G4)/3

图3-6 年度销售规律

Step 2 计算每个月销售占比的平均值，有两种计算方案，算术平均和加权平均，计算逻辑如图3-6所示。加权平均法相对来说稍优于算术平均法，因为它体现了数据的时效性，离现在越近的数据越有价值。本例用加权平均值，这个加权平均值就可以看作是2013年的销售规律。

Step 3 年销售预测值等于累计的月销售额除以累计月销售加权平均值。例如新春天集团华北区2013年1-3月销售额为25.8亿，1-3月累计加权平均值为26.1%，2013年华北区的年销售预测可以完成98.9亿，即25.8除以26.1%。

这种预测方法只考虑了历史数据，而忽视了2013年的实际情况，例如没有考虑春节在1、2月间飘忽不定对平均值的影响，没有考虑2012年2月是29天，2013年2月是28天，也没有考虑节假日的影响（例如五一、十一放假不同的安排，2013年3月有10个周末休息日，而2012年只有9个周末休息日）等。所以实际2013年每月的销售百分比规律还需要做一些微调，这样预测才能更准确一些，其中每年1月和2月可以合并来处理，这样就可以解决春节飘忽不定的问题，另外还可以引入周销售权重指数来辅助处理这种情况，6.4.1节"如何做销售预测"中会详细讲解。

这种预测适合非当年新开的店铺，如果在预测区域有大量新的门店开业，总预测结果也会不准确。这种情况需要把老店铺和新开店铺分开来做预测。对于本年度已经开出来的新店铺的预测，首先需要调整每月的销售规律，也就是需要重新调整每个月的加权平均值，调整方法如图3-7所示，其中单元格C3的公司如图红框内容，其他单元格依此类推。

	A	B	C	D	E	F	G	H	I	J	K	L	M	N
1	加权平均值	1月	2月	3月	4月	5月	6月	7月	8月	9月	10月	11月	12月	合计
2	完整店铺	10.1%	8.3%	7.7%	7.8%	8.4%	6.3%	7.1%	6.9%	7.6%	9.6%	9.6%	10.6%	100.0%
3	2月开业		9.3%	8.5%	8.6%	9.3%	7.0%	7.9%	7.7%	8.4%	10.7%	10.7%	11.8%	100.0%
4	3月开业			9.4%	9.5%	10.2%	7.8%	8.7%	8.5%	9.3%	11.8%	11.8%	13.0%	100.0%
5	4月开业				10.5%	11.3%	8.6%	9.6%	9.3%	10.2%	13.0%	13.0%	14.4%	100.0%
6	5月开业					12.6%	9.6%	10.7%	10.4%	11.4%	14.6%	14.6%	16.1%	100.0%
7	6月开业						11.0%	12.2%	11.9%	13.1%	16.7%	16.7%	18.4%	100.0%
8	7月开业							13.7%	13.4%	14.7%	18.7%	18.7%	20.6%	100.0%
9	8月开业								15.6%	17.1%	21.7%	21.7%	23.9%	100.0%
10	9月开业									20.2%	25.7%	25.7%	28.3%	100.0%
11	10月开业										32.2%	32.2%	35.5%	100.0%
12	11月开业											47.6%	52.4%	100.0%

图3-7 加权平均值的调整

3.1.4 销售追踪注意事项

销售追踪是一个很苦很累但却很重要的工作，只靠人是绝对不行的。这是一个系统工程，最好是让它"程序化"。销售追踪的注意事项如下：

1. 追踪表格化，系统化。一定要用一套表同一套逻辑，否则就会陷入无谓的争论之中，同时"双规"很重要，在规定的时间内，上传规定格式的追踪数据。

2. 充分发挥人，特别是直线汇报经理的追踪作用，层层追踪。

3. 利用销售会议来追踪，晨会、周会都是很好的追踪时机。每次会议务必预留一定的时间来回顾前一段时间项目的执行状况。

4. 利用科技手段来追踪销售。将部分商业逻辑植入公司系统软件中，当数据异常时，被追踪的相关人员都可以收到一封邮件、短信或者微信等。

5. 将结果过程化更有利于追踪，例如不直接追踪销售额，而是把销售额分解成进店人数、成交率、客单价、连带率等分别追踪，这样更有效果。

6. 追踪必须要有结果，只"追"不"终"没有意义。

柯北最近比较兴奋，他把学到的销售追踪知识运用到具体实战中去了，他在春熙路店内找了10个销售状态比较稳定的品牌店铺，把它们随机分成了AB两组，每组5家店铺。A组为参照店铺，B组为自己实地追踪店铺。经过一个月的追踪后惊喜地发现：B组的平均同比增长幅度高于A组5.5%。柯北嘚瑟地给杰克打了一个电话，汇报了近期自己的工作情况，自然是大说特说销售追踪这件事。

杰克谨慎地表扬了一下然后说："会追踪，会发现问题只是销售的一部分，最关键的还是要找到问题背后的答案，这才可能进一步提升店铺的销售额，建议你可以尝试从零售行业数据分析指标的学习入手。"

3.2 常用的销售分析指标

周一销售例会，柯北跟随李艾参加楼层的业务分析会议，会议中柯北拿出一串数据，某服装品牌客单价数据，如图3-8所示，该品牌营业面积268m^2，有20位店铺员工，平均月销售为62.3万。李经理问各楼层主管怎么看该服装品牌2013年10月的客单价同比下降的原因？

图3-8 某服装品牌客单价走势图

主管A：我觉得是这个品牌10月促销活动打折力度太大的原因吧。

主管B：不一定，也有可能是这个月的新员工太多，销售技巧都不高，客单价自然会下降。

主管C：会不会是这个品牌10月上的新品价格偏低？或者是低价货进得比较多？

主管D：商品缺货，特别是主打商品的缺货会影响客单价的。

主管E：我觉得还有可能和今年10月天气太热，高单价商品不好卖有关。

李艾：大家说得都有些道理。答案是什么并不重要，重要的是你们有没有一个思考问题的逻辑。遇到这样的问题，大家第一反应是去找答案，而不是先去梳理自己思考的逻辑，这样不助于问题的全面解决。柯北，你这方面也需要提高啊！

3.2.1 人货场是零售业基本的思维模式

零售行业的大部分问题都可以从人、货、场三个维度来思考。无论是线上还是线下，人、货、场都是零售营运的核心三要素。前一个案例中，属于"人"范畴的回答是主管B，属于"货"范畴的是主管C和D，属于"场"范畴的是主管A和E。人包括店铺员工、顾客和第三方人员等，货就是商品，场指卖场、电子商务的销售平台、渠道等。如图3-9所示，这是一个思维导图5，人货场只是第

---

5 思维导图是一种帮助思维的工具，它能将发散思维方便地逻辑化，其广泛应用于记忆、思考、学习等方面，是数据思维的必备工具。

一层次，员工、顾客、卖场、商品等为第二层次。有时候为了让自己的思路更清楚一下，还可以继续向下级层次细分。

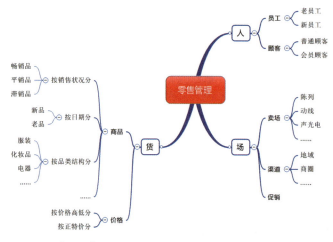

图3-9　人货场分类

图3-10是根据人货场的逻辑整理的影响客单价的因素。这里面罗列很多原因，具体该店铺的实际原因我们可以结合其他一些数据来判断。

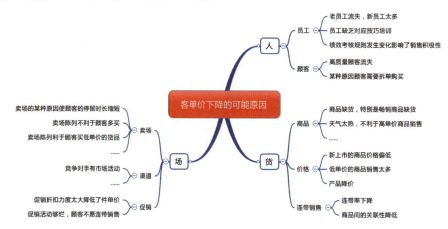

图3-10　客单价下降的可能原因

最近李艾经理比较烦，连续好几个月一线员工[6]的离职率都在10%以上，虽然人员招聘是品牌厂家的事情，但是新人太多，影响的销售额可是自己的。于是李经理让柯北试着用人货场的概念来梳

6　这里的一线员工指的是店铺的售货人员、促销人员、助销员等。

理人员流失率的原因,并对柯北提示说人货场既有狭隘的人货场概念,也有广义的人货场,人货场的概念是可以拓展的。

建议读者读到此处,找一张白纸,自己用人货场的逻辑分析影响人员流失率的因素,训练自己的思维方式。

人员流失率和"人"的关系显而易见,柯北这天一直在琢磨人员流失率与"货"和"场"有什么关系?"货"中的商品怎么会就影响人员流失率了呢?商品价格也不太可能啊?晚上和同事吃饭的时候还在思考这个问题。

柯北:老板,买单,刷卡。

老板:对不起,先生,我们只收现金。

"现金?"一语惊醒柯北,对于一线员工来说,他们的"货"不就是每个月的工资收入吗?顿时茅塞顿开,所有的逻辑都通了,也理解到了李艾所说的人货场概念是可以分狭隘和广义的原因了。于是他花了一晚上整理好了影响一线员工流失率原因的思维导图(注意,这里分析的是一线员工),如图3-11所示。

图3-11 影响人员流失率的原因

柯北的这个思维逻辑李艾非常满意,不过李艾还是想再考考柯北。

李艾:柯北,你有女朋友了吗?

柯北:有一个。

李艾:准备什么时候结婚啊?

柯北：还早吧？！我都还没见过她的父母哦。

李艾：那我考你一下，如何用人货场的逻辑设计一个"将男朋友转化为老公的评价体系"，将人货场的概念再突破一下，如何？同时你也可以做一个自我评价。哈哈。

柯北：可以吗？那我试试吧。

柯北兴奋地走出李艾的办公室，没想到人货场的逻辑还可以用在生活中。不过他觉得"货"和"场"仍然需要继续突破原有的思维模式。又是一夜奋战，查了各种资料，参考了各种版本，柯北觉得这里的"货"应该是资产、价值等，"场"应该是圈子的概念。如图3-12所示的思维导图，大家可以参考一下。这个思维导图还可以继续细分下去，就留给大家来完善吧。

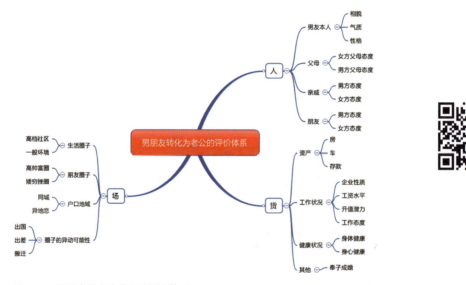

图3-12　男朋友转化为老公的评价体系

通过这几个案例的练习，柯北已经完全掌握了人货场这套零售业思维模式，自信满满地觉得自己可以用它去帮助零售店铺提升销售了。

人货场的概念同样适用于电子商务，有兴趣的读者可以试试用人货场的概念解读影响网站转化率的因素。

3.2.2　零售业常用的分析指标

柯北：图3-13是好复杂的一张图哦！不过还是遵循了人货场的思维逻辑。貌似多了一个"财"。

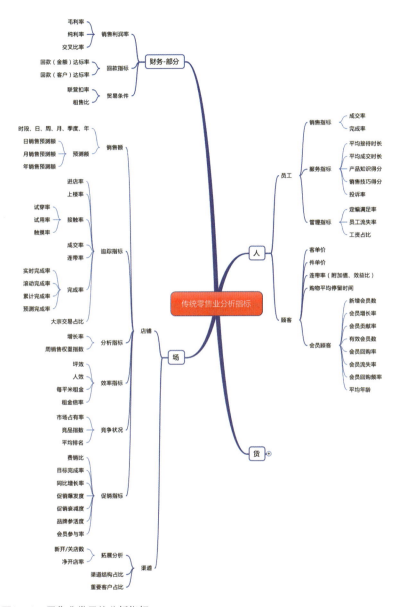

图3-13 零售业常用的分析指标

李艾：是的，这是指标大全，自然会复杂一些。其中"货"这部分还把它留到下一个章节来具体展开。"财"是管理层面的一个维度，这里只是展示了部分财务相关的指标。下面我就来依次给你培训一下这些指标的定义和用法。

◆ "人"的部分

1 销售指标

【成交率】成交率=成交顾客数÷客流量×100%

成交率和店员的销售技巧、产品陈列、产品销售价格、促销活动等都有关系。但是在产品、促销状态等都一致的情况下，成交率就只和店员的销售技巧有关了，所以这个指标可以用来判断店铺员工的销售能力。

【完成率】销售完成率=销售完成数÷目标数×100%

这是一个判断销售目标进度的一个指标，在人货场三个领域都可以用到。正常情况下这个公式具有通用性，但是在一些特殊状况下，这个公式就需要修改了。例如2013年某个零售商场的盈利目标是-2,000万元（这个就可以称之为战略性亏损目标吧），最后实际完成了-1,000万元，请问完成率是多少？50%吗？显然不对，因为当完成-2,000万元时实际上就已经100%的完成目标了。

完成率的通用公式只适合目标为正数的时候，它的两个例外，即目标为负数和0的时候如何计算完成率？

当目标为负数时公式会有点复杂，完成率=（2－实际完成数÷目标数）×100%。上面的题目套入这个公式后，结论就是完成率150%，达标！有兴趣还可以测试一下目标为-2,000万元，最后达成分别是-3,000万元，0元，1,000万元时的完成率。

目标为0的时候，其实没办法直接量化计算完成率，量化计算出来也没有多大的意义，这种情况可以定性地分为完成目标和未完成目标两种状态。

当然目标为负或0的时候是比较少见的，所以大部分时候通用公式还是管用的。

2 服务指标

【平均成交时长】平均成交时长=每一位顾客成交的时间总和÷成交顾客数

这是一个考察店铺员工效率的指标。一般还需要和客单价结合起来看会比较客观（可以做四象限图），用最短的时间成交最高的金额，这样的员工一般认为都是最优秀的员工。

【平均接待时长】平均接待时长=接待每一位顾客的时间总和÷接待顾客数

目前需要店铺手动计算这个指标。还有一个指标和平均接待时长类似，就是顾客平均停留时长。区别是前者是从开始接待顾客到离开店铺的时间段计算时长，后者是用顾客进门到出门的时间段来计算的。这两个指标同样不仅仅和"人"有关，还与"场""货"有关。对于零售店铺来说大部分时候是希望顾客的停留时间越长越好。

对于线上来说计算顾客的平均停留时长相对来说是比较容易的，线下需要安装计数器[7]才可以。很多人认为目前百货商场内的计数器由于不能点对点地监控到人，也就是说进来一个人你并不知道他是何时离开的，所以不能计算平均停留时长。其实是可以的，因为并不需要对应到具体的顾客。公式如下：

$$顾客平均停留时长=（\sum 顾客离场时间-\sum 顾客进场时间）÷顾客人数$$

【投诉率】投诉率=投诉的顾客总数÷顾客总数×100%

3 管理指标

【定编满足率】定编满足率=实际员工总数÷标准配置人数×100%

这是考核企业招聘能力强弱的一个指标，同时它也是一个内控指标。定编满足率太低势必会影响效率，太高且超过100%又会造成人效的浪费。定编满足率还可以细分为部门定编满足率、普通员工定编满足率、管理层员工定编满足率等。

【员工流失率】员工流失率=某段周期内流失员工总数÷（（期初员工总数+期末员工总数）÷2）×100%

员工流失率分月流失率、季度流失率、年流失率等。处在不同周期的流失率是不能直接对比的。人事部经常用的是员工离职率，员工流失率和员工离职率有一点点区别，员工离职指正常人才转移，而员工流失包含不正常人才流失。员工离职率的公式和流失率的公式是一致的。分析员工离职率的时候，还需要从几个维度进行细分，如图3-14所示。

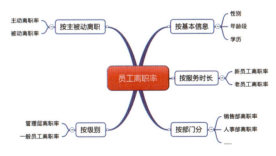

图3-14 员工离职率

【工资占比】员工工资占比=企业支付的员工工资总额÷销售额×100%

---

7 线下目前通用的计数器主要有两种，红外感应计数器和视频计数器，后者相对比前者精度更高，不过费用也更贵。近两年开始有用Wi-Fi技术来做计数器的应用。

4 顾客指标

【客单价】 客单价=销售总金额÷有交易的顾客总数

一般用成交总笔数来代替顾客总数，理论上这两个数字是一致的，但是顾客经常会出现逛一次商场多次开单交易的情况，所以成交笔数实际上是大于等于有交易顾客数的。客单价既可以反映顾客的质量，也可以反映店铺员工的销售能力，还可以反映店铺的商品组合等。

【件单价】 件单价=销售总金额÷销售总数量
【连带率】 连带率=销售总数量÷成交总单数

连带率有不同的称谓，例如附加值、效益比、平均客件数、购物篮系数等。连带率反映的是顾客每次购物的深度。需要注意的是连带率数据有时会受人为影响，例如一次性购物满500元送赠品，如果消费者一次购物了1000元以上，他很可能会拆开单来结算，从而影响成交总笔数。

对于超市来说，除了分析常规连带率之外，还可以分析单品连带率、品类连带率，连带率越大说明该单品或品类越重要，需要在陈列、促销、库存管理等方面特别关注。单品连带率和品类连带率主要是用来分析商品的关联销售状态的，它们的公式如下：

单品连带率=含该单品的销售总数量÷成交总单数
品类连带率=含该品类的销售总数量÷成交总单数

百货行业还可以统计叫品牌连带率的指标，即计算顾客每次购物时平均消费几个品牌的产品。

5 会员顾客指标

在分析会员顾客各项指标之前，务必做数据清洗，因为会员消费记录中那些"非会员"消费的痕迹太重，这些销售行为会影响到你的分析：

- 会员卡在店员或收银员手中，可以随意将非会员顾客的消费刷为会员顾客消费，自己赚积分或差价。

- 晒卡一族，在互联网上公开自己拥有的某些品牌的会员卡号，其他网友就可以凭此号码去店铺享受会员价格购物，而晒卡人则可以赚到相应的积分（很多专卖店不需要出示会员卡）。我们曾经监控到一张会员卡，一天内在祖国的8个城市产生了14次购物记录。现在很多公司的对策是要求顾客出示会员卡后才能享受会员权益，但是这样造成会员使用的不方便，从而影响销售。

以上两种情况的销售都是真实记录，但却不是会员的消费记录，需要在做会员对应分析时根据刷卡频率异常的原则剔除掉这些记录。记住不是剔除销售记录，只是去掉会员消费记录。作为数据分析人员可以专门设定一个异常卡消费指数，就是计算异常卡占总销售的百分比，用它来监控门店、分公司等的数据异常状态。

【新增会员数】新增会员数=期末会员总数−期初会员总数

如果将会员看成是企业的财富，新增会员就是在不断地积累财富。大部分零售企业会把这一项作为店铺员工KPI考核指标之一。新增会员数的一个附加指标是未办卡率，统计那些达到会员办卡条件却没有开新卡的顾客占比情况，这个指标可以反映店铺开新卡的能力以及顾客对品牌的喜好程度，这是一个分析指标，不建议作为考核指标。未办卡率的公式如下：

未办卡率=达标且未开卡的顾客数÷累计达标顾客数×100%

【会员增长率】会员增长率=某段时间内新增会员数÷期初有效会员数×100%

会员增长率是体现企业会员增长速度的一个指标。

【会员贡献率】会员贡献率=会员销售总金额÷销售总金额×100%

会员贡献率不是越高越好，在每个企业会有一个合理的区间，太高就显得新增顾客太少，增长被局限了，太低则没有稳定的销售来源。行业不一样这个区间段也会不一样，店铺间也会不一样，例如商业区的店铺和写字楼、社区店铺的会员贡献率都是不一样的。

【有效会员数】

会员总数多不一定强，有效会员数多才是硬道理。有效会员就是满足一定贸易条件的会员。随着企业的发展，必然会存在很多在一段时间内没有交易过的会员，这些会员实际上已经没有任何的价值了，需要在分析中剔除出去，否则会员分析也没有意义。有效会员的贸易条件一般根据时间和交易量来设定，例如在12个月内必须有至少1次消费，6个月内必须有不少于3次消费记录等，这两个设定标准需要结合顾客的消费频率来定，行业不同标准也会有差异。

有效会员数还可以衍生出来一个有效会员占比的指标，公式如下：

有效会员占比=有效会员数÷累计会员总数×100%

【会员回购率】会员回购率=某段时间内有交易的老会员数÷期初有效会员总数×100%

会员回购率一般用在月、季和年度的分析上，是衡量顾客忠诚度的一个指标。严格地说这是一个老会员的回购率公式，因为期间新增会员的回购不包含在其中。

回购率和回头率常被误解为一回事，其实会员回购率和会员回头率是有区别的，回头率公式中的分子应该是某段时间内到达过店铺的会员，他们不一定实施了购物。对于店铺来说，先得让顾客回头，其次才是回购，所以这两个指标是有先后顺序的。没有高的回头率，哪来的高回购率，所以零售商们都在想尽办法促使会员顾客高频次地回头。

目前实体店铺统计真正意义的会员回头率还很难,如果顾客回头后不购物,商家是没有办法监测到他们的,因为没办法一对一地识别顾客,而电子商务则容易很多。不过随着科学技术的发展这个线下的难题终将会被解决,目前看来有两种方法。

1 打卡制度,就是顾客如果回到店铺刷卡一次,就可以奖励对应的积分,这种方法有效地提高了顾客回头的频率,是一个好办法。当然为了防止被顾客滥刷,可以限定每日或每周的最大刷卡次数。

2 Wi-Fi技术,Wi-Fi技术这两年发展较快,目前已经能够做到统计客流(严格说是能统计到打开了无线局域网络的智能手机用户数),识别顾客的动线以及识别重复出现的顾客等功能。

【会员流失率】会员流失率=某段时间内流失掉的会员数÷期初有效会员总数×100%

这个指标反映了会员顾客的流失速度,也反映了企业营运现状,它和会员增长率是一对相向指标,建议每月都追踪这两个指标。会员流失有它合理的一面,例如对定位在20~30岁的服装品牌来说,顾客年龄变大自然就会流失,再如对超市来说,如果顾客搬家了,流失也是合理的。建议大家继续用人货场的思维逻辑来分析"影响会员顾客流失的那些因素"。

会员流失率反映了顾客总量的流失情况,却没有办法反映出流失顾客的质量,流失掉一个客单价为300元和流失掉客单价为3,000元的顾客显然不能划等号。这就衍生出一个新的指标,相对会员流失率,公式如下:

相对会员流失率=某段时间流失的会员数量÷期初有效会员数×流失率权重值×100%

流失率权重值=流失会员的平均客单价÷有效会员的平均客单价

【会员回购频率】

会员回购频率1=某段时间内所有会员消费次数÷(期初有效会员总数+期中新增会员数)

会员回购频率2=某段时间内所有老会员消费次数÷期初有效会员总数

该指标反应会员顾客在某个时间段内的消费频次,分析这个指标选取合适的时间周期很重要,时间周期太短,这个值基本上就接近为1.0,没有丝毫意义。服装专卖店、手机专卖、电器专卖等可按6或12个月为一个滚动周期,百货商场一般用3或6个月为一个滚动周期,超市可以按1或3个月来滚动分析。3个月为一个滚动周期并不是说一个季度才分析一次,而是每个月都可以分析,如图3-15所示。

细心的读者可能已经发现回购频率公式中的分母是有效会员总数,而不是有交易的会员总数。其实可以是有交易的会员总数,只是意义不一样。

图3-15 会员回购频率滚动图

会员回购频率3=某段时间内所有会员消费次数÷期间有交易的会员总数

会员回购频率4=某段时间内所有老会员消费次数÷期间有交易的老会员总数

案例 某商场截止到2013年第二季度末有效会员总数为4.5万，在2013年第三季度新增会员0.5万人。在第三季度会员总消费次数是15万次，其中老会员消费次数为14万次，有交易的老会员2.0万人。

根据上面的公式我们可以依次算出：

会员回购频率1为3.0【3.0=15÷(4.5+0.5)】

会员回购频率2为3.1【3.1=14÷4.5】

会员回购频率3为6.0【6.0=15÷(2.0+0.5)】

会员回购频率4为7.0【7.0=14÷2.0】

从这个案例可以看出这四个公式各有侧重，公式1和2侧重于研究回购频率的趋势，公式3和4侧重短期会员购买行为分析，零售企业在实际使用时应该以老会员的分析为主。

会员回购频率孪生指标是会员平均回购天数，也就是会员平均多少时间来消费一次。

【平均年龄】平均年龄=某个时间点会员年龄总和÷有效会员总数

平均年龄是衡量品牌定位的一个标准，不过这个指标受数据源的影响非常大。有很多顾客不愿意提供自己的私人信息，还有就是终端店员不负责任地录入数据，所以在系统中很可能看到上有古稀老人，下有婴儿的年龄数据。分析平均年龄时需要剔除这些异常数据，否则那些90岁以上的顾客就足以把平均年龄拉大好几岁。对年龄的扩展分析是将顾客年龄分段分析，就是年龄段分析。

平均年龄属于对顾客基础信息分析的范畴，这个范畴还包括性别、职业、地域、收入等。

6.2节"会员策略的数据化管理"还会详细介绍如何运用这些指标系统地分析会员的购买行为。

柯北：这么多指标和公式，还又衍生出一大堆附加指标，有点吃不消了。有没有什么办法能快速掌握这些指标啊？

李艾：有！就是这周末你别休息了，加个班就全部掌握了。接下来我们继续上课，讲解"场"的指标。

◆ "场"的部分

1 销售额

【时段、日、周、月、季度、年】

月销售额指标、季度销售额指标、年销售额指标这是最常用且和绩效挂钩的硬指标。日和时段指标往往不受管理层重视，其实这是不合理的。零售行业的销售是靠一个个时段、一天天追出来的，没有基础指标的完成，谈何月、年指标的完成？

【预测额】

一般分为【日销售预测额】、【月销售预测额】和【年销售预测额】，日销售预测在大型百货商场、超市、电子商务的销售中经常使用，对日销售进行预测，只需要根据历史数据中每日各个时段的销售百分比就可以计算出来。月和年的预测本书前面已经讲解了。

2 追踪指标

【进店率】进店率=进店人数÷路过人数×100%

进店率公式并不难，难的是如何提高进店率，此时各位又可以搬出人货场的思维模式来操练一下。进店率有个系统误差，就是店铺工作人员的进出会影响精度，可以统计工作人员每天大致的重复进店次数然后在进店人数中扣除。

【上楼率】上楼率=本层向上的顾客数÷进入本层的顾客数×100%

有5000名顾客进入首层，总共有3000名顾客上到二层及以上楼层，则一层的上楼率为60%。上楼率对多层经营的卖场来说是一个非常重要的指标。

上楼率的数据收集是一个非常麻烦的事情，要监控上楼率就需要在各入口、电梯口、楼梯口等安装计数器来采集数据，采集的数据务必是向上的。例如计算三层的上楼率，分母是从二层或其他楼层（适用于有直达电梯的卖场）上到三层的顾客数，分子是从三层上到更高楼层的顾客数。从四层或更高楼层下来的顾客不应计入分母之中（因为他们的状态是下而不是上）。这种方法计算出来的上楼率是某楼层整体的上楼率，有三层上到四层的，也包括三层上到五层。

有时候我们需要点对点地计算上楼率，例如二层到三层的上楼率。这种情况将公式简单修改一下就可以，例如：

二到三层的上楼率=从二层上到三层的顾客数÷单向进入二层的顾客数×100%

其中分子，从二层到三层的顾客数，最好只算滚梯的上楼人数，因为直梯和楼梯实际上没有办法精准监控到这个数字。所以点对点的上楼率比实际数字会小一些。例如有5000名顾客进入首层，其中有2000名顾客上到了二层，则一层到二层的上楼率为40%。

还有的时候我们需要计算下楼率，例如现在很多商场会标配一个地下超市或地下美食城，这种情况就需要计算下楼率，公式同上，只是运动方向相反而已。

在计数器等设备不完善的时候，零售店铺可以采取利用员工抽样计数的方式来做上楼率的调查研究。

【接触率】

随着科技的发展，管理更加精细化，接触率越来越受零售商重视，通过它可以深层次地了解顾客的购买行为。接触率就是消费者和商品的接触比率，又可以分为试穿率、试用率、触摸率等。

- 【试穿率】试穿率=试穿顾客数÷进店人数×100%

这个指标常用于鞋服行业，目前还没有发现有仪器能监控此指标，大多靠人工统计。需要注意的是同一个顾客无论试穿多少次都只能统计一次。

- 【试用率】试用率=试用顾客数÷进店人数×100%

这个指标常用于化妆品、食品等行业，如果是封闭销售（例如专卖店）则用进店人数作为分母，不过这些行业大多在超市和百货商场开放式销售，所以进店人数可以转换为有接触的顾客数（例如和促销人员有言语交流的或者是驻足一段时间的顾客），绝对不能轻易用路过人数。

- 【触摸率】触摸率=触摸某商品的顾客数÷路过某商品的人数×100%

触摸率反应商品外观被关注的程度，目前借助一些视频设备可以自动采集这个数据。一般来说某商品的触摸率和成交数量成正比，但是有时候触摸率很高，但是交易很低，作为管理者可能需要分析这种现象产生的原因，为什么消费者有冲动而无行动，出现这种情况很大可能是价格原因。

【成交率】成交率=成交顾客数÷进店人数×100%。

【完成率】完成率=完成数÷目标数×100%

完成率根据统计时间段的不同又可以分为实时完成率、滚动完成率、累计完成率、预测完成率。公式如下所示：

实时完成率=实时完成数÷目标数×100%
累计完成率=累计完成数÷总目标数×100%
预测完成率=预测完成数÷总目标数×100%
滚动完成率=滚动完成数÷滚动目标数×100%

案例 某店铺2013年8月销售目标是100万元,实际完成58万元,则实时完成率为58%,这种情况我们一般简称为完成率;2013年的销售目标是1,000万,1-8月累计完成680万元,则累计完成率为68%,预测2013年最后可以完成1,080万,预测完成率为108%;其中2013年1-8月的滚动目标是650万元,则滚动完成率是105%【105%=680÷650×100%】。

【大宗交易占比】大宗交易指数=大宗购买金额÷总销售额×100%

大宗交易需要企业自己定义何为大宗交易,例如超市可定义单笔成交额大于1万为大宗交易,化妆品和服装专卖店可以定义每次购买数量大于10件为大宗交易等。之所以要监控大宗交易,是因为大宗交易中藏着很多见不得人的交易,而这些交易对渠道和品牌都是伤害。现在很多百货公司的团购部俨然变成了网购批发入口。

很多服装品牌为了维护价格的统一性,会严格控制向非直接客户的发货,而很多网络销售的店主没办法直接从品牌商进货,于是他们会选择在店铺做大型促销的时候从零售店铺大量采购,这里面大多会有里应外合的配合,甚至很多零售百货公司会有专人来促进这种交易,大家各取所需。对于很多大型超市,为了冲业绩,采购人员会伙同供应商做虚假交易,首先由超市向供应商下一张大订单,供应商也会发货,不过这批货不会进入超市仓库(采购人员会协调仓库人员做虚拟入仓),直接会以较低的价格卖给如批发市场等渠道,最后采购人员再用这批货款从超市将这批已经不存在的货买出来,这样所有流程走完,采购和供应商都收获了销售额。

这些大宗交易会极大地伤害品牌形象,扰乱市场的价格体系,对于数据分析人员来说,你可能没办法阻止这种行为的发生,但是你有义务去监控这种异常数据。并且随着监控的深入,大宗交易的手段也会越来越多样化,例如分散订单,所以还需要数据分析人员经常更新大宗交易的定义。

3 分析指标

【增长率】增长率=增长数÷基础数×100%=(报告期数-基础数)÷基础数×100%

基础数的选择有三种情况,基础数为同期的数据则是同比,基础数为上一个周期的数据则为环比,如果将基础数锁定一个数据则为定基比。例如2013年10月的销售额和2012年10月的销售额对比为同比,和2013年9月的销售额对比是环比,和2013年1月对比为定基比。这三种情况分别对应同比增长率、环比增长率、相对增长率,前两者是用得最多的。

同比增长率中经常使用同店同比增长率(以下简称同店同比)的概念,即本期和同期在对等条件下（相同的店铺）进行对比。同比增长率体现了企业总体的增长情况，同店同比则可以看出企业绝对增长情况。很多企业的增长率非常高，但是大部分增长都来源于新开门店的增长，靠新开店铺的增长是不可能长期持续的。

不分析同店同比的连锁企业是没有前途的！

4 效率指标

【坪效】销售坪效=销售额÷店铺面积，利润坪效=利润额÷店铺面积

坪效是反应店铺单位面积产出的指标，常常纳入KPI考核项目。坪效的使用需要注意以下几点：

- 计算坪效的最小周期是月，完全没有必要去计算周、日坪效。
- 如果店铺面积、位置等状态没有发生变化，销售坪效一定和销售成正比，没有必要再去分析坪效趋势。
- 坪效的对比具有强弱对比性，同一个商场同一楼层的同品类商品具有强对比性，不同品类的对比性会稍微弱一些，不同楼层的不同品类对比又更加弱。同一个商圈的同样业态对比性强，不同的商圈同样业态对比稍弱，不同的商圈不同的业态有可能根本就没有可比性。同一品牌专卖店在一线城市和三线城市的坪效对比性也不强。所以不要轻易地以坪效论英雄。
- 坪效另一个意义在于店铺面积、位置发生变化后进行前后差异的对比分析。
- 有的企业将坪效用在新开门店销售预估的使用上，这是可以的，但是一定注意可比性。

【人效】销售人效=销售额÷店铺员工数，利润人效=利润额÷店铺员工数

人效反应的是单人产出，它常常用来管理店铺的人力资源配置、人力成本核算等。

【每平米租金】每平米租金=租金÷面积

这是用来判断店铺租金相对高低的一个指标。包括每平米日租金、每平米月租金、每平米年租金等。

【租金倍率】租金倍率=销售额÷租金

租金倍率是衡量投入1元租金能产生多少销售额的一个指标。每平米租金由于城市、商圈等差异，没办法直接对比，而租金倍率由于考虑到租金产生的效益则可以直接对比。

5 竞争状况

【市场占有率】

市场占有率也称市场份额，是指一个企业的销售量或销售额在同类市场产品中所占的比重，它

直接反映了消费者对商品的喜好程度。同类市场是一个变化的值,既可以是广义的总体市场,也可以是企业的目标市场,甚至可以是某个商圈或商场。例如含氟牙膏既可以和牙膏对比,也可以和含氟牙膏对比,甚至计算它在家乐福或沃尔玛超市中的市场占有率。正因为标准的多样性,市场中才充斥着各种号称自己市场占有率第一的品牌。这个指标一般通过市场调查获得。

【竞品指数】竞品指数=本公司销售额/量÷竞争对手销售额/量

竞品指数是对市场占有率的一种简化,因为我们大部分时间没有办法统计出同类市场的销售数据,所以只能锚定其中一个或几个对手的数据来对比。通过分析竞品指数我们也能大概了解自己品牌的市场占有率走势。

【平均排名】

竞争对手的销售数据也不是很容易拿到的,但是在每个商场自己品牌的排名值却比较容易到手,这时就可以计算品牌间的平均排名值,通过分析平均排名的变化也可以侧面了解自己的市场占有率情况。平均排名常常被鞋服、化妆品等行业用来作为对店长、销售主管、区域经理等的考核指标。

6 促销指标

【费销比】费销比=促销费用金额÷促销期间产生的销售额×100%

【目标完成率】目标完成率=促销期间销售完成数÷促销目标数×100%

【同比增长率】同比增长率=同比增长数÷同期销售数×100%

【促销爆发度】促销爆发度=(促销期间的平均权重销售额−促销前的平均权重销售额)÷促销前的平均权重销售额×100%

它是用来评估促销活动期间的销售增长的一个值,促销爆发度越高,促销活动越成功。在促销监控中需要注意人为拉低促销前销售额,从而人为拉高促销爆发度的情况。

【促销衰减度】促销衰减度=(促销期间的平均权重销售额−促销后的平均权重销售额)÷促销前的平均权重销售额×100%

促销活动必须要评估促销活动后的销售表现,只有这样的评估才是完整的。关于促销爆发度和衰减度的详细论述请参阅2.3.4节。

【品牌参活度】品牌参活度=参与促销活动的品牌数÷卖场总品牌数×100%

这个指标常常用在百货和超市的促销活动准备期,用来衡量营运经理促销活动时的执行力。对于品牌商可以将此指标修改为单品参活度,例如公司一共有200个SKU产品,五一期间有40个SKU做促销，单品参活度即为20%。十一促销有50个SKU参与，但是总SKU为300个，单品参活度反而降低为16.7%。

【会员参与率】会员参与率=参与促销活动的会员数÷有效会员总数×100%

促销活动前我们一般会通过邮件、短信、微信、电话等手段通知会员顾客，而会员参与度就是用来评估这些手段效果的一个指标。

7 渠道拓展分析

【净开店率】净开店率=（开店数−关店数）÷期初店铺数×100%

【渠道结构占比】某种渠道占比=该渠道销售额÷总销售×100%

渠道结构分析是销售分析中最常见的一种分析方式，也是著名的营销4P理论中的一个P（place）。

【重要客户占比】重要客户（销售）占比=重要客户销售额÷总销售额×100%

重要客户如何定义是这个指标的关键，有如下几种确定重要客户的方法供参考：

1. 以销售额的前N名客户作为重要客户，例如前十大客户等。
2. 根据二八法则，以占总销售额80%的客户作为重要客户。
3. 根据ABC分析法[8]以A类客户作为重点客户。
4. 根据企业未来战略制定重点客户。

单看某个月的重要客户占比没有太大的意义，需要连续观察该数据的走势才有判断的依据，同时需要注意不能经常更改重要客户名单。

◆ 财务−部分

1. 销售利润率

【毛利率】毛利率=（销售收入−营业成本）÷销售收入×100%

【纯利率】纯利率=（销售收入−营业成本−费用）÷销售收入×100%

【交叉比率】交叉比率=商品毛利率×商品周转率

商品周转率=销售收入÷（（期初库存值+期末库存值）÷2）

---

8 ABC分类法(Activity Based Classification) 又称帕累托分析法或巴雷托分析法、柏拉图分析法、主次因素分析法，7.3.3节有介绍。

毛利率大，周转次数高的商品是优质产品，但是这种商品是比较少的。很多商家采取薄利多销的策略实际上就是牺牲部分商品的毛利率，从而换取较高的周转率。交叉比率一般以季度、半年、年为计算周期。

杰克： 交叉比率实际上是将毛利率过程化，例如季度交叉比率实际上就是季度毛利率的过程化，年交叉比率就是年毛利率。过程化的目的是为了对商品分类差异化管理。

② 回款指标

【回款（金额）达标率】回款（金额）达标率=回款金额÷欠款金额×100%

【回款（客户）达标率】回款（客户）达标率=回款客户÷欠款客户×100%

回款考核中的金额达标率和客户达标率两个指标是孪生兄弟，谁也离不开谁。前者确保回款金额的重要性，后者确保回款客户的普遍性。有的企业只考核回款金额达标率，这就有可能造成一些小额欠款客户的款不被收款人员关心，因为对金额回款率的影响极小。

③ 贸易条件

【联营扣率】

联营扣率是百货公司为了确保自己的经营利润而和商家合同约定在销售收入中扣除的比率，例如商场某品牌的联营扣率是23%，意味着在商场结款时只能结到销售收入的77%。

【租售比】租售比=租金÷销售额×100%

对品牌商来说租售比可以和联营扣率进行对比分析，都是为了取得经营权所需要付出的代价。前面谈到的【租金倍率】指标实际上是租售比的倒数。

3.2.3 如何确定指标的重要性

花了一个星期的时间，柯北终于把每个指标弄懂了。周一销售例会后，他敲开了李艾的办公室。

柯北： 李经理，我现在最头痛的事情是这么多指标，怎么用啊？好像每个指标都很重要。

李艾： 你能在一周内将这么多指标都搞清楚确实不容易，值得表扬。你问到一个核心问题，指标只是对营运的一种判定形式，指标并不是越多越好，一份堆砌指标的销售报告是没有任何意义的。我们需要找到重点指标。

确定指标重要性的方法。

Step 1 明确你分析报告的受众是谁？找出所有受众可能关心的分析指标。

Step 2 了解你需要分析的数据有哪些？剔除掉那些没有对应数据源的指标。

Step 3 界定你需要分析的时间节点，是日、周、月，还是年？继续剔除那些没有关系的指标。

Step 4 将剩下的分析指标按照如图3-16所示的方法排列，我们用店铺营运的七个指标来演示。

	进店率	上楼率	试穿率	触摸率	成交率	连带率	完成率
进店率							
上楼率							
试穿率							
触摸率							
成交率							
连带率							
完成率							

图3-16　矩阵图1

Step 5 指标之间两两判断重要性，例如进店率和上楼率，如果你认为进店率比上楼率重要则就在进店率和上楼率的交叉处填数字1，依此类推，如图3-17所示。

	进店率	上楼率	试穿率	触摸率	成交率	连带率	完成率	合计
进店率		1	1	1	0	1	0	4
上楼率	0		1	1	0	0	0	2
试穿率	0	0		1	0	0	0	1
触摸率	0	0	0		0	0	0	0
成交率	1	1	1	1		1	0	5
连带率	0	1	1	1	0		0	3
完成率	1	1	1	1	1	1		6

图3-17　矩阵图2

Step 6 计算各指标的总得分，然后再排名就可以找到重要指标了。如图3-17所示，如果只选取三个指标，那就是完成率、成交率和进店率。如果选取五个，则去掉触摸率就行了。

这种方法不但可以判断指标的重要性，还可以量化地计算出每个指标的权重值，如图3-18所示。其中的权重值为每个指标的合计得分和合计总分的比值。

	进店率	上楼率	试穿率	触摸率	成交率	连带率	完成率	合计	权重值
进店率		1	1	1	0	1	0	4	19.0%
上楼率	0		1	1	0	0	0	2	9.5%
试穿率	0	0		1	0	0	0	1	4.8%
触摸率	0	0	0		0	0	0	0	
成交率	1	1	1	1		1	0	5	23.8%
连带率	0	1	1	1	0		0	3	14.3%
完成率	1	1	1	1	1	1		6	28.6%

图3-18　计算权重值

3.3　提高销售额的杜邦分析图

柯北这周上班一直有点晕，继续被指标搞得有点神志不清了，早上上班时正好碰见李艾。

柯北：李经理，指标公式及重要性我已经学习完了，下面是不是可以学习一些提升销售的技巧了？

李艾：提升销售的技巧？这个真没有！销售追踪可以提升销售，数据分析也是提升销售的一种方法。这样吧，下午三点你到我办公室，我给你看一张简约而不简单的图。

柯北一上午完全被李艾的"简约而不简单"这几个字迷住了，什么图有这么神奇？下午三点他准时敲开了李艾办公室的门。李艾拿出来一张提前打印好的图给柯北，如图3-19所示。

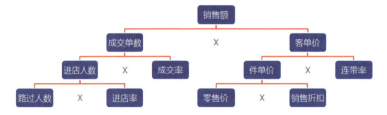

图3-19　销售额的杜邦分析图

李艾：这是一张模拟杜邦分析法[9]做出来的购物中心销售额层次分析图，它将销售额分成了两部分三个层次，相邻的指标间是相乘的逻辑关系。之所以说这张图简约而不简单，形式上简约，一共10个指标，但是要把它们用好却不简单。这些指标就是提高零售店铺销售额的秘密。

这张"简约而不简单的"杜邦分析图的几个特点如下：

1 此图将销售额这个结果过程化了，体现了影响销售额的10个关键指标。

2 如果不考虑指标之间的关联影响，指标提升10%意味着销售额也可能提升10%，所以需要提升销售额就需要找到店铺最薄弱的环节，各个击破。

3 右边的五个指标值发生变化后很可能会影响左边的"成交率"和"成交单数"指标，但左边的五个指标发生变化则不会影响右边的指标值。

4 一般来讲店铺对"率"的影响力会大于对绝对值的影响力，我们可能没有办法影响路过人数，但可以想办法提高进店率。没办法提高零售价，但可以控制销售折扣。

根据杜邦分析图，还可以继续简化为如图3-20的销售额公式。

图3-20　销售额公式

9　杜邦分析法是利用几种主要的财务比率之间的关系来综合分析企业财务状况的一种方法。

3.3.1 路过人数

对于路过人数一般店铺没有办法直接影响,它和前期的拓展计划、选位等密切相关。

1. 路过人数和店铺所处的商圈以及店铺在商圈的位置等有关。
2. 百货商场中专卖店的路过人数和店铺是否在主动线有关。
3. 邻居搞促销活动也能提升自己的路过人数。
4. 提升广告宣传力度也可以提高路过人数。

3.3.2 进店率

1. 门头、水牌、橱窗陈列、门店的灯光、播放的音乐甚至台阶等直接影响进店率。
2. 扩大商圈的做法也能提升进店率,例如目前超市流行的开通购物专线车就是扩大商圈的做法。
3. 有些科技手段也能提升进店率,例如顾客走到你的店门口马上就能收到一条包含商场促销信息的短信、微信等。
4. 提供一些例如Wi-Fi等特殊服务项目。

3.3.3 成交率

你是否有这种体验,当导购员已经说服顾客购买某样商品了,但当顾客去收银台的时候被其他品牌截留,或者因为交款台长长的排队队伍而选择放弃,成交死在最后几十米的案例屡见不鲜。我们继续用人货场的概念来看影响零售店铺店铺成交率的那些因素,如图3-21所示。

每个行业均有每个行业的特点,每个读者你们都可以参照这些因素去发现自己门店的那些影响成交的因素。

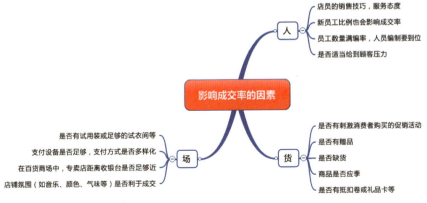

图3-21 影响成交率的因素

3.3.4 平均零售价[10]

平均零售价格实际上是和卖场或品牌的定位相关的，宏观来说零售价的背后是和消费者的收入、消费水平、消费结构、消费习惯等息息相关的，微观来说定价策略、采购策略、买货水平、商品结构等都影响着零售价。

3.3.5 销售折扣

很多基层员工，例如店员都有促销依赖症，而促销活动是销售折扣下降的最大杀手，同时虚高的销售目标也是折扣杀手，因为完不成目标就病急乱投医，疯狂搞各种促销活动，促销方式也单一——打折，销售折扣就如溃堤的洪水，一泻千里！图3-22是影响销售折扣的部分因素。

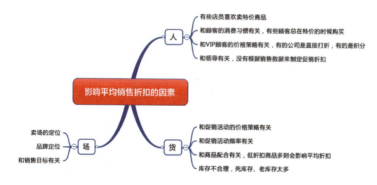

图3-22 影响平均折扣的因素

一般情况下，销售折扣和企业利润成正比关系，所以我们需要严防死守拉低销售折扣的行为。很多销售人员总认为销售折扣越低，销售越好。你知道销售折扣下降5%，需要提升多少的销售额才能换来和降价前同样的利润额吗？我们做一个练习题来看看。

问 某服装品牌进货折扣是5折[11]，正常的平均销售折扣是8.5折，商场提成25%。如果平均销售折扣下降到7.5折，请你计算一下销售额需要提升多少才能保证毛利润额一样？

答 需要额外增加120%的销售才能确保毛利润额一致！

3.3.6 连带率

连带率在零售业的各项指标中有着举足轻重的地位，它反映了顾客购物的深度和广度，所以每

10　这里的零售价指标牌价，不是实际的成交价。
11　5折即吊牌价的50%，如某件衬衫吊牌价200元，则进货价为100元。

个零售商都会花很大的功夫来研究这个指标。影响连带率的因素很多，如图3-23所示，列出了一些主要的影响因素。

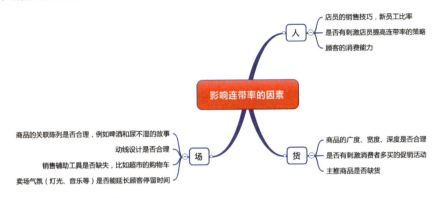

图3-23 影响连带率的因素

在影响连带率的这些因素中，当"货"与"场"确定不变后，人就显得相当重要了，有些零售店要求店员多说一句话，例如快餐店的订单确认前总是会再次问你是否需要可乐或薯条，服装店要求收银员在收款时也必须再次询问顾客是否购买饰品等小物件。见过最狠的做法是，店员如果仅能销售1件商品给顾客则不算其销售业绩。

李艾：这六大指标中，连带率是最容易改善的，路过人数是最难以掌控的。难易程度排行如下所示，零售店铺可以根据这个难易程度排序来各个击破！

连带率 > 成交率 > 销售折扣 > 进店率 > 零售价 > 路过人数

柯北：真的简约而不简单啊！我有点找到零售之钥的感觉。

李艾：这些只是理论，还需要你深入业务第一线去领悟这些指标的内涵，找到能有效改善销售额的"灵丹妙药"。

柯北：要得，要得。

李艾：嘿，到四川才不到两个月就开始冒四川话了？对于连锁企业来说，想用好这六大指标，建议最好是定期做店铺诊断，诊断每个店铺这六个指标的健康状况。而店铺诊断最好的方法是"人口"普查法。图3-19的杜邦分析图中左半部分的路过人数、进店率、成交率需要采用"人口"普查法进行数据收集，因为目前大部分零售店铺是没有办法直接收集这些数据的。从我的经验来看，这些数据如果是店铺自己报上来，一般可信度都不高，所以建议采取雇人统计的方法收集这些数据。在雇人统计时，除了统计自己店铺的这三个数据外，还需要尽可能地统计就近的竞争对手的这三个数据,这样我们才可能进行全面的店铺诊断。

调查完这些数据后,很容易发现有些店铺的成交率高,有些低,此时需要了解的是为什么高?为什么低?成交率低的店铺出什么问题了?还可以和竞争对手对比进店率,如果自己店铺的进店率是5%,而旁边的竞争对手能达到10%,作为管理者,你能无动于衷吗?

对六大指标进行诊断是零售店铺的一项基本功,每位基层管理者都应该娴熟掌握才行。

柯北:那我一定要好好掌握这个诊断模式。李经理,接下来我们学什么?

李艾:学一个大项目,促销中的数据化管理!

3.4 促销中的数据化管理

俗话说冲动是魔鬼,男人冲动起来就是战争,女人冲动起来带动的就是经济,所以没有冲动这只魔鬼零售业早就完蛋了。当然这只是玩笑,不过所有的零售商都在绞尽脑汁地琢磨如何让消费者产生冲动。促销是让消费者产生冲动主要但不是唯一的武器,但是很多零售商眼中只有促销,所以就造成零售价格越促销越低,利润越促销越少。看看下面几条你是否有种似曾相识的感觉:

1. 觉得价格越便宜越好卖,拼命促销打低价,一次比一次低。
2. 自己觉得价格贵就认为顾客也会觉得价格贵,对高价格商品有抗拒感。
3. 粗浅地认为竞争对手之所以卖得好,是因为他们的价格比自己的便宜。
4. 将价格便宜的商品变成主推商品,陈列在黄金位置上。
5. 会员沟通时过分关注经常购买特价商品的顾客。
6. 销售目标完不成时,促销就是万金油和挡箭牌。

其实消费者不是为了买到便宜(的东西),而是喜欢那种占便宜的感觉。

3.4.1 影响冲动购买的因素有哪些

柯北你知道吗?千万不要和你女朋友吵架,如果非要吵的话千万要藏好银行卡之后再吵。其实这不仅仅是一个笑话,冲动这只魔鬼就藏在我们每个人的身边,准备随时吞噬你的钱包!如图3-24所示,我罗列了部分影响冲动性购买的因素。

促销影响冲动性消费的数据研究是比较困难的,最大的问题是数据源没有或不规范,很难系统化。目前通用的方法是通过做AB测试来研究。什么是AB测试?举例来说,你经营着一家服装专卖店，想搞一次促销活动，目前有两个促销方案，A是买够500元送价值50元的赠品，B是全场商品打九折。在正式活动开始前你选择一周的时间来做效果测试，星期一、三、五采用A方案，二、四、六采用B方案。然后统计每天的成交率，最后测试结果看A、B哪个方案的成交率最高。当然最好还要对比一下没有任何促销活动时的成交率数据。

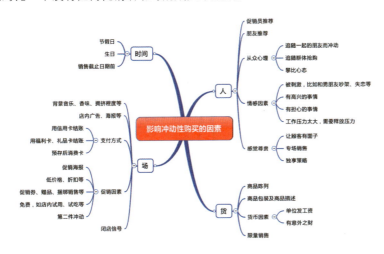

图3-24 影响冲动型购买的因素

3.4.2 零售业常用的促销方式

用促销活动来让消费者产生冲动，让消费者享受占便宜的那份感觉，这是零售业惯用的方法。但切记促销活动是多种多样的，不仅仅只有打折、降价、特卖才是促销。促销本身就是一种商品，你只有先把促销方案卖给顾客（获得认同），才能使顾客最大化地产生消费。如图3-25所示，这是零售业常用的一些促销方法。

在设计促销活动之前，需要考虑促销活动的目的是什么？很多人会认为促销活动的目的就是提升销售，其实这只是促销活动中比较重要的一个作用，还有例如清理库存，扩大品牌知名度，增加会员顾客总量，打击竞争对手，等等。只有明确了促销目的，促销活动的评估分析才会有的放矢。

李艾： 其实上面所谈到的促销都是针对消费者层面的促销，这也是促销中最大的一部分。除此之外还有渠道促销和人员促销两大类。对客户、经销商、加盟商等的促销都是渠道促销，方式有采购100箱货送10箱，采购10万元返5%现金等，主要是鼓励渠道多进货。人员促销主要是针对各级销售人员的奖励，例如完成率前三名的销售员奖励现金1千元，新开会员卡最多的店铺奖励团队5千元等。一个零售品牌或企业只有打通渠道促销、人员促销和消费者促销才能真正形成销售合力。

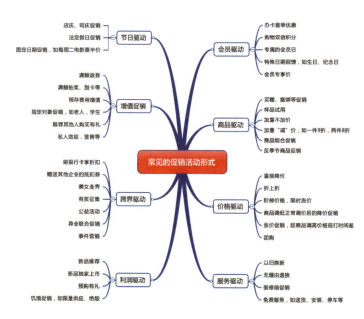

图3-25 零售业常见促销形式大全

3.4.3 促销活动的准备、执行和评估

零售行业大多对促销后的评估不太重视,即使有评估,评估指标大多是同比增长率和目标完成率。其实这两个指标有很大的局限性,例如某次促销活动目标完成率是105%,同比增长35%,这能说明什么呢?说明奖金能到手了!其实这两个数字说明不了太多问题,其一是目标是人为定的,其二是促销前的正常同比增长本身就有可能已经是30%左右了,而促销期间才增长35%这种促销自然不算合格。

促销活动评估应该是一个体系,通过评估既能定位促销活动的好坏,还能够为下次促销活动奠定数据基础。如图3-26是一个传统促销活动计划及评估图。

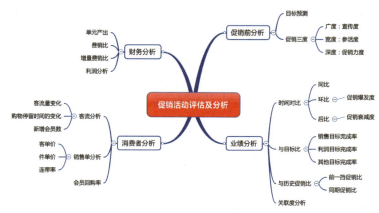

图3-26 促销活动评估

柯北： 这里面大部分指标在图3-13部分已经学到了，但是还有一些我不明白的，比如促销三度、关联度分析等，还有目标预测怎么做啊？

李艾： 这些稍后告诉你，先给你讲一个5级促销响应机制。

零售业的一个大型的促销活动全过程，不亚于一场战役。对外既需要和供应商谈判争取好的促销资源，又需要组织各大媒体大面积宣传，对内还需要协调内部各职能部门，经常顾此失彼。有时候还会发生各部门争资源、挑战企划制定的目标等。后来我们在春熙路店推了一套5级促销响应机制，量化了每个环节的工作，执行几次后收到了很好的效果。

简单来讲就是将促销分成1~5个级别，每个级别对应了不同的量化目标，例如5级促销要求品牌参活率必须达到100%，所有宣传媒介必须100%投放广告，促销爆发度必须达到300%以上等。4级促销对应的这三个指标可能是参活率90%，宣传媒介80%，爆发度240%。促销级别和指标的对应关系是需要数据部门进行大量分析后才能确定下来的，不是拍脑袋决策的。

促销前可以由数据部门根据历史数据分析建议一个促销级别，再由企划部制定大致方案，最后报总经理批准对应的促销级别，促销级别确定后各部门指标也就相应确定下来了。将促销级别作为一个响应机制，这种方法的好处是容易量化，同时也避免了各部门间的扯皮现象。

1 【促销三度】

包括促销广度、宽度和深度，这是在促销前需要确定的指标。

促销广度对应的是宣传度，量化宣传度很难从顾客的角度量化，目前我们只能以宣传媒体的数量进行量化，不过考虑到了各种媒介的权重值。如图3-27所示，左侧是宣传列表，右侧是宣传方式，这是市场部根据促销力度自定义选择的一个实例。

促销宽度包括促销时的品牌参活率、品类参活率、单品参活度等，对零售百货来说它是给到楼层经理的一个指标，楼层经理通过和供应商的谈判来达成这个目标。

促销深度就是促销力度。广义的促销力度指的就是5级促销响应机制中的促销级别，狭义的促销力度指所有商品的平均折扣率。

宣传载体	对象	权重值	促销级别				
			1	2	3	4	5
报纸	晚报	6	√	√	√	√	√
	晨报	6		√	√	√	√
	日报	5					√
	快报	5	√				
广播	交通台	6		√	√	√	√
	音乐台	6		√	√	√	√
	文艺台	5					√
	新闻台	4				√	√
社交媒体	微博	8	√	√	√	√	√
	微信	8			√	√	√
	博客	3					√
	论坛	5	√	√			
	网站软文	3				√	√
传统媒体	短信	6	√	√	√	√	√
	邮件	3		√	√	√	√
	电话	4	√	√	√	√	√
	海报	4		√	√	√	√
	灯箱	4		√	√	√	√
	车体	4		√	√	√	√
	宣传单页	2	√	√	√	√	√
	花车巡游	2			√	√	√
	入户推荐	1	√	√	√	√	√
宣传度		100	50%	60%	70%	80%	100%

图3-27 部分宣传媒体列表

图3-28为某零售店促销宽度和深度的量化管理表。

类别		宽度-参活度					深度-平均折扣				
		1	2	3	4	5	1	2	3	4	5
服装	A类	20%	40%	60%	80%	100%	70%	65%	60%	55%	50%
	B类	30%	50%	70%	85%	100%	65%	60%	55%	50%	45%
	C类	40%	55%	70%	85%	100%	60%	55%	50%	45%	40%
电器	A类	0%	30%	50%	70%	100%	100%	95%	90%	85%	80%
	B类	10%	30%	50%	70%	100%	95%	90%	85%	80%	75%
	C类	30%	50%	70%	85%	100%	90%	85%	80%	75%	70%
图书	A类	0%	30%	50%	70%	100%	90%	85%	80%	75%	70%
	B类	10%	30%	50%	70%	100%	80%	75%	70%	65%	60%
	C类	30%	50%	70%	85%	100%	70%	65%	60%	55%	50%
生鲜	A类	0%	10%	20%	30%	40%	100%	100%	95%	90%	85%
	B类	10%	20%	30%	40%	50%	100%	95%	90%	85%	80%
	C类	20%	30%	40%	50%	60%	95%	90%	85%	80%	75%
化妆品	A类	0%	50%	60%	70%	80%	80%	75%	70%	65%	60%
	B类	50%	60%	70%	80%	90%	75%	70%	65%	60%	55%
	C类	60%	70%	80%	90%	100%	70%	65%	60%	55%	50%

图3-28 促销活动的宽度和深度

2 【促销爆发度】、【促销衰减度】、【目标预测】

在2.3.4节已经详细介绍了三段论的用黄氏曲线来判断促销活动效果的方法，这种评估方式是传统的同比的补充，毕竟同比是和上一年数据对比，时间跨度比较大，对比的意义大打折扣。特别是零售连锁公司旗下门店众多，只看同比就没有可比性。三段论黄氏曲线不但解决了时间跨度大的问题，还和促销后做对比，能发现促销是否透支了后期销售。

根据历史数据中同一促销级别时的促销爆发度就可以进行目标预测。例如某个店铺准备做一次4级促销，之前该店铺4级促销的平均爆发度是228%，这次促销前两周的黄氏曲线（销售）值是200万元（就是平均一个单位权重销售为200万元），则促销期间的单位销售值就是656万元[12]，最后再乘以促销期间的总权重指数值就是促销预估。

3 【关联度分析】

不是每次促销都是5级，也不是每次促销都是全场联动，大部分促销只是限于某一个类别甚至某一些单品。例如六一节主要是儿童类促销，三八节主要是化妆品和女装，超市情人节促销主打巧克力和鲜花。这些品类在促销期间的爆发度自然没得说，关联度分析正是要看通过对这些品类商品的促销，是否能拉动整体销售的提高。

关联度分析主要看品类连带率和单品连带率的数据，看消费者的购物篮里面通过促销品类或单品连带销售的增长情况，下文会详细介绍这部分内容。

---

12 656=200×（1+228%），这种方法的好处是和最近的数据做对比，可比性较强。

4 【财务分析】

　　财务分析主要看费用和销售的对比,其中单元产出和费销比公式互为倒数,都是用销售额和费用做比较,单元产出是销售额除以费用,费销比是费用除以销售额。增量费销比是费销比的升级,它是用销售额增长部分除以促销费用,这会比较直观地判断销售增长的效果,毕竟促销活动的目的就是投入费用来提升销售,而那种通过投入费用来维持销售的做法是意义不大的。费销比只可能是正数,而增量费销比还可能是0或负数。

　　李艾:柯北,如何提升销售额的几个部分已经全部给你讲完了。你学得怎么样呢? 能不能给我总结一下?

　　柯北:我是这样理解的,零售业不能靠伎俩来提升销售,提升销售是一个系统的过程。首先应该有一个销售追踪系统来辅助销售提升,其次需要找到销售考核的关键指标,第三是最好将销售考核过程化,定期进行六大指标的数据诊断,最后才是适度地利用促销活动来提升销售。在整个过程中逻辑思维,也就是人货场的思维模式可以帮助我们系统地找到问题的答案。

　　李艾:说得不错,杰克让你负责给星星培训这部分内容,有问题吗?

　　柯北:没太大问题。话说我已经好久没有见到她了。

　　李艾:不要着急,这里有一个案例给你实际操作一下。

3.5 案例及应用

> **案例　如何提升店铺销售额**
>
> 　　春天百货春熙路店二层主通道上有一家女装店,名字叫春雅服饰,店铺面积238m²,品牌以及衣服的款式都不错,供应商也非常配合,商品供应没问题,员工也很优秀。但是不知道什么原因今年销售一直不好,同比增长上不去,只有-3%的同比增长,而整个二层女装同比增长有12%。并且该品牌坪效也只有二层女装品类平均坪效的90%,而春雅处在主通道上,按道理应该是高坪效的。

　　李艾:柯北,我知道你一直想做一个侦探,所以取柯北这个名字向柯南致敬。我这就满足你的要求,给你两个月时间,看看能不能将这个店铺的同比增长做到平均水平线12%以上?

　　柯北:呵呵,我喜欢这种挑战。不过达到目标有奖励没有?

　　李艾:有啊,让店铺的美女请你吃饭。

接到李艾的案例后,柯北的压力一下就上来了,今年只剩下最后两个月了。他没有一头就扎到这个女装店中,而是回到办公室首先打开了电脑进入公司的数据系统,然后拿出了纸笔,开始按照人货场的逻辑画思维导图,并且一边画图一边还不断从电脑系统中导出数据进行分析。经过一整天的分析,柯北从数据上发现了如下几个问题:

1. 2013年4月开始成交单数同比增幅出现突变,1-3月成交单数同比增长为4%,但是4-10月成交单数同比却是-3%。这是否意味顾客数量减少或成交率降低?

2. 从2013年6月开始的件单价同比有明显的降低,6-10月件单价平均下降了8%(1-5月的件单价同比增长3%)。商品的问题还是销售人员的问题?

3. 2013年店铺每个月均能完成销售额目标,完成率基本上在100%和110%之间。

4. 每个月的最后几天均有不同程度的疑似踩刹车现象发生,就这一个动作平均影响每月2%左右的销售额,最高曾经达到3.5%,最低的时候也有1.5%。

5. 每到月底最后几天,店铺80%的销售额基本集中在其中两名店员身上,这非常令人怀疑。并且店铺店长和8名员工都非常稳定,今年既没有离职员工,也没有新加入的新员工。

6. 今年1-10月42%的销售额来源于5张VIP卡。疑似店员通过这几张卡给顾客打折,然后自己赚积分。

根据这些基本的数据和分析,你觉得这个店铺的问题出在哪里?

第二天一早,柯北早早地就去了店铺,带着昨晚的问题和店长以及管理该店铺的供应商吴经理聊了一整天。不过柯北并没有将最后三个问题直接告诉他们。通过沟通他找到一些问题的答案,也有一些新的线索:

1. 2013年4月店铺重新装修后开业,但是重新开业后销售一直不理想,并没有达到装修前的期望值。这一点和柯北有关成交单数减少的分析一致。

2. 2013年5月的时候,李艾曾经找吴经理沟通过一次,要求吴经理无论如何也要想办法把销售额做上去,否则这个黄金铺位恐怕难保。会谈后吴经理做了两个决定,其一是调整商品配货策略,调高低价商品的配货比例,同时吴经理也要求店铺将这些低价服装陈列到主通道。第二个策略是加大了促销力度,直接体现就是高端产品折扣降低。这两个决定都是从6月开始执行,显而易见吴经理的决定就是件单价下降的直接导火索。好消息是顾客的客单价和附加值上去了,坏消息是客流量还是没有大的改变。

3. 吴经理公司对店铺员工奖金是阶梯式的提成制,如图3-29所示。吴经理表示这样的奖励制度

98

公司已经执行了多年,对于销售额的最大化有积极正面作用。对于为何这个店铺每个月目标达成皆在100%~110%之间的问题,吴经理是这样回答的,为了让员工每月都能拿到奖金,降低人员流失率,同时也为了降低公司的人力成本,每个月20日左右,公司总部会根据每个店铺的实际完成情况,适度调整月目标。大部分月份是向下调整,也有偶尔向上调整的情况。

员工销售达成率	0-80%	80%(含)-100%	100%(含)-120%	大于120%(含)
奖金提成比例	0.0%	1.5%	2.0%	2.5%
举例说明	指标10万,完成7万,提成为0元	指标10万,完成9万,提成为1350元	指标10万,完成11万,提成为2200元	指标10万,完成14万,提成为3500元

图3-29 员工奖金提成比率

但是柯北却认为这样的工资制度是有问题的,第一公司目标不严肃,第二阶梯式的提成方案如果不能有效地监控数据则会被聪明的店铺员工利用。柯北认为自己找到了为什么月末几天80%的销售集中在其中两名店员身上的原因了,因为月末他们在偷偷地"拼"销售,手段就是将自己的销售单用事先商量好的其他同事的员工代码录入系统,确保该同事有超过120%的达成率(这样大部分销售额就可以按最大的2.5%来提成奖金了),而自己只需要不低于80%的销售达成率就可以了。这样操作的好处就是确保自己能够最大化地拿到奖金。而对公司来说绩效考核制度形同虚设,并且人力成本也是最大的。

结束和吴经理的见面后,柯北去找李艾汇报了一下这几天的成果,李艾建议他再从销售额的杜邦分析图入手,做一下店铺的数据诊断,多收集一些数据再下结论。

接下来的一周,柯北天天泡在店铺,不过手里面多了几样武器,几个手动计数器。他要统计一下进店率以及成交率的情况。

◆ **进店率数据分析**

柯北组织店员统计了春雅服饰以及同一个通道三个隔壁女装店铺的进店率数据,数据还按工作日和周末加以区分,如图3-30所示。

时间段	工作日				周末			
	春雅服饰	竞品店铺1	竞品店铺2	竞品店铺3	春雅服饰	竞品店铺1	竞品店铺2	竞品店铺3
10:00-12:00	9.0%	11.9%	9.2%	10.9%	9.5%	10.8%	10.0%	10.3%
12:00-14:00	6.8%	12.5%	10.3%	10.2%	8.8%	9.6%	10.6%	9.9%
14:00-16:00	9.6%	9.1%	9.6%	12.5%	7.6%	8.3%	9.3%	10.0%
16:00-18:00	10.4%	10.8%	10.6%	13.0%	10.0%	10.5%	11.7%	12.0%
18:00-20:00	7.2%	10.7%	10.9%	9.8%	7.2%	8.1%	7.8%	8.6%
20:00-22:00	10.9%	13.5%	12.2%	12.6%	10.0%	12.0%	12.4%	10.5%
平均进店率	9.0%	11.4%	10.5%	11.5%	8.9%	9.9%	10.3%	10.2%

图3-30 进店率统计数据

从这份进店率的统计数据来看,我们可以看到一些异常现象:

1 春雅服饰的进店率貌似出了问题，不过还需要一些对比数据来佐证。

2 工作日春雅服饰的进店率落后其他三个竞争店铺平均进店率2.1%，而这个数据周末只有1.3%。为什么平时的进店率差距更大？

3 工作日的12:00-14:00以及18:00-20:00这两个时间段更加明显，12:00-14:00的进店率落后其他店铺4.2%，18:00-20:00则落后3.3%，均高于平均落后的2.1%；周末这两个时段落后1.2%、1.0%，低于平均值1.3。

为了找到数据背后真实的原因，柯北又去了另两家同样有春雅服饰的百货公司，同样统计了有关进店率的一些数据。不过柯北发现这间春雅服饰的进店率数据和竞品店铺进店率并没有太大的差别，所以他排除了这是春雅服饰共性的问题这个结论。柯北又做了大量的调查工作，他甚至给春雅服饰已经流失掉的会员顾客去了电话。经过这几天的奔波，柯北明显感觉体力有些不支，不过他一直被那种马上就可以揭开谜底的想法冲动着。

春天百货二层的春雅服饰进店率低于竞争品牌的原因其实非常简单，就是店铺为了提升进店率在店铺入口处设置了一个特卖区，将入口变"窄"了，并且特卖区的陈列也阻挡了顾客向里看的视线，本意是好的，不过事与愿违，反而降低了进店率。12:00-14:00以及18:00-20:00为什么进店率落后较多的原因是春熙路店附近的写字楼特别多，这两个时间段是白领们逛商场的高峰时段，但是白领们普遍反映春雅的服装档次比以前低了，以前喜欢这个品牌的好多会员都流失了，柯北对会员数据的分析也证明了这点（6月开始会员流失率都高于前期）。这也说明了2013年6月吴经理对商品的两个调整策略是不正确的。

◆ **成交率数据分析**

柯北又把最近两周8位店员的成交率和客单价数据找了出来，如图3-31所示，可以看出8位店员很明显地被分成了4类，其中数据表现最差的是店员2，最好的是店员3。

有了这些数据，柯北感觉心里有底了，于是他自信地

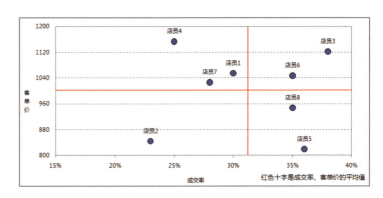

图3-31 春雅服饰店员成交率-客单价四象限图

开出了自己对这个店铺的解决方案：

1. 建议开除店员2，同时对店员5和店员8重点培训如何提高客单价，对店员1、4、7重点培训如何提高成交率的技巧。
2. 建议改变奖金提成制度，例如团队和个人考核相结合。同时要杜绝店铺拼单的现象再发生，也就是要求销售主管真正起到销售监督作用。
3. 撤出低价产品在主通道上的陈列，逐步调整高单价产品的配货比例。
4. 撤销入口处的特卖区，使入口更宽敞，便于顾客进店。
5. 注销店员手中的会员卡，非会员不再享受会员折扣，需要店员做好说服工作。
6. 维护目标的严肃性，每月目标不可以更改。同时建议将每月目标调高5%~10%，必须要让店铺的销售目标有适度的挑战性。
7. 杜绝月末踩刹车现象的发生。
8. 建议在店铺做一期会员日的活动。

柯北把这个方案拿去给李艾看，想征求一下李艾的意见，实际上就是想听听李艾的表扬。

李艾： 我很欣赏你这种用数据和实地调查相结合来解决问题的方法，我们很多专卖店店长都应该向你学习，他们只会每天抱怨没客流、没促销、没库存。

柯北： 我也在他们身上学到了不少东西。

李艾： 我给你总结一下，这个店铺的问题是人员管理失效，绩效考核失效，商品管理失败，销售追踪形同虚设。其中人的问题很大，店员都没有销售的热情，店长没起到管理作用，销售督导的监督作用基本没有。建议在你的方案中加上如下几条：

1. 调离店长，因为她没有起到基础的管理作用，所有事情都发生在其眼皮底下。
2. 要求吴经理必须请负责这个店的区域主管"喝茶"，他负有销售监督不得力的责任。这个店铺如果数据监督到位的话，很多问题都不会出现，比如拼销售、踩刹车、会员卡问题都是销售追踪、监督的问题。
3. 建议吴经理搭建一个销售追踪体系。

柯北： 太好了。

李艾： 你这个案例的问题总结起来还是人货场的范畴，你的几个解决方案也是从人货场出发的。对于奖金方案的调整,你可以向吴经理去建议,不过这涉及的人很广,应该不会很快有结果。另外再建议在销售上一定要给到他们更多的压力。最后我推荐一名店员给你,她能在这个阶段帮到你,不过你要说服吴经理用她。

柯北:她是何方高人?

李艾:我给你讲个"鲶鱼效应"的故事。鲶鱼是一种生性好动的鱼类,本身并没有特殊的能力。沙丁鱼生性喜欢安静,不好动,运输过程中常常死去。有渔夫发现在运送沙丁鱼的箱子中放条鲶鱼可以提高他们的成活率,因为沙丁鱼见了鲶鱼会非常紧张,四处躲避,所有沙丁鱼都动起来了。我推荐给你的就是一条这样的"鲶鱼"。

第二天柯北和吴经理沟通的结果就是除了提成改革一项需要慢慢推行外,其它部分全力配合!

于是,柯北走马上任临时做起了有效期为两个月的督导,两个月后他收获了一份同比增长38%的成绩单。在阵阵掌声和欢送声中,柯北结束了这段在成都外派学习的经历回到了北京总部。

第 4 章 商品中的数据化管理

花开两朵各表一枝，我们再来看看星星在上海的情况。一个月前星星被派到新春天上海分公司旗下的新春天集团古北店。古北店是一个面积12万平方米的大型购物中心，各种业态齐全，其中超市就有近3万平方米。星星的工作就是帮助超市的采购总监韩涛整理各种数据和报表，然后每天向门店店长汇报。

星星也遇到和柯北一样的问题，商品分析指标太多，短时间内根本没办法全部掌握。并且韩涛也是一个非常重视数据的人，星星刚到上海他就抽了半天时间给她详细培训了一些商品有关的分析指标。

4.1 常用的商品分析指标

商品分析是"人""货""场"逻辑思维方法中重要的一个环节，根据商品的流动过程分为生产、采购、物流（供应链）、销售、售后等五个环节。其中生产环节不是我们的讨论话题，暂且略过。

4.1.1 商品分析的基本逻辑

正如"人""货""场"是零售分析的基本思维模式一样，商品分析也有它的基本模式，这就是"进""销""存"，"进"即为采购环节，"销"自然是销售环节，狭义的"存"指商品库存管理环节，广义的"存"指整个商品的供应链管理。人货场是一个平行关系，而进销存却是一个有先后顺序的三角关系，前者是基于业务的分析管理，后者是基于商品的流程管理。大部分零售业的POS（Point Of Sales）系统都是基于进销存的一种软件系统。

某种商品的库存太大、占用资金，我们常常理所当然地认为是采购进货不合理，进得太多，所以采购部经常背黑锅。其实销售环节和供应链环节都会影响库存，例如商品在卖场陈列不合理，仓库发货不及时，盘点错误造成系统显示有库存而实际库存为0等。所以分析商品的问题务必从进销存三个维度进行思考，不能一遇到问题就武断地认为是进销存某个环节的问题。

大家可以试试用思维导图的形式，从"进""销""存"三个维度分析如下三种状况的问题：

1. 某个（类）商品的库存太大，明显不合理。
2. 某个（类）商品持续一周没有销售（之前每周都有销售），实际有库存。
3. 公司总仓有库存，分店却总是反馈没货卖。

4.1.2 常用的商品分析指标

商品的分析指标很多，常用的如商品的折扣率、动销率、周转率等，还有商品的三度（广度、宽度、深度）等。一般来说大店看重商品的周转，小店看重商品的单次利润，线上看重商品的折扣，线下侧重商品的库存。大家的侧重点不同，不过总体来说商品的分析指标如图4-1所示，分成五个维度。

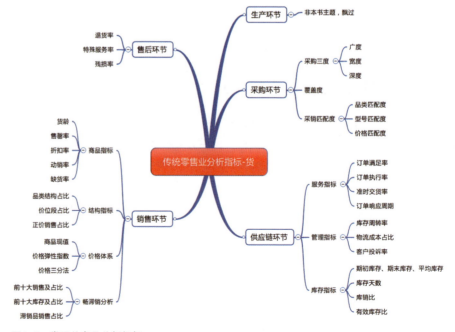

图4-1 常用的商品分析指标

◆ **采购环节**

1 采购三度

【广度】

广度=采购的商品品类数

广度比=采购的商品品类数÷可采购的商品总品类数×100%

广度关系到商品品类多样化，很多追求消费者一站式购买的卖场就是追求大广度。例如一个服装专卖店，公司当季商品有20个品类，买手实际采购了16个品类，则广度为16，广度比为80%。再比如一个中型超市有200个品类的商品在销售，可供销售的总品类数是300个，则广度为200，广度比为67%。商品的广度体现了商品的丰富程度。广度也不是越大越好，这和零售店铺的消费群体有关，也和营运成本有关，所以最佳的广度是指用最经济的成本且最能满足目标消费群体绝大部分需求的值。

星星：韩老师，我有一个问题，广度比公式中的分子好统计，但是分母"可销售的商品总品类数"有时候很难统计。例如你举例中的中型超市如何去确定可销售的总品类数为300个？

韩涛：有三种方法可以用来确定总品类数，第一是参照你最大的竞争对手的品类数，第二是自己店铺的目标品类数，第三是上游供应商可提供的最大品类数。

星星：我注意到公式中用到的是品类数，而不是类别数或分类数，有什么区别吗？

韩涛：品类是根据消费者的利益需求而对商品进行的一种组合分类方法，而我们常规意义的类别是基于商品属性进行的一种分类方法。例如某款男士洁面乳，品类应该属于男士化妆品，而它的类别是化妆品中的脸部清洁用品，品类只是商品分类其中的一种方法。类别有大类、中类、小类的分法，三个层次是有包含关系，而品类中的大品类、中品类、小品类仅仅是指该品类中商品的数量级别，没有彼此的包含关系。

用品类来计算商品的广度也就是站在消费者的立场上来看商品的丰满度，当然也可以用类别来计算商品的广度。对于传统零售来说商品的总类别数一般是恒定的，不会有太大的变化，但是对于电子商务来说，这个数值却是动态变化的。例如京东最初是靠3C产品起家的，然后切入日用百货、图书、服装等，最初消费者一般是从电子商务网站购买一些传统的消费品，后来发现还可以在线购买机票、保险等，再后来甚至可以购买汽车、房子等，所以电子商务的种类数是在不断增加的。

【宽度】

宽度=采购的SKU总数

宽度比=采购的SKU总数÷可采购的商品SKU总数×100%

商品的宽度代表了商品的丰富且可供选择的程度，宽度越大的店铺消费者挑选的余地就越大。而宽度比则是反应和竞争对手宽度、自己目标宽度或上游供应商宽度的对比程度。例如对于一个化妆品专卖店来说，店铺共有1000个SKU商品在销售，而最大的竞争对手同期销售的商品是1500个SKU，则该专卖店商品的宽度为1000，相对于竞争对手的宽度比为67%。由于资源局限性，大型超市等一般会限定商品的宽度值，所以就会出现每新增一个商品必须要剔除一个旧品的规定。电子商务网网站则相对宽松一些，它们的陈列没有实体零售店铺的空间限制，所以理想状态下宽度是可以做到无限大。

韩涛：除了分析总宽度外，我们还可以分析各品类的宽度及宽度比。如图4-2所示，这是我们卖场的清洁用品和竞争对手的宽度对比，红色为高于竞争对手，蓝色为低于平均宽度比。星星，我们的宽度低于竞争对手，宽度比也只有对手的73.7%，你怎么看？

项目	洁面用品	润肤露	沐浴露	洗发露	护发用品	牙膏牙刷	香皂	洗衣粉	洗洁精	其他	合计
本超市	130	68	54	119	68	158	86	68	27	104	882
竞争对手	169	176	67	218	85	144	90	74	16	158	1197
宽度比	76.9%	38.6%	80.6%	54.6%	80.0%	109.7%	95.6%	91.9%	168.8%	65.8%	73.7%

图4-2 某超市清洁产品宽度（SKU）及宽度比

星星：我觉得问题比较大，特别是润肤露、洗发露和洗洁精，和竞争对手的差距实在有点离谱。

韩涛：你的话有些绝对了。犯了预设结论的毛病，你预设的前提是"竞争对手的宽度就是合理的！"所以根据此预设逻辑来推断我们的宽度是有问题的。至少可以先问一下竞争对手的清洁用品区面积和我们的面积有差异吗？实际上对方有2000m^2，而我们卖场的清洁用品区只有1400m^2。

对比是数据分析的基本思维，有时候可以发现问题，但有时候却只能发现差异，差异背后是否有合理性的一面需要更多数据进行分析。所以对待差异需要细分和溯源。就本例的洗发露来说，需要进一步查看：我们的产品线是否齐全？我们的产品价位带是否合理？（详见本章商品的价格带分析）对方有而我们没有的SKU是那些？我们缺的这些商品是否都是畅销商品？对方为什么要采购这些SKU？

星星：嗯，我有点想当然了。

【**深度**】深度=采购的商品总数量÷采购的SKU总数

深度比=深度÷采购目标深度×100%

深度是指平均每个SKU的商品数量，它的意义代表了商品可销售的数量的多少，比如某个服装专卖店某次采购了400个SKU的商品，一共是1000件，则深度为2.5。深度越大越不容易缺货，但是也可能会造成高库存。

星星：我注意到这里提到三度公式中都有一个限定词，就是采购，这三度分别对应采购的广度、采购的宽度、采购的深度。但从进销存的逻辑来讲，是否意味着这三度还可以演化为销售的三度和库存的三度？

韩涛：这个可以有！其实从前面的定义解释中你也可以看到，已经涵盖了进销存，只是用了"采购"作为具体的公式演示。进销存和广度、宽度、深度是两个平行的三角形关系。我举个具体实例来说明它们的关系吧，如图4-3所示，这是一个服装专卖店2013年10月的分析数据。从中就能发现三度实际上在进销存的每个环节都存在。还有，星星你能发现什么问题吗？

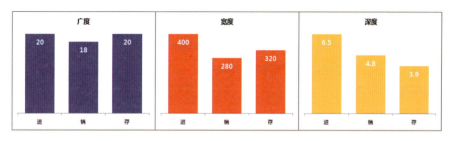

图4-3 某服装专卖店三度和进销存的关系

星星：本月采购的商品有两个品类没有销售记录（即进20，销18），有120个SKU没有销售记录（即进400，销280），至少有80个SKU卖断货了（即进400，存320），商品的深度至少由6.5下降到3.9（实际分析中还需看期初库存）。

韩涛：是的，直接反映就是部分品类和SKU的商品没有销售过，再结合其他分析指标就能搞清楚没有销售记录的原因是什么，这样就可以避免库存出现大的问题。最好的方法是每个月都统计零售店铺商品的三度，从三度变化的趋势中去发现更多的问题。

从资源有限性的角度来讲，传统零售店铺由于陈列空间的局限性、资金的局限性、人力管理的局限性的限制，三度并不是越大越好。如果把三度表示成一个立体坐标来看（如图4-4所示），一般来说它的体积是恒定的，广度大了，势必需要降低宽度或深度，深度深了也需要适当降低广度或宽度。所以进

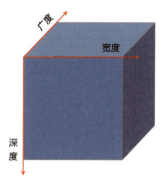

图4-4 三度立方体模型

销存每个环节中的三度要适度,这个适度值可以通过前期历史数据以及竞争对手数据分析得到。

2 覆盖度(也叫铺货率)

覆盖度=有某款或品类产品销售的店铺数÷适合销售该产品的总店铺数×100%

商品的覆盖度指标适合连锁性质的公司使用,它是衡量商品铺货率的一个指标,需要注意覆盖度公式的分母不是总店铺数,而是适合销售该产品的总店铺数,二者差距较大。一般来讲,覆盖度越大商品的销售就会越好。

3 采销匹配度

采销匹配度不是一个具体的指标,它实际上是一种分析方法。通过对比品类、型号、价格等方面在某段销售周期内采购和销售的比重来判断商品销售进度的一种方法。图4-5是一个服装店铺品类采销匹配度的对比图。从中可以很直观地看出差异比较大的是裤子和T恤。

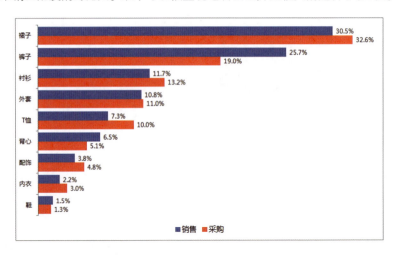

图4-5 品类采销匹配度图

韩涛:星星,你说是不是采销百分比差异大的一定有问题?例如图中的裤子和T恤。

星星:我觉得不一定吧,销售和采购对比的对象是不一致的,只能是疑似有问题。

韩涛:你说得非常对,疑似有问题,不能肯定有问题。因为两者的分母很可能不是一个数量级。比如专卖店某月总销售300件衣服,其中90件是裤子,比重为30%,采购中裤子的占比只有20%,两者的差距有10%。但是实际采购总量却是2,000件,意味着其中裤子有400件。这种问题主要出在以期货制为主的行业,对于超市等业态来说是可以直接对比发现问题的。

◆ 供应链环节

1 服务指标

【订单满足率】订单满足率=订单中能够供应的商品数量总和÷订单商品数量总和×100%

例如物流部收到5张订单供1000件商品，由于缺货等原因实际可以发出的商品只有920件，则订单满足率就是92%。这是一个反应仓库缺货状态的指标，对于连锁企业来讲，100%的订单满足率是一个理想状态，一般都达不到。如果真能够做到100%满足率，意味着不但需要预测非常准，还需要增加更多库存来满足突发订单，这样的代价就是仓储成本增加，资金成本增加，这也是一种资源的浪费。

【订单执行率】订单执行率=能够执行的订单数量÷总订单数量×100%

某天物流部收到100张订单，但是其中10张订单由于缺货或其他原因不能执行，则订单执行率为90%。仓库缺货，物流配送（有货但是送不出去）等都会影响这个指标。

订单满足率和订单执行率的区别是，前者计算的是商品数量的满足情况，后者计算的是订单数量的执行情况。后者常常被很多企业作为订单满足率，这其实是不严谨的。订单满足率侧重用来衡量商品库存状况，订单执行率侧重用来衡量储运状况。

【准时交货率】准时交货率=准时交货的订单数÷能够执行的订单总数×100%

准时交货率是一个反应供应链效率的指标，需要注意的是分母并不是订单总数，而是能够执行的订单总数，对于那些不能执行的订单去计算它们的准时交货率是非常滑稽的一件事。计算准时交货率的前提是先要明确什么是"准时交货"，24小时？48小时？还是根据距离远近区别对待？

【订单响应周期】订单响应周期=系统中收货时确认的时间−系统中下订单的时间

一张订单的处理是从客户在系统中下订单（对于非系统下单的情况，就应该以收到订单的时间为准）开始到确认收货这样一个完整的流程，这是一个反应供货效率的指标，一般计算平均订单响应周期。需要注意的是，随着新客户的不断增加、客户类型的变化等，平均订单响应周期自然会发生变化。所以平均订单响应周期变长和供应链效率降低并不能划等号，要进一步分析数据突变的原因。

在实际分析过程中还需要结合订单区域、产品类型、客户类型等进行详细分析。

2 管理指标

【库存周转率】库存周转率1=出库数量[1]÷（（期初库存数量+期末库存数量）÷2）

库存周转率2=销售数量÷（（期初库存数量+期末库存数量）÷2）

---

1 公式1和2中的数量可以根据企业的实际情况改成金额。

公式1是从供应链管理角度的指标，公式2是对公司销售周转率的衡量，二者是有区别的。一件商品一般只会被销售一次，但是因为退货回仓库的原因而会有大于1次的出库的情况。"（期初库存值+期末库存值）÷2"这部分也可以用平均库存来代替，就是每月的平均库存。用平均库存的好处是营运人员投机取巧拉高周转率的难度加大，有的营运人员会在期初和期末这两个时间节点故意压低库存，甚至是牺牲销售的前提下压低节点库存，如果计算12个月的平均库存则投机难度就非常大了。

【物流成本占比】物流成本占比=物流成本÷（期末库存金额+期中出库金额）×100%

广义的物流成本包括仓储成本、运输成本、管理成本等。狭义的物流成本仅仅指运输成本，狭义的物流成本占比就是运输成本和所运输的商品总值的比。

【客户投诉率】客户投诉率=客户投诉订单批次÷订单总数×100%

这个公式很好理解，但是在实际操作中却是错误百出。例如某公司本月新来一个员工，他负责配送的区域本月共接到10个批次的投诉，本月该员工一共配送订单300张，按以上公式计算投诉率为3.3%，这个3.3%一定合理吗？答案是不一定！问题出在公式中的分子和分母的不对等上面，本月的10个投诉中，可能有两个投诉订单并不是本月的订单，是上月的订单，而上月的负责人已经离职。这种情况怎么办？

- 把2次投诉计入上个月的投诉率中，在可能的情况下进行追溯。进行每月投诉率分析（不是KPI考核）时可以考虑这样来处理。
- 把这2次投诉合并到本月来计算投诉率，大部分公司是这样操作，正常状况下没有问题，极端状况的时候问题可能会比较大。
- 把这2次投诉直接忽略，这种处理方法适合新旧交替的时候，正常状况不可以这样操作，否则会被借机钻空子。

客户投诉率这个指标一般和KPI考核挂钩，所以一定要慎重处理。

3 库存指标

【期初库存、期末库存、平均库存】平均库存=（期初库存+期末库存）÷2

年平均库存还可以直接取每月末库存的平均值，一般财务部习惯用期初加期末除以2的计算方法，销售营运部喜欢用平均库存的算法。

【库存天数】库存天数=期末库存金额÷（某个销售期的销售金额÷销售期天数）[2]

---

[2] 库存天数既可以用金额来计算，也可以用数量来计算，根据企业的侧重会有所不同。

库存天数是一个极为重要的库存管理指标，是有效衡量库存滚动变化的量化标准，也是用来衡量库存可持续销售时间的追踪指标。某超市2013年11月销售金额为3,000万，期末库存为5,800万，则库存天数为58天。58天可以解读为按照目前每天销售100万的速度来看，5,800万的库存将在58天后全部消化完毕，当然这是理想状态。库存天数的好处是它会随销售速度的变化而变化，它和销售速度密切相关，例如该超市在12月平均每天销售120万，而12月底的库存金额仍然为5,800万元，此时的库存天数为48.3天。

我们可以用库存天数来判断店铺是否有缺货的风险，某个店铺的安全库存天数是45天，如果实际库存低于这个值则有缺货风险，反之则表示库存过大。这个指标既可以计算整体企业的库存天数，也可以计算每个品类或单品的库存天数，在分析具体问题的时候，常常需要结合起来看。另外，有些企业喜欢用库存周数的概念，实质是一样的，将库存天数除以7即为库存周数。一般来讲快速消费品行业使用库存天数，耐用消费品使用库存周数。

【库销比】库销比=期末库存金额÷某个销售期的销售金额×100%

库销比的销售周期一般取月，也就是月库销比，当然也可以取周，如果是周库销比实际上就是和库存周数一个概念。月库销比在年度同比的时候是有参考价值的，但是在环比时就有问题了，因为每个月的天数是不一致的，有28天、29天、30天和31天4种情况，销售期不同销售金额就会不同，这样的月库销比实际上是没有可比性的。而库存周数和库存天数就不存在这个问题，所以我一般很少用这个指标。

【有效库存比】有效库存比=有效库存金额÷总库存金额×100%

要计算有效库存比首先需要定义有效库存的标准，有效库存是指能给门店带来销售价值的商品库存，也就是能产生销售贡献的商品库存。从定义来看残次商品、过季商品和没有销售的商品都不属于有效库存商品。不过在实际的分析过程中有效库存的确定会复杂很多，首先需要剔除残次商品、过季商品、一段时间内没有销售的商品，然后再确定一个标准值将有销售的商品分成有效库存和无效库存，这个标准一般以周销售量或月销售量来衡量，并且渠道不同标准是不一样的。例如某款衣服某周销售了2件，2件对于单个专卖店来说这可能就是有效销售，但是2件对于一个区域或连锁公司来说只销售2件的商品肯定不是有效商品。

确定有效库存的标准可以利用二八法则[3]来辅助计算，占总销售20%的商品的平均销量值即为有无效库存的分界线。当然也可以人为确定这个分界线的值。

关注有效库存及有效库存比，实际上就是关注销售最大化，绝对库存大多数时候会有欺骗性

---

3 二八法则在第7章有专门的介绍。

的。经常有专卖店的店长抱怨没有货卖,而采购或商品经理一定会拿出库存数量来推卸责任,根本不去看里面到底有多少是能真正产生销售的库存。道理大家都懂,但是在实际操作过程中很多人会选择性地忽略有效库存,所以对于一个店铺还是企业来说,需要至少每周一次地监控有效库存比这个值,甚至可以把它作为采购人员或配货人员的绩效指标。

有效库存是一个动态概念,这种动态体现在两个方面:

- 商品的有效性是变化的。假如某服装公司的有效商品的标准是月销售50件,2013年10月销售了100件,自然是有效,但11月却只销售了20件,当然就变成了无效商品。

- 标准的变化性。很多商品分淡旺季,淡季和旺季的有效库存标准自然不一样。

- 销售环节

1 商品指标

【货龄】货龄=商品的年龄

对于有保质期的商品,例如食品、饮料等,货龄是从生产日期开始计算的,对于没有严格保质期或有效期的商品,例如服装、手机等,货龄应该是从开始上架销售的日期开始计算的。分析货龄目的一是防止商品过期,二是作为制定商品价格调整的依据。货龄越大,库存越高的商品就是价格调整的首选(白酒等货龄越长越值钱的那些商品不在我们的讨论范围内)。

货龄统计是一个长期、枯燥而艰巨的工作,没有太多的技术含量,需要坚持。快速消费品行业已经把货龄管理纳入销售人员的基本工作之中。商品的货龄如果管理不好,就会造成物流成本的增加,也会影响利润。

造成货龄过大的主要原因有:

- 商品管理混乱,没有遵循先进先出的原则,人为造成货龄大。

- 商品销售不理想，或者采购数量过多，随着时间推移货龄越来越大。

【售罄率】售罄率=某段时间内的销售数量÷（期初库存数量+期中进货数量）×100%

售罄率是检验商品库存消化速度的一个指标。一般采取期货制订货的企业，如鞋服行业用得比较多，可以随时补货的快速消费品一般不用这个指标。特殊时期的囤货制也可以使用售罄率这个指标，例如包销或买断销售都属于囤货制。根据销售期的不同，一般有周售罄率、月售罄率、季售罄率、季末售罄率等。季末售罄率指整个商品消化期的销售数量和商品的总到货数量的比值。

某服装零售商在2013年共采购秋装12,000件，从6月底开始销售，销售数据如图4-6所示，6到11月的售罄率为月售罄率，秋装一般销售到11月份，85%即为季末售罄率。

序号	商品入库数量	商品销售数量	月末库存	月售罄率	累计售罄率
2013年6月	4,000	600	3,400	15.0%	15.0%
2013年7月	5,000	3,000	5,400	35.7%	40.0%
2013年8月	2,000	2,800	4,600	37.8%	58.2%
2013年9月	1,000	2,200	3,400	39.3%	71.7%
2013年10月	0	1,000	2,400	29.4%	80.0%
2013年11月	0	600	1,800	25.0%	85.0%
6月-11月	12,000	10,200	1,800		85.0%

图4-6 商品的售罄率

【折扣率】折扣率=商品实收金额÷商品标准零售价金额×100%

商品的折扣率直接影响到企业的利润水平，是企业的生命线，但遗憾的是很多企业只是在财务报表中才有这个数据。财务报表只是一个结果，折扣率更应该是一个营运指标，需要定期追踪它是否正常、分析趋势是否向坏等。

【动销率】

动销率=某段周期内销售过的商品SKU数÷（期初有库存的商品SKU数+期中新进商品SKU数）×100%

动销率的统计周期一般是周、月、季度，分析的对象可以是品类、类别、SKU等。动销率属于一个追踪和管理指标，一般传统零售比较重视这个指标，动销率都比较高。但是电子商务由于追求长尾效应，动销率都比较低，不过最近有些电子商务也开始重视这个指标了。

【缺货率】

缺货率=某个周期内卖场有缺货记录的商品数÷（期初有库存的商品数+期中新进商品数）×100%

对于供应链的缺货分析建议使用【订单满足率】，这里的缺货率主要是针对销售端的缺货，适用于采购部和销售部。注意这个缺货率是分析缺货的商品比率，不是缺货的数量或金额多少（缺货数量和缺货金额很难量化）。缺货率比较难以统计的是缺货记录，POS系统弱的门店只能靠人工统计，软件系统好的客户可以通过设置商品零库存状态用来自动判断是否缺货。库存为0一般是缺货，但是库存大于0的商品也可能是"缺货"状态，因为这里的库存很可能是残次或虚假库存，实际可供销售的库存为0，这种情况比较难以统计，需要人工加系统的方法来识别。缺货率中的销售周期最短可以是1天，最长不建议超过1个月。在计算年平均缺货率的时候可以计算月缺货率的平均值。

韩涛：货龄、售罄率、折扣率、动销率、缺货率是商品在销售环节中五个非常重要的指标，除常规分析外，更应把它们当追踪指标来使用。星星你可以利用这几个指标再好好地感受一下这句话：

> 销售额首先是追踪出来的，其次才是分析出来的！

星星：好的，虽然现在还不是非常明白这句话，不过听起来很厉害的样子。

2 结构指标

【品类结构占比】品类结构占比=某品类销售额÷总销售额×100%

【价位段占比】价格段占比=某价格段销售额÷总销售额×100%

【正价销售占比】正价销售占比=正价商品销售额÷总销售额×100%

正价商品为标准零售价的商品，与之对应的是折扣商品或特价商品。正价商品销售占比越高，企业利润越高。对于促销频率高的行业，以及有议价空间的行业（如手机专卖店）等该指标显得尤为重要，它是员工销售能力和企业管理水平的综合体现。但遗憾的是很多企业只重视折扣率，而忽视了这个指标。

3 价格体系指标

【商品现值】

商品现值就是商品当前被消费者认可的价值。一台手机刚出来时售价是4,000元，一年后消费者可以接受的零售价只有2,800元，这个2,800元就是这台手机目前的现值。随着时间的流逝，新机型的推出，手机现值还会不断变化着。商品价格会随着时间流失而变化的商品适合用商品现值的概念来管理，例如服装、手机、食品等。

商品的现值与商品的货龄、库存和售罄率有关。菜市场的小贩对"现值"概念深有体会，一大早新鲜的黄瓜5.0元/斤，到下午时如果库存还很多就降到4.5元/斤，到收摊前一个小时就只有4.0元/斤了。如果小贩不考虑库存原因一整天都按照5.0元/斤进行销售，这样利润率是最高的，但是却有库存积压的风险；他也可以选择在中午的时候就降价到4.0元/斤，这样可以更加快速地销售黄瓜，但是利润率却降低了。所以现值就是在价格、库存、货龄之间找到一个最好的平衡点。这就是最简单商品现值变动的实例,当然这个实例没有考虑竞争的关系。4.5.2节还会详细介绍现值的实际应用。

【价格弹性指数】

价格弹性指数是商品价格变化1%时,商品销量变化的百分比。例如某款商品价格下降1%时,销量就上升5%,则价格弹性指数就是5.0。价格变动时不光会影响到自身的销量变化,还会影响到竞争对手的销售变化。所以还有一个品牌间的价格弹性指数,品牌A相对于品牌B的价格弹性指数为4.2,这表示品牌A的价格每下降1%便能够从品牌B那里抢到相当于品牌B 4.2%的销量,也就是品牌B销售会下降4.2%。确定商品的价格弹性指数最好的方法是做随机测试。

【价格三分法】

价格三分法不是一个指标,是一种分析方法,就是将商品价格分成三个范围,如小于500元,500~800元,大于800元,这是价格三分法的第一种分法。这种分法的缺点是当品类间本身价差很大时,再把所有品类放在一个图表中进行对比分析意义就不大,因为有些品类会永远在低价位段,而有些品类又是总出现在高价位段。例如休闲食品和葡萄酒就不能简简单单地按三个价位段来区别。所以需要按品类分别制定对应的价格段,但是当品类非常多的时候,标准就会非常多。

第二种方法是将所有类别的商品按照高价格、中价格、低价格分成三段,用高中低三个价位段来代替具体的价格数字。这样的好处是每个品类都可以划分成高、中、低三个价位段,方便把所有品类放在一起来分析,也利于分析的标准化。方法二实际上是在方法一的基础上的一种标准化处理。

第三种方法是将所有类别的商品按照高价格、主价格、低价格分成三段。第二、第三种方法的唯一区别是方法二叫中价格,方法三叫主价格。当然它们不仅仅是名字的区别,主价位的价格区间大于中价位的价格区间,这样的好处是强化主价位的分析功能,因为主价位段一般是销售高度集中的价格区间段。

这三种方法的详细区分可以参考图4-7。

序号	商品编码	零售价	价格段法	高中低法	高主低法
1	20323	30.00	0-50	低价位	低价位
2	10233	58.00	50-100	低价位	低价位
3	10888	128.00	100-150	低价位	主价位
4	20555	162.00	150-200	低价位	主价位
5	30253	219.00	200-250	中价位	主价位
6	20457	265.00	250-300	中价位	主价位
7	10234	278.00	250-300	中价位	主价位
8	30123	348.00	300-350	中价位	主价位
9	20678	358.00	350-400	高价位	主价位
10	10356	439.00	400-	高价位	高价位

图4-7 价格三分法

4 畅滞销分析

【前十大销售及占比】

前十大销售就是在所有商品中销售额或销售量最好的十个商品的总销量,前十大商品占比也就是它们的销售额或销售量占总销售的比重。这是一个常规分析指标和追踪指标,除了对总销售进行前十大排名分析外,还可以对具体的类别进行同样的分析。

前十大商品销售占比越大,商品销售就越集中,销售管理更容易,但是销售风险也会加大。很多电子商务的卖家非常追求爆款,恨不得前三个商品就能占到公司总销售的80%以上。爆款一般综合毛利都偏低,且一旦生产或物流环节出现状况,对企业的销售影响可能是致命的。

星星: 韩经理,前十大商品销售占比多少为合理呢?

韩涛: 这个没有标准,行业不同标准就不一样,并且同样的行业,企业的营运策略不同标准也会大不同。所以我们在做数据分析时,有时候需要淡化标准的概念,重视存在即合理的道理。没有标准你就看历史数据的趋势,前十大占比一般都会在一个范围内变化,如果前十大占比越来越高,则需要问为什么,是企业主动的策略,还是被动的数据异常?

【前十大库存及占比】

和前十大销售及占比概念一样,只是前者是基于销售,后者是基于库存。这是一个库存管理指标,同样是看趋势,看数据是否异常。

【滞销品销售占比】

滞销商品销售占比指的是滞销商品占总销售的比重,同理还可以演化出一个滞销商品库存占比。

◆ **售后环节**

【退货率】退货率1=某个周期内退货数÷总销售数×100%

退货率2=某个周期内退货单数÷总销售单数×100%

退货率公式非常简单,不过它和【客户投诉率】有一个同样的问题,就是本周期内的退货数并不一定来源于本期内的销售即不含在分母中。处理方法同客户投诉率一样有三种方法:综合处理法(不考虑退货单的来源问题),追踪来源法(将退货单还原到发货日进行分析),剔除法(将非当日退单剔除再计算退货率)。

【特殊服务率】特殊服务率=特殊服务的顾客÷总销售顾客数×100%

有些零售店铺为了提高顾客的体验感,会搞一些特殊的服务活动,例如有的服装专卖店有免费熨洗服务,有些电器商场有以旧换新的服务等,这个指标就是用来检验这种服务效果的。

【残损率】残损率=残损商品数÷商品总数×100%

残损商品会影响企业和门店的销售和利润，残损率不仅仅是一个分析指标，它更应该是一个追踪指标，并且还应该根据残损商品的来源进行分析，找到残损的主要原因，是仓储残损率高，还是销售渠道残损率高等。

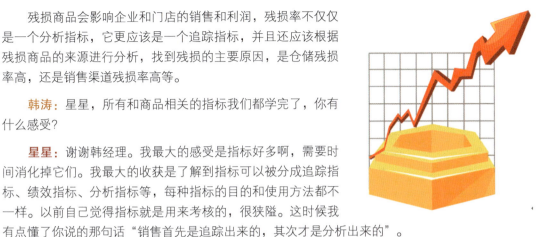

韩涛：星星，所有和商品相关的指标我们都学完了，你有什么感受？

星星：谢谢韩经理。我最大的感受是指标好多啊，需要时间消化掉它们。我最大的收获是了解到指标可以被分成追踪指标、绩效指标、分析指标等，每种指标的目的和使用方法都不一样。以前自己觉得指标就是用来考核的，很狭隘。这时候我有点懂了你说的那句话"销售首先是追踪出来的，其次才是分析出来的"。

韩涛：你的理解是对的，你可以和柯北一起交流学习一下人、货、场的所有指标，你培训他货的指标，让他教你人和场的指标。然后你们俩还可以试试把这些指标和追踪指标、绩效指标、分析指标对应起来。同时我要提醒你们，指标不能滥用，指标只有放在一定的场景下，找到最合适的对象，并且使用最正确的数据源才有意义。堆砌指标的分析报告无异于……

星星：谋财害命！

韩涛：对，你都会抢答了（笑）。我给你讲个故事……

4.1.3 伤不起的售罄率

这是一个关于售罄率这个指标的故事，有次我去参加一个服装行业联谊会，会间正好听见几个人在聊售罄率的事情。

A说：我们公司的售罄率是75%，你们的公司是多少啊？

B说：我们公司的售罄率只有70%，没有你们好啊。

C说：我们公司比你们还差，售罄率是55%左右。

D说：我们公司还不错，有的产品售罄率可以达到95%以上。

A、B、C惊叹道：你们公司售罄率真高啊，怎么做到的？给我们讲讲吧。

D扬扬头继续说道：我们公司的买手都是花大价钱从外面请的高手，买货非常准。还有就是我们商品部的数据分析能力都非常强。

韩涛：星星，从他们的对话中，你发现有什么问题吗？

星星：我发现ABC说的是公司的售罄率，而D说的却是某些产品的售罄率，没有直接的对比意义。

韩涛：嗯。那你觉得他们说的是一回事情吗？

星星：都是说的售罄率吧？应该是一件事情。

韩涛：其实他们的对话根本不在一个频道上。我刚说了：指标只有放在一定的场景下，找到最合适的对象，并且使用最正确的数据源才有意义。也就是说数据间对比必须注意一定要遵循几个一致：对象一致，时间属性一致，数据源一致，定义一致！后来，我加入他们的谈话中，结合聊的状况，我们来仔细分析下这几个一致。

1. 对象一致：星星你发现了这一点，ABC和D的对象是不一致的。个体和整体可以对比，但可对比性会差很多。

2. 时间属性一致：这是最大的问题，和他们聊天了解到，C所说的售罄率只是季度售罄率，而A、B和D所说的是季末售罄率。

3. 定义和计算方法一致：A、B和D三人虽然都是季末售罄率，但是他们的定义却不一样，A所在公司的季末是最佳销售期再加三个月（即夏装销售期为4-6月，季末售罄率则是到9月底的售罄率），而B所在公司的季末售罄率是销售期加两个月（即8月底的售罄率），D所在公司是到自然年度才算售罄率（即夏装的季末售罄率是到12月底的售罄率）。

4. 数据源一致：最初我也没有发现他们有数据源不一致的现象，我也想当然地认为他们就是普通服装公司的"期货制"订货模式，最后才发现D公司采用的是"期货制"加"现货制"的订货方式，这种方式由于可以根据销售情况多次补货，售罄率高也是必然的。所以A、B、C和D的数据源是不一致的。

韩涛：星星，你听了这个案例有什么感想没有？

星星：我以前都是直接进行数据对比，现在知道需要根据四个一致性来判断它们是否有可对比性。

韩涛：对的。我再问你没有全部满足四个一致的数据可不可以直接对比呢？

星星：不可以吧？

韩涛：不对，没有四个一致性的数据间也是可以对比的，只是可对比性相对会差一些，可参考价值也会小一些。不过虽然可以对比，但是也需要非常清楚地知道这些数据间不一致性在什么地方，只有这样才能不误判。

星星：这下彻底懂了，谢谢韩经理。不过我还有个问题，这么多指标，如何确定这些指标的重要性呢？

韩涛：你可以向柯北请教一下，李艾应该已经教过他一种方法了。今天我再教你另一种确定指标重要性的方法。

4.1.4 再谈如何确定指标间的重要性

这种方法就是专家意见法，我们就拿五个供应链指标来演示说明吧，这五个指标分别是：订单满足率、准时交货率、库存周转率、库存天数、货龄。业务场景是某快消品的休闲食品仓库，我们将根据专家的意见来确定如何给仓库经理设定绩效指标。

Step 1 分析指标受众是谁，找出与之相关的所有指标。

Step 2 了解需要分析的数据源有哪些？剔除掉那些没有对应数据源的指标。

Step 3 界定需要考核的时间节点，是日、周、月还是年？继续剔除那些没有关系的指标。

Step 4 准备专家，所谓的专家包括且不限于熟悉公司业务模式的人，公司领导层，相关部门领导，业务骨干，被考核者等。在选择专家时需要注意普遍性和专业度的问题。

Step 5 请所有专家对剩下的指标独自进行打分，满分为100分，如图4-8所示。

	专家1	专家2	专家3	专家4	专家5	合计	权重值
商品货龄	25	20	18	20	19	102	20.4%
库存天数	16	22	20	21	17	96	19.2%
订单满足率	23	25	22	22	25	117	23.4%
准时交货率	24	23	20	24	25	116	23.2%
库存周转率	12	10	20	13	14	69	13.8%
合计	100	100	100	100	100	500	100.0%

图4-8 专家意见法

Step 6 计算各指标的总得分，然后再排名就可以找到重要指标以及各自的权重值，如图4-8所示。

这种方法的缺点是所有专家都是一个权重，实际过程中可以考虑赋予不同专家不同的权重值，然后再加权求和。

4.2 常用的商品分析方法

星星花了一个周末的时间将所学到的商品指标熟悉了一遍,觉得基本上掌握了,现在迫切地想找一些商品数据来操练一下,于是她找到韩涛。不过韩涛建议她先学一些商品的基本分析方法,然后再有目的地进行分析。

于是星星和韩涛又开始了商品分析方法的学习。他们决定先从商品的分类学起。

4.2.1 商品的自然分类方法

要学商品分析方法,首先得从商品的分类开始学习,商品分类包括自然分类法和销售分类法,前者是根据商品的自然属性进行分类,属于先天性的分类,后者是根据商品销售过程中反映出来的特质进行分类,属于后天表现分类。商品的科学分类是企业标准化管理的基础工作,合理的商品分类既便于消费者的选购又便于企业进销存管理,合理的分类既是为了管理商品,更是为了管理消费者的消费。对于做数据分析的人来说,不合理的分类直接影响分析结果的参考价值。

商品自然分类的方法有两个,包括线分类法和面分类法。

- ◆ **线分类法**

线分类法实际上就是层次分类法,是将商品按照层次逻辑分成若干个类别,上层次和下层次间是隶属关系,同层次间是并列关系,且同层次间的分类不重复无遗漏。它的表现形式一般为大类、中类、小类、品种、细类。如图4-9所示,这是超市非食品类的五层次分类。

不是每种分类都需要分成五个层次,有时候分成大、中、小类就可以了。

- ◆ **面分类法**

面分类法又称平行分类法,是将所有商品分成若干个面,每个面都是独立的类目,呈平行关系,相互间没有从属关系,但是不能有重复的面。例如图4-10是服装企业的一种面分类法,面分类法柔性比较大,可以互相组合。如图所示既可以纯棉男式衬衫组合,也可以纯麻女士裤子的组合。

商品分类是非常严肃的一件事情,任何人都没办法适应三天两头调类别的做法,商品的分类不到万不得已就不要轻易改变。好的商品分类应该是具有前瞻性的,是会提前考虑到品类扩充的需求的。例如一个化妆品超市初期只卖化妆品,但是考虑到后期品类扩充的需求,提前在系统中做好健康食品、保健药品等的分类配置。另外还需要慎用"其他"作为类别,如化妆品超市初期将健康食品、保健药品列入"其他"类别,当食品和药品成销售规模后再独立成新品类,看似没问题,但是数据分析就得重新来做。调整品类不仅仅是新增品类,还包括原有品类的重新划分,重新组合,所以一定要慎重。

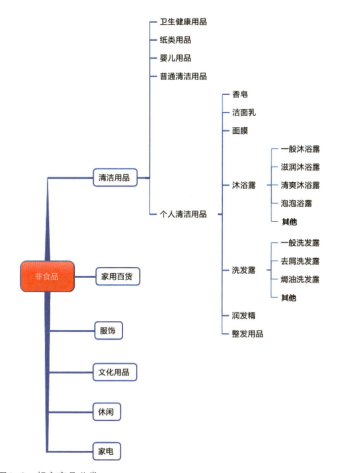

图4-9 超市商品分类

面料	式样	款式
纯棉	男式	西装
纯麻	女式	夹克
纯毛		衬衫
丝绸		裤子
呢绒		裙子
皮革		T恤

图4-10 服装面分类法

  商品的自然分类是需要植入POS系统的一种分类方法，唯一性是其基本要求。图4-11是商品分类的基本原则。

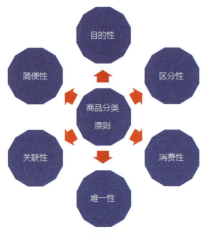

图4-11 商品分类的基本原则

商品自然分类的依据很多,主要来讲有以下几种。

- 按商品的用途来分:例如食品、衣服、电器、玩具、日用品……
- 按商品的原材料来分:例如金、银、玛瑙、翡翠……
- 按商品的成分来分:例如苹果汁、梨汁、桃汁……
- 按商品的工艺来分:例如绿茶、花茶、铁观音、乌龙茶、红茶……
- 按商品季节来分:例如春装、夏装、秋装、冬装……
- 按商品产地来分:例如云南滇红、西湖龙井、黄山毛峰……

4.2.2 商品的销售分类方法

商品的销售分类是根据销售属性进行的一些分类方法,其目的是通过分类确定商品在企业所处的地位、生命周期状况、盈利情况等,来达到指导销售营运的策略。主要方法有以下几种。

- 根据商品价格分类:高价位、中价位或主价位、低价位
- 根据商品利润分类:高毛利、低毛利、零毛利、负毛利
- 生命周期分类法:导入期、成长期、成熟期、衰退期
- 二八法则分类法:根据二八法则,将所有商品分为重点商品和非重点商品两类。重点产品为占总销售(或总库存、总利润、总进货)80%的那部分商品,剩下只占20%销售量的80%商品即为非重点商品。

◆ ABC分类法：根据商品的进销存状况，将商品分为重要、一般重要、不重要三类的一种分类方法。二八法则是分成两类，ABC分类法是分成三类。如图4-12所示，图中A类商品即是占总数10%的商品产生了70%的进/销/存数据，对采购来讲70%就是进货，对销售端来说就是70%的销售额，对物流就是70%的仓库库存量，对财务就是70%的利润额。这里面的A、B、C类商品就分别对应重要商品，一般重要商品，不重要商品。对销售人员来说按销售数据分类的ABC类商品也可以解读为畅销商品、平销商品、滞销商品。

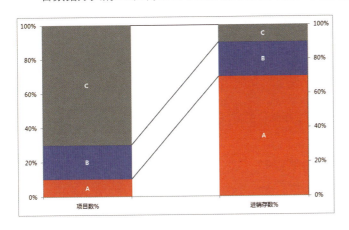

图4-12 ABC分类法

◆ 平均值分类法：这种方法一般是使用销售数据，以产品的平均销售量为依据进行的一种分类手段（也可以用平均库存来划分），二八法则和ABC分类法将商品分成了两类和三类，而平均值法却可以利用商品平均销售量作为分割线分成五类甚至更多。如图4-13所示，分类对应的是各单品销售数据，所有单品中最小销量值、最大销售量和平均销量这三个值是确定的，这里"平均销量值1"是所有商品销量的平均值，"平均销量值2"是介于最大销量和平均销量1之间那些商品的平均销量，同理"平均销量值3"是介于最小销量和平均销量1之间商品的平均销量。

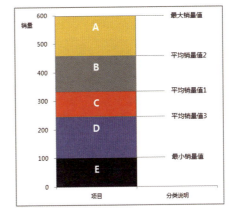

图4-13 平均值分类法

利用这三条平均线就可以有三种平均值分类方法：

- 利用"平均销量值1"将所有商品分为高于平均值和低于平均值两大类。
- 利用"平均销量值2"和"平均销量值3"将所有商品分为三大类。
- 利用"平均销量值1"、"平均销量值2"和"平均销量值3"将所有商品分为五大类。图中的E类商品实际上就是零销售的商品。

韩涛：星星，问你两个问题。第一个是你认为商品自然分类法和销售分类法的区别是什么？

星星：我认为自然分类法是营运后端的分类，而销售分类法是营运前端的分类，前者是为了消费者方便地买得到，后者是为了让消费者买得更多，前者可以体现在商品的陈列上，后者可以体现在商品的营运策略上。

韩涛：不错。再问你一个问题，很多高单价的商品，例如高单价的葡萄酒，在超市卖得并不好，但为什么我们还要卖呢？

星星：我觉得是为了满足高端人群的需要吧？

韩涛：这是其一，其二是为了衬托其他葡萄酒的价格。接下来我们就学习商品的价格分析吧。

4.2.3 商品的价格分析

商品的价格（Price）是4P理论中重要的一环，是消费者决定购买与否的关键因素。在商品分析中，价格分析占据着重要的地位。前面我们已经介绍了价格段的分类，本节介绍两个"高级"的价格分析方法。

1　商品的价格带分析

商品的价格带是指同一类商品的最低价和最高价之间的区域，例如超市的方便面最低价为3元，最高的是15元，则方便面的价格带就是3～15元。与价格带相关的几个概念是价格带三度（宽度、广度、深度）、价格线、价格点和价格区。

【价格带宽度】

价格带宽度就是价格带中最高价和最低价的差值，上例方便面的宽度就是12元，价格带的宽度决定了该类别商品满足消费者需求的价格范围大小。两个超市方便面的价格带宽度都是12元，但是A超市的价格带是3～15元，B超市是1.5～13.5元，说明B超市满足的消费层次会稍低一些，也会给消费者B超市方便面更便宜的感觉。

【价格带深度】

价格带深度体现在价格带中的品牌数或SKU数，宽度同为12元的方便面，在A超市可选择的SKU数有10个，在B超市却有15个，说明B超市的方便面品牌选择余地更大。

【价格带广度】【价格线】

价格带广度体现在价格带中的不重复销售价格的数量，每个不重复价格叫作一条价格线。还是以方便面来举例，宽度同为12元，深度同为20个SKU的两个超市，A超市的价格带广度为15条价格线，而B超市的广度只有10条价格线，可见B超市有很多SKU的方便面销售价格是重叠的。对消费者来说A超市的价格选择余地更大。

需要注意的是商品的广度和商品价格带的广度是不同的定义，商品广度指的是商品品牌或品类的多少，价格带的广度指的是价格线的多少。

我们用图4-14来说明以上几个概念，价格带为3~15元，价格带的宽度是12元，有8条价格线，也就是说价格带广度为8，有15个SKU，则价格带深度为15。

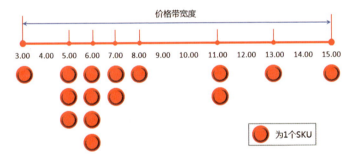

图4-14 价格带宽度、深度、广度示意图

【价格点】

价格点指在价格带中最容易被顾客接受的某一条价格线，确定了某个类别商品的价格点后，在此价格点附近准备多些商品并且陈列丰满一些，这就会给目标消费者造成商品丰富、价格适中的感觉。这是一个很有效的技巧，很多人认为商品越多就代表商品越丰富，其实顾客看到的并不是卖场该品类所有商品的多少，他们看见的只是目标价格即价格点附近商品的多少，所以消费者感觉丰富比实际商品丰富重要得多。

【价格区】

价格区是价格带中包含价格点的一个顾客主要购买的价格区间，这个区间远远小于价格带的范畴。一个卖场可能不止一个价格区，好的卖场会有一个主价格点和1~2个次价格点，每个价格点对应一个价格区是最优的方案。

图4-15所示是ABC三个精品超市的葡萄酒的价格带示意图（虚拟数据非实际数据），这三个超市的价格带均为100~500元，宽度都为400元，广度都为20。但是由于价格点和价格区的不同，超市给人的感觉就完全不同。超市A的价格点为200元，价格区里面有8条价格线；超市B定位会高一些，价格点为300元，价格区里面有9条价格线；超市C有两个价格点，主价格点为200元，有8条价格线，辅价格点为350元，有6条价格线，可见超市C的主力购买人群有两类。

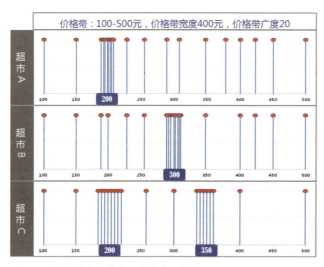

图4-15 价格带中价格点、价格区示意图

韩涛：现在很多超市的采购是根据品类进行采购或招商的，很少根据价格带策略进行采购。价格管理强的零售商，例如宜家，是先确定价格带中的各个指标，然后根据这些指标进行招商或定制。进行价格带分析的目的是为了判断现有的价格带各指标是否合理，是否需要改变。我们来给价格带管理梳理一下流程吧：

Step 1 确定需要进行价格带分析的商品类别，这里一般是小类。例如超市女士洁面乳类、方便面类，商场的男士T恤等。

Step 2 分析价格带宽度。决定价格带宽度的因素有三个：消费者、竞争者和你的供应商。价格带定位的三种方法：

◆ **市场调查法**，通过对目标消费者就某一个类别进行调查，了解消费者可以接受的最低和最高价。

- **竞争对手调查法**，通过调查，了解竞争对手的价格三度、价格点、价格区等信息，然后参考自己店铺的数据进行定位。

- **销售数据分析法**，通过大量的历史数据分析来判断目前的价格带是否需要加宽或向下（上）移动。

Step 3 确定价格点。价格点的确定同样可以使用市场调查、竞争对手调查和销售数据分析三种方法。对于一个零售企业来说可能会有两个价格点，一个是目标价格点（这是根据企业定位制定的价格），另一个是销售中实际跑出来的价格点，这两个点重合则是极好的。如果不重合且差距较大时，则要进一步分析价格点附近的商品组合是否合理，这个目标价格点是否合理等。

例如超市葡萄酒这个品类，计划价格点是30元，但是实际销售量最大的价格线反而是25元。出现这种情况需要进一步分析是否25元就应该是该店铺的合理价格点，还是因为卖场在25元附近价格区布局的商品数量大于30元附近的，或者是卖场陈列25元价格线SKU更多的原因。

Step 4 确定价格带广度和价格线，要考虑制定几条价格线，每条价格线对应的价格是多少。在价格带中的价格线一定要是完整的，最好不要出现大的断档，例如方便面的价格带是3~15元，但是6~10元之间没有价格线（也就是没有商品销售），出现了一个较大的价格断档，这种情况尽量避免。一定要通过价格线来体现品种齐全、价格丰富、重点突出的商品形象。有经验的采购人员，会通过采购不同的商品来达到合理配置价格线的目的。前面提到的宜家就是先有价格线，然后按照价格线去定向采购。

Step 5 确定价格区，可以有一个价格区、两个价格区甚至三个价格区。一般三个价格区就是想同时满足三个层次的消费者的需求。同时卖场的陈列要为价格区服务，需要突出价格区商品的陈列，千万不能喧宾夺主。很多超市在卖陈列位[4]，这其实不是一个好办法，虽然会获得一些费用，但是却会打乱超市针对价格线、价格区的陈列节奏。

Step 6 确定价格带深度，对于超市来说陈列空间是有限的，SKU太多没办法陈列，所以商品的深度基本是一个确定值。不确定的是在不同的价格区需要配置多大深度的商品，深度不同给消费者的影响就不同。

价格带是零售业错位经营、精准定位的手段，通过价格和竞争对手的差异达到吸引不同的消费者的目的。图4-16所示，这是一个家具卖场的沙发价格带图。

---

4 卖陈列位指供货商支付一定的费用从而拥有在超市某个指定货架的商品陈列权，非该供货商的商品不能陈列其中。

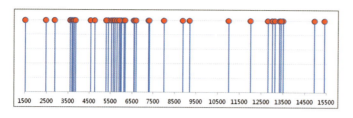

图4-16 沙发的价格带

韩涛：星星，你怎么看？

星星：我发现这个沙发的价格线基本上是连续的，没有特别大的断档。它有三个价格点和价格区，价格点分别是3,700元左右、6,000元左右、13,200元左右，主价格点应该是6,000元那个，因为价格线是最多的。猜测这三个价格区分别对应低消费、中档消费和高消费的人群吧。

韩涛：分析得不错！不过这个图还没体现出价格带的深度值，图4-17这张图体现了价格带的宽度400元，广度为20条价格线，深度为88个SKU。这是完整的价格带分析示意图，在价格带的分析中我们就需要画这种图。

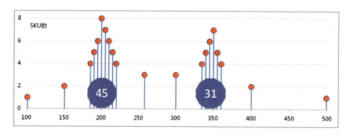

图4-17 商品价格带示意图

价格带管理的目的就是通过对价格带的科学分析从而达到管理商品采购、管理商品定价、管理商品陈列，最终达到影响消费者购物行为的作用。价格带管理不仅仅是线下有用，对于电子商务同样适用。

2 商品价格弹性分析

韩涛：要讲商品的价格弹性，就得先从著名的沃尔玛创始人山姆·沃尔顿的"女裤理论"讲起。

【女裤理论】

每条女裤进价0.8美元（当年的女裤进价好便宜），售价1.2美元，每条毛利是0.4美元。如果售价下降到1美元，会少赚一半的利润，但却可以卖出3倍的女裤，销售额和毛利额都双双丰收。这个理论大量地被解读为薄利多销的经典案例。实际上我们知道薄利不一定多销，不是每个商品都是有价格弹性的。不过女裤理论揭示了价格弹性理论。

星星：那什么是商品的价格弹性呢？

价格弹性是指商品的价格发生变化时，该商品的需求量变化的幅度，弹性越大，需求量的变化也就越大。价格弹性可分为需求的价格弹性、供给的价格弹性、交叉价格弹性、预期价格弹性等各种类型。我们只讲需求价格弹性的问题，在零售行业消费者的需求量实际上可以等价于消费者的购买量，所以我们只是分析商品价格和销售量之间的变化关系。

我们先来看销售额公式：

从公式中可以得出如下一些可能变化：

1. 商品单价下降，当销售数量同步增大或降低时，说明消费者的需求是有弹性的。当销售数量增大时，如果增大的幅度大于单价下降的幅度，则销售额会上升，如果速度相同，则销售额没有任何变化，如果小于价格下降的幅度则销售额会下降，所以单价下降不一定肯定提升销售额。当价格下降，销售数量也下降时，销售额必定下降，企业需要避免这种情况出现，有些不合理的促销活动偶尔会造成此现象。

2. 商品单价上升，当销售数量降低或增大时，这也说明消费者的需求是有弹性的。销售数量降低幅度小于单价上升的幅度时，销售额还是会上升的，幅度相同则销售额没有变化，只有销售数量下降的幅度大于销售单价上升的幅度时，销售额才会下降，所以涨价不一定会降低销售。同样，销售单价和销售数量都同时上升的情况也有，但是比较少，一些投资品或奢侈品会有此现象的发生，例如黄金。

3. 商品单价上升或下降，但是销售数量不会有明显变化，这种商品的需求是刚性的而不是弹性的，需求不会因为价格的变化发生变化，一些不可替代的生活必需品就是这样，例如药品、大米，你不会因为大米的价格上涨而改变自己的饮食习惯去吃馒头，偶尔可能会。这种情况一般会通过提高价格来提升销售额。

所以从上面三点可以看出，价格弹性实际上是和商品销售和价格变化的幅度有关，如何体现价格弹性呢？这个价格弹性指标就是价格弹性系数，公式如下：

价格弹性系数的意义是指当价格变动1%的时候,销售量(注意不是销售额)变动的比率,一般取绝对值。价格弹性系数[5]有四种值:大于1,等于1,0~1之间,等于0。

- 大于1,说明价格变化能够带来销售数量的大幅变化,值越大,销售需求就越大,销售数量变化的幅度也会更大。价格弹性系数大于1的商品适合做促销活动,并且这个值越大做促销活动的效果越明显。当弹性系数大于3以上,我们就可以认定这个商品是富有弹性的,沃尔玛女裤理论就是这种情况,根据上面的数据可以计算出女裤的价格弹性系数为12(即200%÷(0.2÷1.2))。

- 等于1,说明销售数量变动幅度与价格变动幅度相同,即价格每提高1%,销量相应地降低1%,或价格每下降1%,销量相应地增长1%。

- 0~1之间,弹性不大,价格变化幅度大于销售数量变化的幅度。

- 等于0,表示商品需求没有弹性,这种商品不适合做降价的促销活动。

在价格弹性系数的公式中,价格变化和销售变化如果是同一个对象,这就是需求的价格弹性系数,如果是不同对象则是交叉价格弹性系数,比如A产品价格下降了,除了会影响自己的销售数据外,还可能会影响B产品的销售数量,后者的比值即为交叉价格弹性系数。交叉弹性系数常用在高度竞争的产品之间,例如百事和可口可乐,也可以用在一些关联性的产品之间,例如饭店啤酒价格和凉菜的销量,啤酒价格下降会带来凉菜的销量上升。

4.2.4 商品的定价策略

最近几年五感营销越来越被商家接受,五感营销就是通过视觉、听觉、触觉、味觉、嗅觉来传播品牌或商品,提高消费者的体验感觉,最终达到购买或传播的一种营销手段。消费者对商品的敏感包括对价格的敏感,对商品包装的敏感,对购物环境的敏感,对促销活动的敏感等多方面,这其中消费者对价格最敏感。

韩涛:星星,你知道什么样的商品是价格敏感商品吗?

星星:我觉得超市里面的牛奶、鸡蛋、蔬菜、饮

---

5 以下不讨论价格上升销售上升以及价格下降销售下降这两种情况。

料这些应该都是敏感商品吧。还有化妆品店的洁面乳、牙膏这些吧，因为我逛化妆品店时都会价格比来比去才购买的。

韩涛：很多人认为低价就是便宜，其实是错的。消费者要的不是便宜，是"占便宜"。只需要将敏感度高的商品调低价格做促销消费者就会感觉"很便宜"了。

影响消费者价格敏感度的因素包括：

1 产品自身的因素，该产品是否不可以取代，在消费者心中的重要程度如何，使用频率怎样，越重要越不可以取代使用频率越高的商品，消费者会越敏感。

2 零售商的价格策略会加强或降低消费者对价格的敏感程度。增强消费者对价格敏感度的方法，如大幅度降价或涨价，或者非整数法，原价10元的商品改成9.9元对外销售。降低消费者价格敏感度的方法，如价格点为25元的葡萄酒品类中，增加一个单价为200元/瓶的葡萄酒，还比如500ml的某款饮料售价为5.50元，而另一款是售价为5.10元的460ml饮料，你能一眼就看出谁贵谁便宜吗？其实是后者的单位价格稍微贵一些。

3 消费者自身的原因，这是我们常常忽略的一个非常重要的因素，消费者个体差异。消费者对价格的敏感度千差万别，同样的价格，不同的人感觉是不一样的。

目前各零售企业基本上是按照 **1** 和 **2** 中的因素在制定商品的价格，根据 **3** 消费者个体来定价的情形不多，线下企业目前只能做到针对会员顾客的差异化定价，如会员价、会员打折等。这里面有技术的问题，也有意识的问题。随着互联网技术的发展，线上未来完全有可能实现针对不同消费者定价，也就是传说中的差异化定价。

如何给商品定价？如何差异化定价？这其中包括成本定价法、需求定价法、竞争定价法等。

1 成本定价法

◆ **成本加成定价法**

顺加法：

倒扣法：

◆ 目标利润定价法

单位商品价格 = 总成本 × （1+目标利润率） ÷ 预计销售数量

对于渠道商和零售商一般使用第一种成本加成定价法，而对于品牌商或工厂来说这两种方法都有人使用。

2 需求定价法

需求定价法是指企业在定价时不再以成本为基础，而是根据市场需求、消费者对产品价值的理解和接受程度为依据的一种定价方法。在运用需求导向定价法时，企业更注重的是研究消费者购买行为，这种方法的好处是有利于成交，利润一般也会最大化，定价方式也比较灵活，难点是不像成本定价法那样容易量化，所以需求定价法更多是一些定价原则或技巧。

韩涛： 星星你有没有这种经历，一些在平时舍不得买的东西，遇到五一、十一、春节这些节日的时候一跺脚就把它拿下了？

星星： 真有，我属于平时理智，假日冲动的那种消费者。

韩涛： 其实不光是你，很多人都是这样，一遇到大型节假日就开始冲动起来了。你想想在每年春节前夕超市疯狂抢购的场面。优秀的采购会在这种大型节假日的时候将卖场整体价格稍微提高一些，并且会以你察觉不到的方式。这就是利用了需求和时间差异的定价方法。

◆ 需求差异定价法

这种需求差异主要体现在时间、地点、消费对象之间三个方面。

"时间就是金钱"在这点上彻底体现出来了，新手机上市，如果你是品牌忠实的追随者，那你必须付高价才能得到它，反之，你可以慢慢等待，等到价格降到你的目标价位的时候出手，有些地方高峰电价和平峰电价不一样，机票的价格和距起飞时间成反比，旅游景区的淡旺季门票差异等，这都是需求中利用时间差异的定价方法。

新开一个超市如果附近没有竞争对手和有竞争对手时的定价策略是不一样的，一瓶同样品牌的啤酒在超市和酒吧的价格大相径庭，演唱会前排的价格高于后排的价格，海景房的价格比山景房的价格贵，等等，这都是需求中地点差异的定价方法。

消费对象的定价差异更多体现在会员顾客和非会员顾客的价格差异上，以及女性相对于男性对价格敏感的差异上。未来随着科技的进步会逐渐发展到个体的定价差异上，例如零售商根据你购买或维修冰箱的数据，发现你的冰箱到了更换的时候，就可以给你寄一张200元的冰箱代金券，这样你的价格就和其他人不一样了。需要注意的是差异定价不能引起顾客的反感，需要透彻分析其中的风险。

- ◆ **习惯定价法**

根据消费者对商品的购买习惯来定价，例如菜市场的蔬菜价格，每天早中晚的价格都不一样。在大众的消费习惯没有改变时，最好不要轻易尝试挑战消费者的习惯。

- ◆ **数字游戏定价法**

数字游戏定价法更多是消费心理学的范畴，目的是为了提高或降低消费者对商品价格的敏感度。这种定价更多是解决定价的细节问题，目前有以下几种数字游戏可以使用。

1）尾数定价法：是一种以零头数结尾的定价方法，例如9.99元，199元，1999元等，这种方法让消费者在心理上看起来比较便宜。该方法目前在超市比较流行，电子商务网站也基本上是这种定价方法。从我国的国情来讲，尾数最好是8、9等吉利数字结尾，最好不要用4、250这种国人反感的数字结尾。

2）弧形数字定价法：在10个阿拉伯数字中0、3、5、6、8、9这几个带有弧度线条的数字统称为弧形数字，消费者看到这些数字不会有太大的刺激感，而1、4、7则有一些刺激性，所以需要尽量避免。2介入两者之间。如图4-18所示，左边是我对某国际大型连锁超市的12,636种商品定价分析后的结果，右边是对某知名电子商务网站的电器品类分析的结果。

3）奇/偶数定价法：这种方法更多是为了造成视觉冲击，例如某品牌的系列汽车官方价格是77,777元，88,888元等。

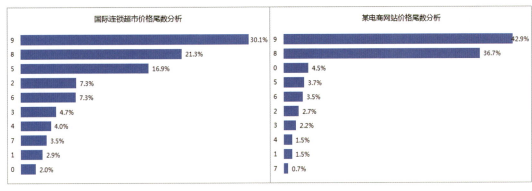

图4-18　线上线下定价之尾数定价

- 价格陪衬法

在价格带的介绍中，当确定了主次价格点和价格区后，我们可以再适当引进一些低单价或高单价的商品，这样就可以衬托出主力商品价格的合理性。

- "歧视"定价法

"歧视"定价法就是不同的顾客采用不同的价格从而达到销售最大化和利润最大化的平衡。最明显的"歧视"定价是买一件原价，买两件九折，买三件及以上八折，这是典型的需求歧视，歧视买得少的顾客，不过这种方法已经被消费者广泛接受。

在需求差异定价法中已经提到，歧视定价需要一个完美的借口，否则一旦消费者知道价格不同后，风险非常大。最好的借口就是利用兑换券，在电子商务平台甚至可以结合抽奖一起来做更具有隐蔽性，例如某款电器搞促销活动，对敏感度高的买家可以程序设定他抽到高额的代金券，对那些敏感度低或忠诚度高的买家则应该抽到低甚至零金额的代金券。也就是抽奖器的后台必须要有一个算法在里面。

- 拍卖定价法

这个大家应该非常熟悉，在一些拍卖行对古玩交易、土地交易等大宗商品交易时经常使用的方法。

3 竞争定价法

竞争定价法是指企业为了在市场竞争中取得价格优势，人为地调高价格或者调低价格来吸引消费者，从而争取销售额和利润额的最大化。这种方法特别适合价格敏感度高的商品。

- 高于竞争对手

当你的店铺具有如下特征的时候，你可以考虑制定高于竞争对手的价格策略：

1) 商场位置非常好，和竞争对手相比，你是绝对的主导地位。
2) 你有稀缺性的商品或资源，例如优先上市，紧缺商品的优先供应，独家销售等。
3) 你的商品品牌形象、信誉度等大大优于竞争对手。
4) 你有转移高单价注意力的方法，例如大力度的积分、赠品等。

- 低于竞争对手

这是一种主动进攻的定价法，在实际操作过程中可以瞄定一到两个竞争对手，在价格敏感度高的商品上采取低于竞争对手价格的方法。注意是价格敏感度高的商品，这样可以收到事半功倍的效果，消费者就会觉得你的商品都是很便宜的。不过这是一种双刃剑，杀伤了别人，自己的利润也会受很大的损失。并且低价策略很可能是一个恶性循环,因为对方也不会甘于价格高于你,肯定会反击。

- **平均定价法**

平均定价法也称为随行就市定价法,该方法不采取主动进攻的策略,根据竞争对手的平均价格来制定自己的价格,这样的好处是能保证一个合理的利润水平。

4 其他定价法

- **捆绑定价法**

捆绑定价法是将两种及以上商品组合在一起定价的方法,这种方法的好处是商品间自由组合,从而保证商品的唯一性(除非竞争对手也跟你学,直接山寨),这样消费者就没有办法直接对比价格了。商品间组合方式有同质商品捆绑、互补商品捆绑、无相关性商品捆绑三种方法。这三种方法对应的实例如:牛奶捆绑牛奶,牙膏捆绑牙刷,食用油捆绑橙汁等。

- **支付方式定价**

通过支付方式的不同获得不同的价格或折扣,不同的支付方式包括礼品券、银行卡、现金等。

- **短期特价法**

这是零售业常用的方法,利用价格弹性大的商品短期降价,使价格不断地在高-低-高之间循环,刺激需求从而达到提高销售的目的。

韩涛:星星,你有没有从这么多定价方法中得出什么结论来呢?

星星:定价好复杂,我觉得成本定价法解决的是企业整体定价策略的问题,需求定价法是解决定价过程中的一些细节问题,而竞争定价法是为了保证企业的竞争力。在实际过程中应该是这几种方法互相配合使用吧?

韩涛:你说得对,定价方法虽多,但是却不能乱用。既要有原则也要有适当的灵活性。在定价之前,特别是敏感商品定价前,一定要考虑清楚定价的四个区隔原则:区隔市场,区隔产品,区隔时间,区隔对象。不能搞一刀切。如图4-19是根据这四个区隔做的一个思维逻辑图,你可以理解一下。

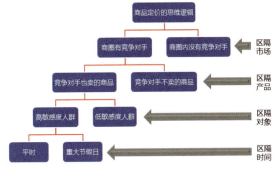

图4-19 商品定价的思维模式

这只是定价的一种思维逻辑，在实际工作中，每个人都可以总结出最适合自己的思维逻辑来。

4.3 商品的关联销售分析

任何一个零售业态，如果不去分析商品间的关联关系，则很难发现商品间的隐形密码，并且也很难做到精细化管理。商品的关联分析对于提高商品的活力、挖掘消费者的购买力、促进最大化销售等有非常大的作用。而现实是我们的销售管理人员花了很多时间在追求销售达标上，根本没有时间，或者是没有意识在商品的关联度分析上下功夫。而本来应该重视关联度分析的商品部，他们的重心又在商品采购和促销规划上，也遗漏了商品的关联度分析。

韩涛：说到商品的关联度分析必须要说说啤酒与尿不湿的故事。星星你听说过这个故事吗？

星星：好像在一本数据分析的书中看见过，说的是美国沃尔玛超市数据挖掘的一个案例。

韩涛：是的。表面上看啤酒和尿不湿是两个完全不相关的商品，但美国沃尔玛超市的数据分析人员在做数据分析的时候发现，每到周末同时购买啤酒和尿不湿的人较平时增加很多。本着数据分析中溯源的原则，他们对数据进行了进一步挖掘并且走访了很多同时购买这两样商品的顾客。他们发现这些顾客有几个共同的特点：

1 已婚男士且孩子不到两岁，有尿不湿的刚需。

2 喜欢看体育比赛节目，并且喜欢边喝啤酒边看。顾客有喝啤酒的需求。

3 周末是体育比赛扎堆的日子，所以出现这种关联销售多在周末的时候。

发现这个秘密后，于是超市就大胆地将啤酒放在尿不湿旁边陈列，让这些顾客购买起来更方便。实验结果发现二者的销售量都大幅度地提升。这是一个典型的利用关联销售提升业绩的案例。

当然我们大部分时候还不需要去挖掘类似于啤酒与尿不湿这样的案例，实际上更需要分析商品的基本关联情况。关联分析多了，惊喜自然就来了。

4.3.1 商品的关联程度分析

购买商品A的顾客中35%的顾客会购买B，则商品A对商品B之间就有了关联关系，请注意这是商品A对商品B的关联。反过来则不一定成立，商品B对商品A不一定具有很强的关联度。比如喜欢买休闲饼干的人大部分都会同时购买可乐，但是买可乐的人同时购买休闲饼干的比重则不大。所以商品的关联关系是有方向性的，可以分为单向关联和双向彼此关联。

商品的关联度分析包括品类间的关联、单品（SKU）之间的关联、品类和单品间的关联。例如购买休闲食品的顾客39%会购买饮料（品类间关联），购买2升可乐的顾客有20%的人会购买一次性纸杯（单品关联），购买化妆品的顾客中8%的人会购买某品牌某规格的卫生巾（品类和单品间关联）等。其中品类间的关联和单品间的关联是主要分析的两个方面。啤酒与尿不湿，巧克力与避孕套就属于两个品类之间的关联。

广义的商品关联度包括商品间的关联度，商品和价格间的关联，商品和天气间的关联，商品和顾客间的关联，商品和商圈的关联等。本节主要讲狭义的关联，即商品间的关联分析，也就是常规意义上的关联度分析。

商品间的关联关系包括三种方式，如图4-20所示。

1 强关联：当商品的关联度超过某个值时，我们就可以定义为强关联的关系。这个值在不同的行业不同的业态是不同的，需要零售企业根据自己店铺的实际情况来确定。强关联的商品彼此陈列在一起会提高双方的销售量。双向关联的商品如果陈列位置允许的话应该互相关联陈列，即A产品旁边有B，B产品边上一定也会有A。而对于那些单向关联的商品，则只需要将被关联的商品陈列在关联商品旁边就行，尿不湿边上可以放置啤酒，但是啤酒边上则不能放尿不湿。

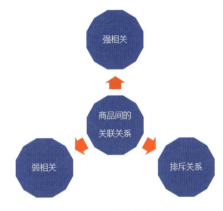

图4-20　商品间的三种关联关系

2 弱关联：指关联度不高的商品，对于这些商品可以尝试在一起，然后再分析看是否关联度有变化，如果关联度大幅提高，则说明原来的弱关联有可能是陈列的原因造成的。

3 排斥关系：指两个产品基本上不会出现在一张购物小票中，这种商品尽量不要陈列在一起。

关联度分析不仅仅只有这三种关系，它们仅代表商品关联度分析的一个方面（可信度）。全面系统的商品关联分析必须有三度的概念，三度包括支持度、可信度和提升度。

【支持度】支持度=同时包含商品A和B的交易÷总交易×100%

指在所有交易中同时出现关联商品的概率，即有多少比重的顾客会同时购买关联商品。

【可信度】可信度=同时包含商品A和B的交易÷包含商品A的总交易×100%

指在购买A商品的交易中有多少交易包含关联商品B,也就是商品B出现的概率。很多人习惯把可信度等价于关联度,这是不全面的。

【提升度】提升度=可信度÷商品B在总交易中出现的概率

指商品A对商品B销售提升的影响程度。

星星:这几个关联度指标感觉有点高端大气上档次,公式简单但听起来有点难懂,韩老师能不能举一个案例再给我普及一下呀?

韩涛:好。我们就模拟一个啤酒与尿不湿的案例吧。假定某个超市2013年11月总交易次数为2000次,其中包含尿不湿的交易为100次,包含啤酒的交易为200次,同时包含尿不湿和啤酒的交易为50次。你能根据这些数据计算出这三度的值吗?

星星:支持度为2.5%(计算公式:50÷2000×100%),啤酒在尿不湿中出现的概率即可信度为50%(计算公式:50÷100×100%),提升度为5.0(计算公式:50%÷(200÷2000×100%))。不过我有点不明白提升度的意义何在?

韩涛:为了帮助你理解,我们把这个案例中的50次改成10次。重新计算的可信度为10%,啤酒在总交易中出现的概率也是10%,提升度为1.0。也就是说啤酒在总交易中,啤酒在有尿不湿的交易中出现的概率是一样的,换一句话来说就是啤酒并没有因为和尿不湿关联而得到好处!当提升度大于1.0时,顾客在购买完尿不湿后就有较大的可能会去购买啤酒,说明啤酒的销售就会受尿不湿的影响,1.0是提升度的一个分界值。

星星:懂了!

韩涛:在实际业务中,我们可以这样来理解关联三度,支持度代表这组关联商品的份额是否够大,可信度代表关联度的强弱,而提升度则是看该关联规则是否有利用价值。高可信度的两个商品,例如可信度为100%(意味着它们总是成双成对地出现,可谓强关联),但如果支持度低(意味着份额低),那它对整体销售提升的帮助也不会大。

星星:我可否这样理解?如果只看两个商品是否有关联性,看可信度就可以了,但这个关联性是否有意义则还需要分析支持度,最后这个关联规则能否考虑推广还必须要看提升度。

韩涛:可以这样理解。当然非要将三者割裂开来,例如只看可信度或只看支持度和可信度也是允许的,只是不全面。在实际中,我们需要对支持度和可信度设定准入规则,例如支持度>=3%,可信度>=60%,满足最低准入值则可以视为商品间的关联关系有价值。

星星:彻底明白了。

韩涛：另外在关联度分析中时间维度必须要考虑，比如巧克力和避孕套案例是在情人节期间关联度高，啤酒与尿不湿是在周末关联度高。

大部分商品的关联度是显性的，不需要量化分析就应该知道的，例如超市的鸡蛋和蔬菜，饮料和休闲食品。我们更应该挖掘出那些隐性的关联商品，例如啤酒与尿不湿。

商品的关联度必须要结合业务背景进行分析，并把分析结果放到业务场景中进行实际验证。公园里小超市的【面包+饮料】卖得很好，如果你认为游客喜欢吃面包时喝饮料的话有可能就是错误的，真实的原因很可能是游客买了面包来喂鱼。

4.3.2 购物篮分析

超市习惯进行购物篮分析，通过对顾客的购物清单进行分析来洞悉消费者的购物行为。而其中购物篮系数是超市用得最多的一个指标。购物篮系数是指顾客平均购买数量，公式如下：

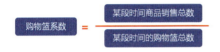

它是反应卖场人、货、场的一个综合指标。消费者的购买力高、卖场的布局设计合理、商品充足等都会影响到购物篮系数。

购物篮系数是一个宏观指标，我们还需要看微观的购物篮系数，即指定单品或品类的购物篮系数，公式如下：

将每个商品的购物篮系数进行排行分析，就可以找到高连带销售的商品。

举例说明，上个月我们超市共销售了6万件商品，一共是1.5万张销售单（也就是1.5万个购物篮），购物篮系数为4.0，即平均每位顾客一次性购买4件商品。其中1,500张销售单中有鸡蛋，这些销售单一共是4,500件商品，则鸡蛋的购物篮系数为3.0，低于商场平均水平。

高购物篮系数的商品不一定是人气商品，例如A商品的购物篮系数为5.3，B商品为3.8（含A商品的销售单为500单，含B商品的销售单为1,500单），我们不能说A商品的人气更高，只能说明购买了A商品的人同时购买了更多的其他商品，总的来说还是含B商品的购物篮里面的商品数量更多。所以人气商品不但要求购物篮系数要高，销售单总量也应该不少。

我们可以用四象限分析图来展示购物篮数量和系数的对应关系，如图4-21所示。第一象限（右上角）的3个商品无论是购物篮数量和购物篮系数均高于平均值，它们应该是销售量及卖场人气的主要来源，也是促销活动重点考虑对象。第二象限（左上角）的4个商品购物篮数量还不错，但是购物篮系数低于平均值，这部分商品需要解决的就是如何提高它们的关联销售。第四象限购物篮系数很高，但是购物篮数量低于平均值，对这四个商品首要任务是促进它们产生更多的购物篮。第三象限的3个商品基本属于边缘商品，本身卖得不好也和其他商品关联度不高。

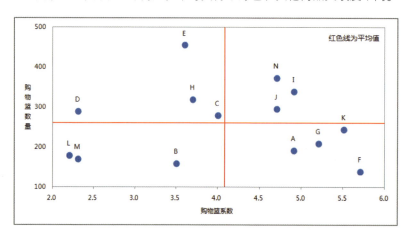

图4-21　单品的购物篮数量–购物篮系数四象限图

如何将高购物篮系数的商品（即四象限的商品）变成人气商品？这对卖场的销售提升是至关重要的。人气商品的判断指标是人气指数，公式如下：

人气指数并不是指定商品的销售数量的比重，销售数量比重只能判断该商品卖得好还是不好，人气指数高的商品本身不一定是卖得最好的，但是它"带来"的销售量却是最大的。例如超市2013年11月销售了10万件商品，共2万个购物篮。其中单品王A商品销售2,600件，占总销售的2.6%，含A商品的购物篮一共销售3,200件，人气指数为0.16。B商品虽然只销售1,500件，只占总销售的1.5%，但是含B商品的购物篮中却一共销售了4,200件，人气指数为0.21。显然B商品的人气更高。

人气指数不以单品论英雄，而是以人气论英雄，只有这样才能从技术层面追求销售的最大化。如果每个商品我们都去分析它的人气指数，稍具规模的店铺这个工作量都是很大的。表哥表妹们可以取巧走个捷径，先找出销售量前20大SKU，然后再分别计算它们的人气指数。当然这种方法会有可能漏掉人气王。

单品王（电商称爆款）是销量的保证，而人气王是更大销量的保证。二者都需要分析研究，单打独斗是一种本事，团队称霸才是真的能耐。

4.3.3 提高商品关联度的方法

通常提高商品关联度的方法主要有以下几种。

1 以关联度来设计卖场的陈列、促销、推广等，对关联度高的商品在销售中特殊对待。例如交叉陈列、联合促销、关联展示等。这样给顾客的感觉不是一件商品，而是一套商品。电子商务网站也是同样的道理，并且操作起来更容易实现，也更容易和后台的数据对接。如图4-22就是京东的最佳组合商品推荐，这种设计非常好，顾客可以在候选范围内自由组合。

图4-22　京东"最佳组合"关联商品推荐

2 建立商品的人气指数档案，及时更新。在人货场三方面重点照顾人气指数高的商品。

3 利用特殊日期、特殊事件等进行关联销售，例如六一节时童装和女装的关联销售。

4 建立关联推荐机制，例如目前在网站购物中，每当将某件商品收藏或加入购物车后，网站一定会提醒你，购买了该商品的顾客中有多少顾客还购买了另一件商品。线上商品的关联推荐相对比较方便，线下零售目前还没有很好的触发机制，其实好的助销人员可以起到这个作用。

5 有效地利用数据挖掘来提高关联销售。将关联度高的商品做成套装销售，找到关联度高的商品组合背后的消费者细分群体进行精准营销等。以前的商业逻辑是我卖我想卖的，现在的商业逻辑是我卖你想买的，所以洞悉消费者的购买行为就非常重要。

4.4 商品的库存管理

我们经常听很多老板抱怨库存太多，其实高库存大多时候是企业"自找的"，高库存其实是"冲动的惩罚"。店铺明明只有月销售80万的能力，采购经理非要订120万的货进来。谁在把控？数据化管理在哪里？

某运动服装公司为了上市，公司制定了第二年销售增长50%的目标，并且要开若干个新店。第二年新店倒是开出来了，销售质量和当初预估的销售差了一大截，货都买回来了，怎么办？

做服装的代理商大多有这种体验，参加厂家的订货会总是筋疲力尽，厂家为了完成订货任务，被业务人员各种威逼利诱然后妥协。

以上三种情况，分别对应不做数据分析拍脑袋的冲动，不切实际的目标虚高，不坚持原则的惩罚，最后受伤的只能是自己，必须为高库存埋单。

4.4.1 库存分析逻辑

对销售环节来说库存分析无外乎两个方面，是否会缺货？是否会库存过大，占用资金？很多人对库存分析要不是陷入库存结构分析中出不来，要不就是简单粗暴地做一下销售、库存排行榜就叫分析了。库存分析的逻辑应该是由简单到复杂，由宏观到微观的一个过程。

库存分析的五大步骤。

 切割库存，让库存分析更合理

首先将库存切割为有效库存和无效库存[6]两种状态，然后将无效库存继续切割为假库存和死库存。死库存属于残损、过期、下架等无法继续销售的库存，假库存是可以继续销售，但是对销售帮助不大的商品的库存，这些库存形同虚设，没有什么实际的意义。例如滞销商品、过季商品等。切割展示方式如图4-23所示。

需要注意的是同一个SKU的不同批

图4-23　有无效库存切割图

6　无效库存的定义可以参考本章之前在【有效库存比】中的定义。

次的库存，既可以在有效库存中，又可以在死库存中。例如某品牌250ml的利乐包牛奶，总库存为2000盒，但是其中500盒为过期商品属于死库存，100盒为外观残次商品，所以实际的有效库存只有1400盒。

图4-24是某体育运动服饰品牌的库存切割图，这图展示了目前库存现状，只需要看这张图就能发现库存的全貌。这张图包括库存总量、库存结构和SKU三部分库存的切割。具体行业不同切割的内容会稍有差异，不过【总量-结构-SKU】这三层宏观到微观的逻辑是不会变化的。

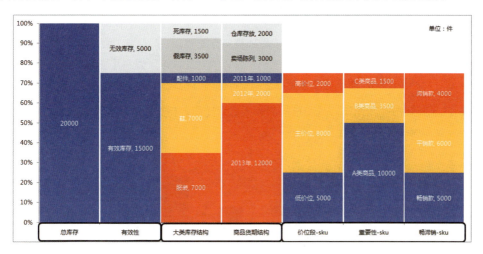

图4-24　体育服装店铺库存切割图

Step 2　量化库存，确保库存的安全性

图4-24只是展示了库存数量，不能回答这些库存是否能够满足销售，库存是否足够安全的问题。所以还需要进一步设定标准来帮助判断库存的安全性。其一是设定绝对值标准，其二是设定相对值标准。绝对标准以库存数量或金额来定标准，例如某服装店安全库存标准是15,000件，相对标准可以使用库存天数（DOS）或库存周数（WOI）来衡量。前者适合看宏观（总量和结构），后者适合用来衡量微观的SKU库存。

◆ **安全库存数量**

将绝对数量或金额作为安全库存标准目前在鞋服、手机、电器等行业还是比较流行的。它的优点是直观，容易直接和现有库存对比来发现差异。缺点是由于没有和销售数据挂钩，所以不够精准不够灵活。一般商品的销售是有节奏、有季节性的，同样是5,000件作为安全库存标准，在淡季就会明显高了，在旺季又会偏低。为了解决标准单一的问题，目前有些店铺已经按照季节性来设定安全库存标准，这样能部分解决不精准不灵活的问题。可以淡季标准低一些，旺季标准高一些。

◆ **库存天数**

库存天数的英文是Day of stock，简称为DOS。它是库存管理中非常重要的一个指标，是有效衡量库存滚动变化的量化标准，也是用来衡量库存可持续销售期的追踪指标。库存天数的公式如下：

其中既可以用销售数量，也可以用销售金额计算库存天数，一般快速消费品用金额，耐用消费品用数量。库存天数的优势是既考虑了销售变动对库存的意义，也可以将【总量-结构-SKU】三个层次的安全库存标准统一化，便于标准化管理。

如图4-25是某超市在2013年11月30日的库存天数对比图。用即时库存天数和标准库存天数[7]对比，一眼就能发现哪些类别是安全的，哪些不安全。

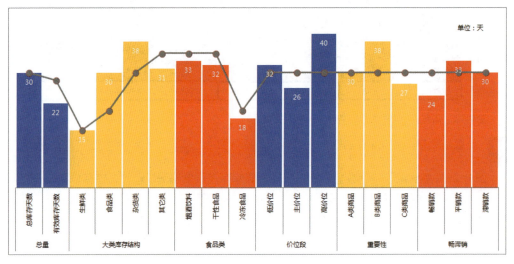

图4-25 超市即时库存和标准库存天数对比

用库存天数来判断库存安全性的优势还体现在可以量化每个SKU的库存天数，然后和标准库存天数进行对比。只需要每个SKU的库存数据和销售数据就可以计算出来库存天数，用Excel建立一个SKU库存天数自动生成模板，这样就可以每天监控库存是否安全了。库存天数小于标准的，赶紧补

---

7 标准库存天数为图中的实线。

货，高于标准的想办法退货或提升销售。

◆ 库存周转率

库存周转率是一个偏财务的指标，是从财务的角度来审视库存的安全性问题。一般以月、季度、半年、年为时间周期，公式如下（库存天数常用在库存追踪上，库存周转率常用在库存管理上）：

库存分析中经常需要将量化库存安全的指标综合使用，推荐大家使用四象限分析和九宫格分析方法。图4-26是对各SKU库存分析的四象限图，标准库存30天，标准季度周转次数为3次。库存比较安全的SKU应该是靠近红线交叉点附近，也就是黄色圆心内的产品。图中圆圈外第四象限（右下角）中的产品问题非常大，库存天数高周转率低，容易出现死库存。圆圈外第二象限（左上角）内产品是库存天数低周转很快，有断货而影响销售的风险。

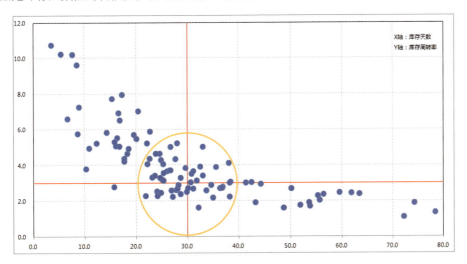

图4-26 饮料品类各SKU库存天数及库存周转四象限分析

图4-26可以帮我们发现在库存上有问题的SKU，但是还没有销售量这个维度，所以还不能找到需要优先处理的SKU。需要优先处理的商品应该是库存异常或销售异常的SKU。图4-27是库存天数和销售数量的九宫格分析，库存天数被分为0~20，20~30，30+三段，销售数量通过ABC分析法也分成了三段。我们通过这个九宫格可以进一步找到销售权重大且库存天数过小的那部分产品，再进行优先分析处理。图中❶和❾就属于紧急而重要的产品。

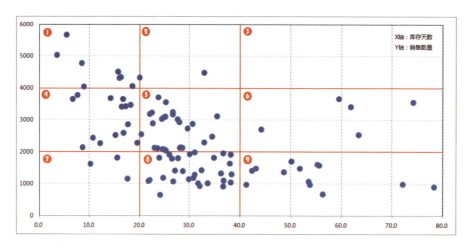

图4-27 饮料品类各SKU库存天数及销售数量九宫格分析

九宫格的每一个区域都可以制定一套对应的营运方法。只有长期坚持这样的库存管理，才能让库存有安全的机会。

星星：韩老师，怎么用Excel做四象限或九宫格图啊？

韩涛：这次没时间详细讲解制作方法，不过我可以提醒你会用到的技术要点，先做散点图，再利用误差线功能画分割线，最后对图表进行美化处理。本书的8.2.3节会介绍四象限图的制作，道理是一样的，你可以参考。

星星：我还有一个问题，如何确定库存天数和库存周转率的标准值？

韩涛：这个很难有个统一的标准值，行业、营运能力、供应商等都会左右这个标准。大型超市的标准库存一般是30天左右，快消品渠道商的标准库存大概在45天左右，服装零售店铺一般在60天以上。多研究一些历史库存数据，看看库存在合理状态下营运时的库存天数值，也可以参考。

Step 3 库存结构分析，确保库存结构的合理性

当我们确定了店铺的标准库存天数或绝对安全库存数量后，总库存数量基本就确定了。接下来就需要考虑库存的各种结构间的合理性了。库存不但要安全，还需要合理，也就是要追求库存结构和销售结构的平衡。

1 常规商品库存结构分析包括：

◆ 商品类别或品类结构分析

- 二八法则商品结构分析
- ABC商品结构分析
- 价格段结构分析
- 品牌间结构分析
- 其他结构，具体可参见4.2.1节和4.2.2节

2 确定商品结构是否合理的分析方法或指标有：

- 库存和销售结构对比

图4-28是超市饮料的库存和销售结构分析，很明显碳酸饮料、茶饮料和果汁的库存比重和销售比重偏差比较大，有异常，但还不能肯定是否有问题。需要再考虑在途情况，3日后库存结构是包含未来3日到货数量后的结构，其中碳酸饮料和茶饮料还是差异比较大。

类别：饮料	碳酸饮料	茶饮料	果汁	功能饮料	水	合计
销售结构	29.0%	31.0%	18.0%	8.0%	14.0%	100.0%
现有库存结构	33.0%	25.0%	21.0%	8.0%	13.0%	100.0%
3日后库存结构	33.0%	26.0%	19.0%	8.0%	14.0%	100.0%

图4-28 饮料类销售–库存结构分析

库存比重和销售比重一般都会有差异，当二者的差异比较大时，可判断有疑似问题。要进一步确定是否有问题，还需要结合库存天数，库存绝对值以及具体的SKU分析才有可能确诊。

- 动销率

动销率目的是发现库存商品是否都是"活"的，动销率公式我们已经学过了，就是指在一定期限内有销售的商品数占总库存商品数的比重。一般传统零售的动销率会远远高于线上，因为线下实体店铺陈列空间有限，不好卖的商品早就被逐步淘汰了，而电子商务则没有这个局限性。

- 广度、宽度、深度

三度是货品管理中非常重要的部分，一般来说三度合理了，库存结构自然就合理了。图4-29是清洁用品的三度（库存）分析报告，广度没有问题，宽度和深度中差异比较大的已经标出来了。三度分析中计划标准值是核心，只有建立在合理计划值基础上的三度分析才更有意义。

三度（库存）分析可以和计划值做对比，也可以和竞争对手做对比，目的只有一个，找到差异。

- 排行榜

别笑！排行榜也是库存分析中的一把利器，很多人瞧不起排行榜，觉得不入流，不高端大气上档次。错，排行榜用好了不但能起到分析的作用，有时候还可以有数据挖掘的效果（先卖个关子，

第7章会具体阐述）。我们既可以就库存数量进行排行，也可以就销售数量来排行，把这两个排行名次放在一起对比，就是非常好的一种发现问题的方法。

三度分析		项目	洁面用品	润肤露	沐浴露	洗发露	护发用品	牙膏牙刷	香皂	洗衣粉	洗洁精	其它	合计
广度		计划	有	有	有	有	有	有	有	有	有	有	10
		实际	有	有	有	有	有	有	有	有	有	有	10
		差异	无	无	无	无	无	无	无	无	无	无	0
宽度		计划（种）	130	68	54	119	68	158	86	68	27	104	882
		实际（种）	140	68	67	100	68	144	88	70	27	110	882
		差异	-10	0	-13	19	0	14	-2	-2	0	-6	0
深度		计划（个/sku）	84.0	48.0	120.0	120.0	60.0	180.0	120.0	180.0	120.0	84.0	1116.0
		实际（个/sku）	80.2	40.3	133.8	138.2	55.0	144.0	90.0	201.2	118.8	83.0	1084.5
		差异	3.8	7.7	-13.8	-18.2	5.0	36.0	30.0	-21.2	1.2	1.0	31.5

图4-29 清洁用品三度（库存）分析

Step 4 预估销售，确保库存量，把握未来销售脉搏

库存天数的意义是按历史销售数据来看，目前库存还能够支撑销售多长时间。它代表的是过去的销售规律。如果没有特别的事情发生，规律一般会持续。是否有特殊事情发生？库存天数没办法直接告诉你。要把握销售的脉搏，我们必须找到那些影响未来非正常销售的因素（我们假定最近30天的销售为正常销售）。这些可能影响未来销售的因素包括：促销活动，季节性，节假日和其他特殊事件。

要对未来销售进行预测，必须了解业务，再结合历史数据进行判断。我给大家推荐一种滚动预测的方法。

滚动预测一般有周滚动预测和月滚动预测两种方法，常用在商品需求预测上面。滚动预测的好处是可以根据形势的变化不断调整需求，同时供货方也能有一个较长时间的备货周期，更容易满足销售需求。缺点是当商品比较多时，每周需要花比较长的时间来做这个滚动预测，不过为了确保销售，这个辛苦也是值得的。滚动预测的主体一般由销售人员来完成，因为他们是需方，同时也熟悉业务背景，还了解业务中的突发状况。

图4-30是某企业的四周滚动需求预测表。每周都对未来四周的每个商品做一次预测，根据业务状况不断地修正以便追求最正确的预测值。如7月28日对SKU2预测在8月12日一周的需求是1,570个，在8月4日继续预测8月12日的需求仍然是1,570个（需求没改变），但是在8月11日进行最后一次预测时，销售人员向上修订了需求为1,680个。图中的SKU4，在7月28日对8月12日那周的需求为970个，由于临时决定搞一个促销活动，所以在8月4日将8月12日这周的需求改为2,000个。滚动预测就是这样周而复始地进行预测，修正，再修正。

7/28日预测	7/29-8/4 31周	8/5-8/11 32周	8/12-8/18 33周	8/19-8/25 34周	8/4日预测	8/5-8/11 32周	8/12-8/18 33周	8/19-8/25 34周	8/26-9/1 35周	8/11日预测	8/12-8/18 33周	8/19-8/25 34周	8/26-9/1 35周	9/2-9/8 36周
SKU1	1884	1999	1600	1000	SKU1	1999	1600	1500	1500	SKU1	1600	1500	1500	1000
SKU2	1984	1868	1570	1600	SKU2	1868	1570	1600	1800	SKU2	1680	1600	1800	3000
SKU3	1353	1107	3000	2000	SKU3	1107	3000	3000	1000	SKU3	3000	3000	2000	1200
SKU4	930	2000	970	900	SKU4	3000	2000	900	1000	SKU4	2000	900	1000	900
SKU5	405	128	200	100	SKU5	128	200	100		SKU5	200	100		
SKU6	2000	688	990	700	SKU6	688	990	700	800	SKU6	1200	700	800	800
SKU7	1178	1155	1090	3500	SKU7	1200	1090	3500	2500	SKU7	800	3500	2500	800
SKU8	1176	1298	1500	1800	SKU8	1298	1600	1800	1800	SKU8	1500	1500	1500	1400
SKU9	131	168	110	200	SKU9	200	150	200	200	SKU9	150	200	200	300
SKU10	508	1108	710	1200	SKU10	1108	710	1200	4000	SKU10	700	1200	4000	2000
合计	11549	11519	11740	13000	合计	12596	12910	14500	14600	合计	12730	14200	15400	11400

图4-30　四周滚动需求预测表

四周滚动预测是最小的预测周期，一般是六周滚动预测或八周滚动预测。滚动预测适合分公司、门店比较多且实行集中采购的零售企业，每周各业务经理向销售计划部门汇报商品需求量，销售计划部再将它们汇总成全国的需求报给采购部，采购部根据销售计划略作调整后报给生产部，这是预测流程。生产部可以根据原材料的准备情况再反馈给采购部和销售计划部，如果有些商品不能全部或部分满足需求，那销售计划部就必须和各分部沟通重新修改需求计划，此为预测确认过程。详细流程图可以参考图4-31。

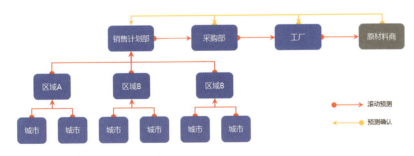

图4-31　滚动预测及确认流程图

滚动预测计划可以作为考核预测人员业绩的一项重要年度考核指标，如果预测准确度在一定的合理范围内，对销售影响较小，则奖励；如果计划和实际需求相差较大，则直接影响年终奖励。

Step 5　特殊库存分析

除了常规库存分析外，我们还需要对一些特殊库存进行分析。特殊库存分析包括如下内容：

- 分析那些零销售但有库存的商品。这种情况的原因其一是商品确实卖不掉，消费者没有需求；其二是库存商品可能是死库存、残次品等；其三原因可能是库存为虚库存，系统显示有货，但实际无货。后两种情况销售为0并不能说明该商品消费者没需求。零销售商品的库存天数表现为无穷大，常常会被我们误认为是销售不好的产品，所以要区别对待。

- 分析那些零库存但曾有过销售记录的商品，确保不漏掉那些有销量的单品。这部分商品库存天数显示为0。
- 分析库存天数异常的商品，包括库存天数异常大、异常小、长期不变保持恒定、系统库存和实盘库存不吻合、负库存等商品。
- 分析无效库存，包括对假库存和死库存的分析。
- 分析季节性商品库存，例如服装、化妆品中的防晒商品、中秋月饼、农副产品等这些有鲜明季节性的商品。季节性商品整个销售季的销售曲线一般类似开口向下抛物线的形式，分成季初、主要销售期、季末三个阶段。在季初时，季节商品没有当年的历史数据做支撑，这时候可以参照同比数据并运用滚动预测的方法进行销售与库存的把控。
- 分析促销商品库存，包括促销前、促销中、促销后的商品库存分析。
- 分析占销售80%的商品库存，或Top 10、Top 20商品库存，确保主力销售商品有保障。这个和第三步中的二八法则商品库存分析是一回事。
- 分析占库存80%的商品库存，确保主要库存的销售周转，也是属于二八法则分析。
- 分析即将淘汰商品库存，首先需要建立一个淘汰机制，比如季节淘汰，销售排名在末尾10%商品淘汰等。
- 分析负毛利商品库存。

4.4.2 异常库存管理

异常库存有销售异常和库存数字异常两种情况，本节前面所说的异常为销售异常，是因为销售不正常而产生的过高、过低等异常库存。库存数字异常指通过盘点、查看销售报告、核对销售单据等发现系统中的库存和实际库存不相符的现象。

库存数字异常产生的原因主要包括进退货单据录入系统时错误、销售中付货错误、商品丢失、商品超卖，商品卖串了等。

韩涛： 对于数字异常的库存处理，严格按照公司的规章制度就可以了。对于分析人员来说我们要做的就是界定销售和数字异常库存数量，算出异常库存占总库存的比重，最后将异常库存的趋势和预测报告给管理层。异常库存不可怕，可怕的是根本就不知道自己的异常库存的准确数据以及趋势变坏时还浑然不知。

星星：嗯，韩老师说得对，我们大学老师说过数据的魅力之一就是让你看清事实。

4.4.3 设置库存预警条件

商品库存管理是一个宏大的工程，每天巡查几张报表，偶尔看看库存数量，无聊时问问下属有无异常库存，再过问一下库存处理进展等等就可能已经让你忙得不可开交了。实际上很多管理层只是关心库存的结果，包括会不会太低影响销售，会不会太高占用资金等，对过程只能马马虎虎了。但是商品和数据分析人员却不能"两耳只闻结果事，一心不管过程知"，我们需要了解细节知道过程。这个时候你最需要的就是让库存自己说话！

给库存分析模板或公司电脑系统设定库存预警条件，让库存自己会说话。

最简单的库存预警条件诸如：如果SKU单品库存天数小于20天，那么提醒我下订单，还有如果SKU单品连续7日无销售记录，那请提醒我清库存……虽然目前很多管理软件都号称有库存预警系统，可是使用下来要不是太简单，要不就是IT工程师的逻辑，没有考虑到实际业务情况。所以在设定库存预警条件时挖掘一下业务人员、基层管理人员的真实需求就尤为重要。库存预警条件越贴近业务、越丰富多彩，就越对我们的库存管理有用。需要分清楚的是，库存预警是帮我们管理库存而不是帮我们分析库存。

设计库存预警条件包括时间、对象、指标三方面以及它们之间的各种组合，串联它们的是逻辑条件。下面举几个实例说明这些逻辑：

1 连续三周男士洁面乳库存天数超过标准值50%。时间是连续三周，对象是男士洁面乳，指标为库存天数，超过标准值50%为逻辑条件。

2 有5个品类本周动销率低于70%。时间为本周，对象为5个品类，指标为动销率，低于70%为逻辑条件。

3 300个SKU库存数量处于临界点以下，58个SKU已经断货。时间是现在，对象是300个SKU，指标为库存数量，逻辑条件为处于临界点以下。临界点是保证店铺基本陈列的数量。

4 10个门店无效库存超过标准值。时间是现在，对象是10个门店，指标为无效库存数量，逻辑是超出标准值。

时间-对象-指标间通过逻辑关系串在一起，这种组合可以衍生出成千上万条的预警逻辑。

- 时间：实时，今天，昨天，本周，上周，本月，上月，同期……
- 对象：人-货-场都可以作为对象，并且还可以往下细分出更多的对象。
- 指标：近百个人-货-场指标可以使用。
- 逻辑关系：大于，小于，优于，连续大于，连续小于，连续优于……

把上面这么多东西排列组合，预警逻辑就都有了。但是实际过程中如果不加管理地产生这么多预警信息，那就是信息灾难了。所以我们要对预警信息进行一些必要的处理：

1 过滤掉一些垃圾预警，只留下真正能起到预警作用的预警逻辑。

2 将预警分级管理，当预警产生后用来提醒用户给以预警不同层次的关注。

3 将预警分用户提醒，例如某个门店的预警信息就没有必要让销售总监看到。

预警的产生必须自动化，最佳方案是内置到公司系统中去，但对大多数使用者来说，没有办法改变系统软件的内容，所以我们还得借助Excel这种简约时尚国际化的工具来实现自己的目的（上面那几个举例都可以用Excel实现）。由于本书不是讲Excel建模技巧，所以暂时不表。不过大家可以先把逻辑函数学起来，逐渐提高自己，建立一个小小的库存预警模板也不是一件太难的事。

4.5 商品的利润管理

本节的商品利润单指商品在进销存过程中产生的利润，可以理解成单品利润。一个只会管理商品而不会管理利润的公司是没有未来的，现实中很多人认为商品利润管理是财务部的事情，也有的企业管理者会认为利润管理就是将利润管理纳入KPI考核就万事大吉了，其实这些都是误区。

4.5.1 谁在决定商品的利润

若要回答谁在决定商品的利润这个问题，我们首先要分解利润额，图4-32是利润额杜邦分析示意图，从这个图可以发现，销售部决定了左半部分，商品或采购部决定了右半部分。销售部通过提高销售额来达到提升利润额的目的，采购部通过降低采购价格、提高周转率、控制好商品销售折扣等来提高利润率，从而提高利润额。进货折扣、库存管理大家都比较熟悉，本节就不赘述了，重点说说影响销售折扣的商品现值概念。

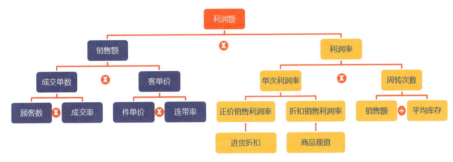

图4-32 利润额的杜邦分析图

4.5.2 商品的现值

顾名思义商品的现值就是指商品在某个时间节点被消费者认可的价值。请注意，第一这里说的是价值，不是销售价格。价值是固有存在的，价格是人为确定的。如果实际销售价格大于商品的现值，则会造成滞销带来库存的风险；相反实际销售价格小于商品的现值，商品会销售得更快，但是却会影响利润率。所以从零售商角度来说，现值是商品在销售额和利润率之间的一个平衡点。现值概念常用在具有明显的生命周期的那些产品上，这些产品的价值会随着时间的变化而变动，例如服装、手机、食品、农产品等。

第二价值是有限定词的，就是消费者认可的价值，而不是商品本身的价值。商品本身的价值是不会轻易改变的，而消费者对商品认可的价值却是会随着时间、场景等的改变而发生变化，而这种认可就会体现在消费者购买时的价格上。有能力的商家会利用这个规律获得利润的最大化，也可以满足不同消费力的顾客需求。

价格是现值的具体体现，价格和现值的关系不仅仅和时间有关，我们用服装行业来举例说明现值的实际用法。科学制定现值的意义包括加速资金的周转，确保毛利率的最大化，满足消费者的不同需求等。

现值定义中消费者认可的价值是一个很难量化的值，所以我们必须进行转化。商品现值和商品的上市期、库存状况以及销售状况密切相关。上市期、库存状况和销售状况我们分别用货龄、库存天数（DOS）以及售罄率这三个指标来具体体现，这三个指标也被称为影响现值的三要素。现值和货龄、DOS成反比，和售罄率成正比。货龄越大消费者可接受的价格就越低（古董、白酒等特殊商品除外，我们只讨论一般消费品），库存越多消化的压力也就越大，所以迫切希望通过价格杠杆迅速消化掉，售罄率越大意味着库存风险越小，商家肯降价销售的冲动就越小，体现在价格上的现值也就越大。

制定商品的现值是为了指导商品的实际销售价格，它是对商品重新定价的过程，对服装来说这个重新制定的价格体现在折扣上，而对于手机来说就直接体现在零售价格上了，表现形式略有差别。

商品现值使用规则及注意事项如下：

- 零售价格必须和现值一致，否则企业制定现值政策就没有任何意义了。现值和实际零售价格统一是一件非常严肃的事情。

- 每月末或月初固定时间根据三要素对商品现值进行调整。现值是一个动态值，一般按月调整，太过频繁的调整也没有意义。

- 对于服装来说每季末转型前的上一个月是调整现值的重点时间窗口，这样可以确保季末商品有足够的时间清仓。例如夏装的最佳现值调整时间是5月底或6月初。

- 商品的现值确定后，实际零售价就应该是现值价，不能因为促销活动调整现值。例如某款服装本月的现值是打八折，而某个零售商本月店庆要做大型促销，要求服装必须打六折。此时如果你是商品经理，你是将该商品价格调为六折呢？还是为该零售商配置现值为六折的那些商品？答案当然是后者！这样既能确保现值的严肃性，同时又能满足销售部门的实际需求。

- 品牌商不能为扣点低或费用低的零售商单独调整现值！现值是公司的统一行动，是策略，不能有例外。

星星：韩老师，那现值的计算公式是什么？看了这五条现值使用规则，貌似人为因素比较大哦。

韩涛：由于行业不一样，企业的运作思路不一样，消费者对品牌认知也不一样，目前很难找到统一的公式用来计算现值。不过我们可以根据现值三要素来规范现值的制定。如图4-33所示，这是商品现值和三要素间的定性关系，和售罄率成正比，和货龄以及DOS成反比。

图4-33 现值和三要素的对应关系

有些企业的现值调整策略只考虑了单一因素,例如凡是货龄超过90天的服装都打五折,这是只考虑货龄而没有考虑库存和售罄情况;再如凡是售罄率低于70%的商品一律打六折,这是只考虑了销售而没有考虑货龄,那些上市不久的商品的售罄率肯定是低的,不可能马上就打折。所以现值的制定需要综合考虑三要素,需要制定一个立体的现值路线图。图4-34就是利用服装销售规律制定的一个现值调整规则表,它就很好地体现了服装的折扣价格和三要素的对应关系。当然企业的价格策略不一样,三要素对应的现值(折扣)也会不一样,大家可以根据自己企业的实际情况来把控。

货龄	售罄率	库存天数-DOS(单位:天)								
		0-30	31-60	61-90	91-120	121-180	181-240	241-360	361-540	541-720	720-
1个月内	X>=30%	0%	0%	0%							
	10%<=X<30%	0%	0%	0%	5%	5%	10%	10%			
	X<10%	0%	0%	5%	5%	10%	10%	15%	15%	20%	20%
2个月内	X>=60%	0%	0%								
	45%<=X<60%	0%	5%	10%							
	30%<=X<45%		5%	5%	10%						
	X<30%			10%	15%	15%	20%	20%	30%	30%	40%
3个月内	X>=90%	0%									
	75%<=X<90%	5%									
	60%<=X<75%	10%	15%								
	50%<=X<60%	15%	20%	30%							
	X<50%			15%	20%	20%	30%	30%	40%	40%	50%
4-6个月	应季款	0%	0%	5%	10%	10%	20%	20%	30%	30%	40%
	次应季款	0%	5%	10%	10%	20%	20%	30%	30%	40%	50%
	反季款	5%	10%	10%	20%	20%	30%	30%	40%	50%	50%
7-9个月	应季款	0%	5%	10%	10%	20%	20%	30%	30%	40%	50%
	次应季款	5%	10%	10%	20%	20%	30%	30%	40%	40%	50%
	反季款	10%	10%	20%	20%	30%	30%	40%	50%	50%	50%
10-12个月	应季款	5%	10%	10%	20%	20%	30%	30%	40%	50%	50%
	次应季款	10%	10%	20%	20%	30%	30%	40%	50%	50%	50%
	反季款	10%	20%	20%	30%	30%	40%	50%	50%	50%	50%
>12个月	应季款	10%	20%	20%	30%	30%	40%	50%	50%	50%	50%
	次应季款	20%	20%	30%	30%	40%	50%	50%	50%	50%	50%
	反季款	20%	30%	30%	40%	50%	50%	50%	50%	50%	50%

图4-34 服装企业现值调整(折扣)规则表

现值管理的关键是必须降低人为干扰价格制定的因素,充分利用规则说话。只有这样才能达到销售额和利润率之间的平衡。

4.5.3 库存的现值分析法

每个月制定完商品现值后，库存中每一样商品就会有个吊牌价之外的新"价格"了，有些商品现值是原价，有些折扣是95%，有些折扣可能是50%。所以我们需要盘点所有商品的现值，如果低折扣的商品过多，库存自然有问题，利润当然也会有问题。根据现值（折扣）的不同去统计商品占总库存的比重就非常有意义了，这就是库存的现值分析法。

图4-35是某服装品牌，2013年4-9月库存的现值分析图。从图中我们可以发现：

❶ 9月现值为原价和九折的商品库存比重低于标准值11个百分点，说明新品太少或老品太多。

❷ 从半年趋势来看，低折扣（8折、7折及以下）的商品库存比重逐渐在上升，这是一个危险信号。

❸ 7折以下商品比重有失控的危险。

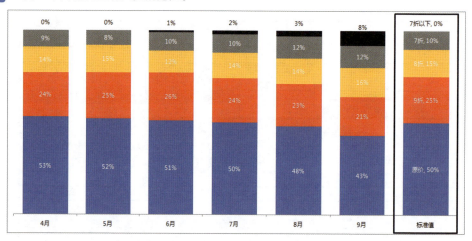

图4-35　库存的现值分析图

针对图4-35这种状况，商品部首先需要检查零售部门是否严格按照实际零售价就是现值价进行销售的，其次再看高现值的商品销售机会是否在降低，例如没有陈列出来，或没有参加足够的促销活动，或配货数量下降等。具体问题具体分析，现值分析既要看变化趋势，也要和企业标准做对比，这样才能保证库存合理健康的态势。

韩涛：星星，针对库存管理和现值这部分内容，你完全明白了吗？

星星：对于服装来说总体趋势现值是向下走的，但是有些商品的现值可能先往下降价，然后还有可能往上涨价？这种说法对吗？

韩涛：你的说法是正确的，由于现值是一个随着销售、库存节奏而变化的滚动指标，有上有下是正常情况。例如，某款服装，最初销售不好，库存大，于是现值折扣就会大，结果就是销售就会快速增长。当下一次调整现值时，这款商品的销售和库存数据就正常了，按照现值调整规则，它的价格自然就会上涨，因为已经不愁卖了。某些国际快消服装店就是这样操作的。

星星：嗯，我听明白了，不过要实际应用还要好好琢磨和演练一段时间。我准备今天晚上加个班，把你讲的所有东西用思维导图的形式整理出来。明天我再给杰克打个电话，问问他对商品分析的思路。

晚上，星星给杰克打了个电话，汇报了最近一段时间的工作。

杰克建议星星利用点时间把商品分析部分的内容整理成思维导图格式，这也是再次学习的过程！最后杰克告诉星星，让她一周后去徐家汇店，那里有些"大数据"等着星星哦！

4.6 案例分享

> **案例　如何提升超市的购物篮系数**
>
> 春天超市徐家汇店是一个面积为2200m²的中型超市，以烟、酒、饮料、食品等为主，该超市位于地下一层，楼上1~6层是新春天百货徐家汇店，7~30层是写字楼。目前最大的问题是顾客购物篮系数一直在3.0附近，超市经理尝试了很多办法效果都不明显。
>
> 现在超市经理希望星星能够通过数据分析找到解决的办法！

这次任务杰克给了星星一个月的时间。一周后，星星怀着一颗忐忑不安的心去了徐家汇超市。不过她还是有些小兴奋的，首先是第一次领到了实战任务，其次是来上海一个多月了，一直也没有机会出来走走，现在终于可以好好感受一下大上海的繁华了。而徐家汇正好又是上海著名的商业中心，商场众多，写字楼林立，帅哥与美女并存。

1 整理思路

各种购物冲动之后，星星打开了思维导图，准备先理清楚【影响超市购物篮系数的因素】。一番思索，查资料，打电话后，星星理出来了一个大概的框架，如图4-36所示。

整理完影响因素后，星星意犹未尽，又整理出一个解决问题的思维流程图。如图4-37，星星把这个叫作分析问题的路线图。目前自己进行的是第一步【整理思路】。

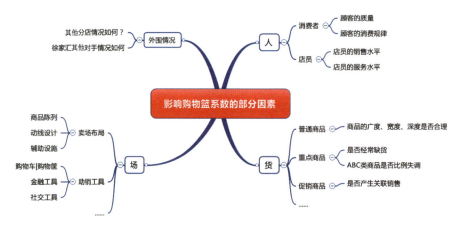

图4-36 影响购物篮系数的部分因素

图4-37 分析问题的路线图

后来回到北京后,杰克还夸奖了星星,说这个路线图有点高端大气上档次的感觉,并且遇到问题时不是首先就去找数据做分析,而是先捋思路,找逻辑,这样更容易找到问题的答案。

第二天,星星首先和超市经理进行了简单沟通,然后就去超市实地观察去了。超市经理告诉星星,超市的购物篮指数一直在3.0左右徘徊,他们做过很多促销活动,希望能拉动这个数字,但是效果都不大。

星星走进超市的时间是中午12:30左右。超市的客流量还不错,看得出来大部分是白领在购物,三台收银机后都有几个人在排队,大部分人手里面都拿着2~3样商品。从超市出来后,星星又去了附近几家差不多大小的超市做市场调查,主要观察了对方的购物篮系数和客流量。

2 界定问题

首先需要界定目前超市的购物篮系数是一个正常值还是异常值,如果是异常值还需要界定这种异常是春天超市共性的问题还是徐家汇地区超市的共性问题,亦或这个问题只是春天超市徐家汇店的独有问题。通过几天的市调,外加从公司系统内导出的数据,星星整理出如图4-38所示的一组对比数据。左边为春天超市5个门店半年数据对比,右边和徐家汇地区竞争对手的数据对比。

从表中左半部分我们可以明显地发现徐家汇店在春天超市系统中购物篮系数是最低的,说明没有系统共性问题。和徐家汇地区的竞争对手的数据对比中,春天超市的数据也是最差的,这也说明不是区域共性的问题。并且近半年中该数据一直在3.0附近波动，数据没有异常的突变，也没有明显的上升或下滑趋势，进一步说明很可能是店铺自身系统问题。

春天超市门店	6月	7月	8月	9月	10月	11月
上海徐家汇店	2.9	3.1	3.0	3.2	3.1	3.0
上海南京路店	3.5	3.8	3.6	3.7	3.5	3.6
上海中上公园店	3.9	4.2	4.0	3.8	3.9	4.1
北京国贸店	3.3	3.4	3.2	3.5	3.4	3.3
广州天河店	3.5	3.6	3.6	3.4	3.7	3.5

徐家汇地区超市	11月
新春天徐家汇店	3.0
竞争对手1	3.3
竞争对手2	3.8
竞争对手3	4.2
竞争对手4	3.5

图4-38 购物篮系数春天超市及徐家汇地区店铺对比表

3 收集数据

星星再次审视了图4-36的思维导图，发现其中的有些因素没办法收集到数据、或者收集周期太长、亦或非关键因素等。经过和超市团队会议沟通后，星星决定从如下几个部分入手：

- 时间和购物篮系数的关系，时间包括周和日时段。
- 顾客购物行为和购物篮系数的关系。
- 重点商品和购物篮系数的关系。

于是星星就开始有目的收集各方面的数据，超市经理也相当地配合，专门成立了一个项目小组来推进这个【购物篮系数提升行动计划】。

4 分析数据

- 时间和购物篮系数的关系

由于零售业的销售规律是以周和日为单位进行循环，所以星星在时间维度上选择了周和日两个方面，同时考虑到写字楼的特性，在日分析中又分成了平时和周末两部分，如图4-39所示。

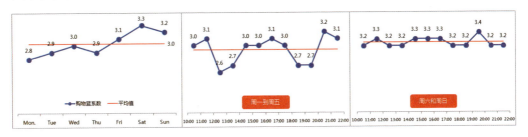

图4-39 时间和购物篮系数关系图

从图中可以发现异常的数据包括：周末的购物篮系数明显高于平时，在周一到周五有两个时段（12:00-14:00以及18:00-20:00）的数据明显偏低，而在周末却没有这样明显的现象。星星认为这应该是和徐家汇店位于写字楼下有关,因为周一到周五的数据以及数据异常的两个时间段都是写字楼员工购物的主要时间。但是为什么这些时间的购物篮系数会偏低呢?星星百思不得其解。

◆ 顾客购买行为和购物篮系数的关系

谁在拉低购物篮系数?哪些商品在拉低购物篮系数?这两个问题几天来一直萦绕在星星的脑海里。她首先分析了购买不同商品数量的顾客比重,发现有高达39%的顾客每次只购买了1~2件商品,如图4-40所示,这部分人极大地拉低了购物篮系数。她又查了下春天超市其他写字楼门店的这个数字,不到30%。为什么这些顾客每次只会挑选1~2件商品购买?他们都买了些什么东西呢?

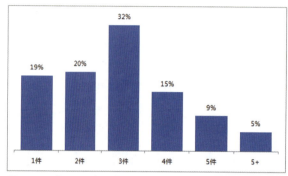

图4-40 购买不同商品数量的人群比例

数据显示,购物篮系数为1~2的顾客购买的商品前三位分别是:饮料、香烟、卫生巾及护垫。这三种商品都具有临时性或极强目的性特征,购买对象以写字楼的顾客为主。星星终于明白了为什么周一到周五的12:00-14:00以及18:00-20:00的购物篮系数低了。

如何提高这三类商品的关联销售呢?看来还需要做关联性分析,但是这次的时间比较短,星星决定留到日后再进一步分析。不过,超市经理说可以想到一些办法来提高这三类商品的关联销售。

这几天不停地在找数据、做市调,星星感觉有些疲惫。不过她还是决定再去超市转转,近距离地观察消费者的购物行为。昨天在和杰克的工作汇报电话会议中,杰克建议她和柯北有时候需要跳出数据看问题,多到业务现场去。

一天的驻场下来,星星又有很多新的发现:

1 只有10%左右的顾客会选择在进超市时,直接在入口处拿上购物筐或推上购物车。而这部分人以家庭主妇或游客为主,基本没有白领人士。

2 很多人手上拿了3个商品后,再想购买第4个商品时,双手不够用了。他们很少会选择再回超市入口拿购物筐,而超市内是没有购物筐的,于是他们就选择了放弃购买第4件商品。

3 饮料、香烟和卫生用品这三类产品购买最多的是商场员工和写字楼的员工，拉低了购物篮系数。

4 重点商品补货不及时。

◆ 重点商品和购物篮系数的关系

星星最后分析了重点商品的销售数据，发现最近一个月Top 20商品占总销售的比重总是不稳定，如图4-41所示。最高时占到39%，最低时只有21%，并且总是出现占比高几天，然后一定会低几天的情况。星星让超市经理看了这个图，他认为是缺货的原因造成的，由于库房小，没有地方放太多的商品，所以采购每次下单的量都不大，经常有缺货的现象发生。

星星：你有日缺货率的数据吗？最好是A类商品的缺货率报告。

超市经理：没有，我们没有监控这个数据。基本上是采购员发现快缺货后就马上在系统直接下单，不过一般我对一些大单都会砍掉部分数量。

亲，库房太小，砍掉部分大单，每日不监控缺货率……你们还要干什么？

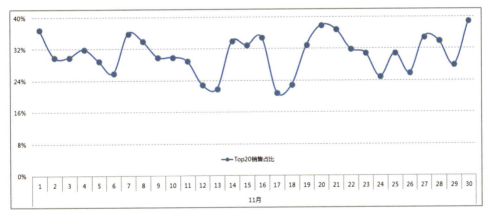

图4-41 Top 20商品销售占比

没有历史缺货率的统计，不能了解缺货情况的严重程度，星星决定将历史数据复盘。她将那些每日有正常销售，但是某个日子开始突然没有销售的商品视为缺货商品。她发现最近一个月A类商品的每日平均缺货率达到了8%，而春天超市其他门店这个数据只有1%～2%左右。看来因为订货或者说不负责任的原因造成重点商品影响销售的现象非常严重。星星把这个数据告诉了采购经理，原以为他会大吃一惊的。

采购经理：其实没什么关系的，顾客如果发现没有A商品，他们还可以选择同类的B商品，或者同品牌的其他包装也是可以的嘛。当然，不缺货最好了，可是我们的库房有限啊。

星星： 哦，不过我有个其他超市的统计数据可以供你参考。消费者发现缺货后，40%的顾客会选择放弃本次购买，24%的顾客会选择马上去竞争对手处购买，只有36%的顾客会选择同类或不同包装的商品当场购买。

采购经理： 这么离谱？看来是得好好研究一下。不过得靠你了，星星。（哈哈）

缺货现象，星星只能帮采购经理到这里了。不过星星更想知道这种缺货对购物篮系数是否有影响？影响有多大？她在上一张图中加入了购物篮系数的数据，如图4-42所示。图中显示二者的相关性非常强，这也表明重点产品缺货后，消费者同时也会放弃关联商品的购买，购物篮系数自然会下降。

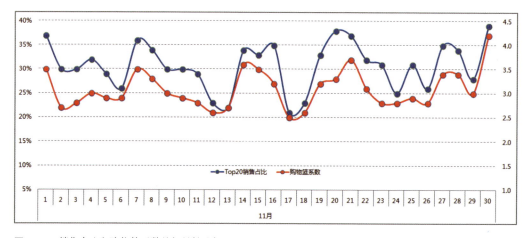

图4-42 销售占比和购物篮系数的相关性分析

做完这么多的数据后，星星决定第二天和项目小组分享一下，听听大家的建议。于是又是一夜的加班做PPT，最后她将PPT发给杰克先看一下。

5 发现问题

第二天一早星星就收到了杰克的回复邮件，星星将报告做了对应修改。会议上，星星列出了最近发现的问题以及部分结论：

❶ 春天超市徐家汇店2013年6-11月购物篮指数比春天超市其他同类分店低了18.9%，市调的数据也发现在徐家汇地区我们的数值是最低的，比其他超市低13.8%。

❷ 周一到周五12:00-14:00和18:00-20:00的购物篮系数明显偏低，这两个时间段比同期的其他时间段购物篮系数低了12.7%，这两个时间段主要是白领购物高峰期。建议这两个时间段多做一些和白领相关度高的商品促销，也可以做一些鼓励多买的白领专项促销。

一定要想办法刺激他们冲动型购买。

❸ 购物筐的放置影响了超市的购物篮系数，目前只在超市入口有购物筐，损失了那些临时决定购买更多件商品的顾客的销售机会。建议可以在超市内放置一些购物筐以便顾客随时方便取用。

❹ 重点产品的缺货严重影响了购物篮系数，Top 20产品缺货时比不缺货的时候购物篮系数低15.1%。降低A类商品的缺货率非常关键。

❺ 数据显示，如果改善了❷❹中的问题，徐家汇店的购物篮系数可以提高到3.3~3.5，比现在至少提升10%。对于第❸项中的购物筐，杰克建议我们做一个随机测试来优化购物筐的放置。

会后，超市经理半开玩笑地对星星说，要给杰克打报告，将她留下来专门给徐家汇店做数据分析。

6 解决问题

其他不表，说说解决第❸项中购物筐的问题，星星采用的是杰克建议的随机测试。

第一周的周一、三、五星星把购物筐放置在生鲜旁边，周二、四、六则不放筐恢复到原来的状态（这样的目的是为了让数据更具有可比性），由一个保洁人员随时统计和补充购物篮，持续一周。

第二周，撤掉生鲜放置点，把购物筐放置在休闲食品旁。放置的时间规则改为周二、四、六的时候放筐，周一、三、五保持原始状态，继续坚持做一周的数据统计。

第三周到第六周用同样的方法测试了购物筐放置在饮料、西点、水果、日化区域的数据。

测试结果显示上午把购物筐放置在生鲜区的使用率是最高的，中午及下午放在休闲食品区使用率最高，晚上最好的是日化和休闲食品区。六周的测试结束后，数据显示在超市内放置购物筐比不放置的时候，购物篮系数平均提高了0.3，同时提高了8%的日销售额（备注：试验期间没有特别的额外促销活动）。

测试结束后，徐家汇店在主通道都放置了购物筐，要求店员随时补充购物筐。星星也圆满地结束了在上海的学习生活回到北京。

第 5 章 电子商务中的数据化管理

电子商务这几年在中国高速发展，传统零售和电子商务一直在竞争，大批消费者纷纷从线下转到线上进行消费。传统零售商们还在焦虑是否触网的时候，从2013年开始电子商务也已经变成传统电商了，新兴的网购模式是移动电商，各大电商网站纷纷布局移动电商。

2013年几大主要电商的移动端销售占总销售额的比重已经接近20%。2014年开始大佬们又开始了在O2O（Online To Offline，线上到线下）市场发力。总之，互联网的速度在网购市场彻底地体现出来了，这其中也伴随着数据分析人才的大量需求。

5.1 数据分析是电商营运的指路明灯

柯北和星星一回北京就被杰克安排到电商部门实习，杰克希望他们能全面了解公司业务。

新春天电商部门的总监黄Sir，大家都这么称呼他，是一个神龙见首不见尾的人物。据说是一个超级数据控，每天0:00开始花30分钟研究前一天的数据是他雷打不动的习惯，他的办公室有3台电脑实时显示不同的数据，当他一遇到数据异常时，必定把相关人员叫进办公室然后一番拷问，这次柯北和星星将由黄Sir直接调教。

5.1.1 电子商务和传统零售数据分析的区别

听说柯北和星星刚从成都和上海的卖场回来，黄Sir问他俩的第一个问题就是，电子商务和传统零售的区别是什么？

星星：电子商务的价格更便宜，成本更低，与消费者的距离更近吧。

黄Sir：真的便宜吗？成本低多少？有数据吗？

星星：没有……

黄Sir：没有做过对比分析就不要乱说哦。

柯北：电商扩大了经营的"场地"，传统零售大多受卖场面积的制约，不能展示太多的商品品类或品牌。

黄Sir：知道天猫、京东、唯品会的商品有多少个品类吗？

柯北：还没来得及去统计……

黄Sir：我来告诉你答案吧，截止到2013年Q3，天猫有15个大类26个中类346个小类商品，京东有14个大类104个中类908个小类，唯品会有9个大类27个中类154个小类。

黄Sir：那你们再说说二者的数据分析有什么区别吧！

星星：电子商务在数据的获取方面比传统零售更方便得多，但是数据质量却参差不齐。传统零售的数据分析侧重对商品的分析，电子商务侧重于对人与流量的分析。

柯北：传统零售的数据基本上都是结构化的数据，而电子商务却有很多非结构化数据，数据分析难度更大。

黄Sir：电商和传统零售都属于零售业，它们有很多相同的地方，不过差异也很大。电商的数据"大"，传统零售的数据"小"。

电商和传统零售的区别：

1. 传统零售是利用二八法则生存，电商是靠长尾理论积累销售。由于受时间和空间的限制，传统零售只能去经营二八法则中那些能带来80%销量的20%商品。而电商则没有这个限制，理论上来说每个品类的长尾产品可以无限长，它们累计起来的销售额也是非常可观的。

2. 电商是大数据，传统零售是小数据。流量数据、会员数据、消费行为数据……这些数据24小时不停地在网络平台产生，而传统零售的数据主要集中在商品进销存的数据上。

3. 传统零售是"物流",零售过程就是商品的流动。电子商务是"信息流",顾客通过搜索、比价、评论、分享产生信息,达到购买的目的。

4. 传统零售注重体验感,购物有时候也是社交的一部分,现在的购物中心基本上是吃喝玩乐一体化的设计。电商注重服务和效率,虽然也有吃喝玩乐的产品,但却不能方便地及时享受。

5. 传统零售是做加法,电子商务是做乘法。传统零售通过一家店一家店的开发来扩大自己的影响力,电商则通过资金的投入迅速抢占市场。

6. 成本结构不同,传统零售的主要成本是房租与人工成本,电商的主要成本是物流和营销成本。

不过,电商和传统零售虽有千万种区别,但总归都是零售,融合是二者注定的趋势。你中有我,我中有你,也许某一天我们就很难区分什么是线上、什么是线下了。

5.1.2 电商数据分析需要的数据

传统零售的数据主要是进销存的数据,数据采集主要靠POS系统(Point of Sales,销售点终端),会员的基础数据和消费数据也在POS中,有的企业会增加一套CRM(Customer Relationship Management,客户关系管理)软件来进行会员顾客的管理。

电子商务的数据却复杂很多,数据来源渠道也多样化,当然数据质量也是有好有坏的。总的来说电商需要的基础数据包括以下几类。

◆ **营销数据**

包括营销费用、覆盖用户数、到达用户数、打开或点击用户数。由这些数据衍生出来人均费用、营销到达率、打开率等指标。

◆ **流量数据**

包括浏览量(PV)、访客数(UV)、登录时间、在线时长等基础数据。其他流量相关的数据指标,例如人均流量、人均浏览时长等基本上都是由这几个指标衍生出来的。

◆ **会员数据**

包括会员的姓名、出生日期、真实性别、网络性别、地址、手机号、微博号、微信号等基础数据,以及登录记录、交易记录等行为数据。

柯北：黄Sir，这个网络性别是指用户在购物网站注册的性别吗？

黄Sir：不是，是根据用户的网络购物、网络点击等数据来判别的一个虚拟性别。如果一个用户即便是男性，但是他在网上购买的商品以女性产品为主的话，就会被判别为虚拟的女性。这样我们就可以考虑向ta主要推荐女性相关的产品。

星星：不错的视角，不知道这种性别分离的用户有多少？

黄Sir：以后你们就知道了。

◆ **交易及服务数据**

包括交易金额、交易数量、交易人数、交易商品、交易场所、交易时间，供应链服务等数据，这部分线上线下差异不大。有差别的只是数量级和数据收集的方法，线上的交易数据更大、更碎一些。另外，如果不是自有交易平台，是第三方平台的话，则需要经常将平台的交易数据下载下来，然后自建数据库，因为一般平台商都不支持3个月以上的交易数据下载。

◆ **行业数据**

做电子商务，了解行业数据是非常必要的。淘宝的数据魔方提供行业品牌的关键字搜索、店铺排名、销售、会员等数据查询。一些专业的第三方也会通过爬虫抓取一些行业数据。

5.1.3　电商数据来源及分析工具

电商数据的来源很广泛，常规的流量数据、交易数据、会员数据在品牌的交易平台一般都提供，如淘宝的数据魔方和量子恒道，京东的数据开放平台等。除此之外还有一些第三方网站也可以提供数据源及分析功能。

1 百度统计

百度统计（http://tongji.baidu.com/），包括流量相关的网站统计、推广统计、移动统计三部分内容。分析内容包括趋势分析、来源分析、页面分析、访客分析、定制分析和优化分析。其中的页面点击热力图功能不错。

2 谷歌分析

谷歌分析（http://www.google.com/analytics/），包括流量分析工具、内容分析、社交分析、移动分析、转化分析、广告分析几部分内容。

3 Crazy egg热力图

这是一个英文网站（http://www.crazyegg.com/），主要特色是对页面热点追踪分析的热力图，功能不错。

4 CNZZ数据专家

CNZZ（http://www.cnzz.com），包括站长统计、全景统计、手机客户端、云推荐、广告管家、广告效果分析和数据中心七款产品。

分析网站的工具远远不止这四个，每个人可以根据自己的习惯去选择最适合自己网站的分析工具。

5.2 电商数据分析指标

到电商部门实习的第二天，柯北和星星就开始主动整理电商的分析指标，这一点深得黄Sir的喜欢，虽然他手边有现成的指标体系，但还是想练一练这两个年轻人。

5.2.1 流量指标

流量研究是电商研究的核心，由于在互联网上用户的每一个动作都可以被记录下来，所以这给流量研究提供了便利。

- 浏览量（访问量），即PV（Page View），指用户访问页面的总数，用户每访问一个网页就算一个访问量，同一页面刷新一次也算一个访问。

- 访客数，即UV（Unique Visitor），独立访客，一台电脑为一个独立访问人数。一般以天为单位来统计24小时内的UV总数，一天之内重复访问的只算一次。淘宝的访客数定义略有不同，淘宝是以卖家所选时间段（可能是一小时、一天、一周等）为统计标准，同一访客多次访问会进行去重处理。访客数又分为新访客数和回访客数。

新访客数，指客户端首次访问网页的用户数，而不是最新访问网页的用户数。将新访客数和总UV对比就是新访客占比。

回访客数，指再次光临访问的用户数，将回访客数和UV对比就是回访客占比。

- 当前在线人数，指15分钟内在线的UV数。
- 平均在线时间，指平均每个UV访问网页停留的时间长度，这个值越大越好。停留时间指用户打开网站最后一个页面的时间点减去打开第一个页面的时间点，由于只访问一页的用户停留时间无法获取，所以这种情况不统计在内。
- 平均访问量（平均访问深度），指用户每次浏览的页面平均值，即平均每个UV访问了多少个PV。
- 日均流量，有时候会用到日均UV和日均PV的概念，就是平均每天的流量。
- 跳失率（Bounce Rate），也叫跳出率，就是只浏览了一个页面就离开的访问次数除以该页面的全部访问次数。分为首页跳失率、关键页面跳失率、具体产品页面跳失率等。这些指标用来反映页面内容受欢迎的程度，跳失率越大，页面内容越需要调整。跳失率高不可怕，可怕的是你并不知道用户离开的原因。

黄Sir： 柯北和星星，遇到哪些情况你们会跳出网站？

星星： 我最讨厌那种打开首页然后用了半天加载各种Flash的网站，等不起！

柯北： 我比较不喜欢那种强制你注册的网站，还有就是不断跳出各种广告、弹出窗口的网站也比较讨厌。

黄Sir： 用户离开网站的原因千奇百怪，总体来说就是用户体验不好，或不是自己想看的，也可能正好是有其他事情而离开等。建议你们俩用人货场的逻辑整理一下影响跳失率的因素有哪些。

星星： 网站分析也可以用人货场啊？

黄Sir： 当然，人货场是万金油。（哈哈）

5.2.2 转化指标

有了流量之后，我们就希望用户按设计好的要求进行动作，比如希望用户注册、收藏、下单、付款、参加我们的营销活动等，这些动作就是转化。

- 转化率，指进行了相关动作的访问量占总访问量的比率。转化率是电商营运的核心指标，也是用来判断营销效果的指标。

- 注册转化率，即注册用户数除以新访客总数，这是一个过程指标。当我们的目标是积累会员总数时，这个指标就很重要了。

- 客服转化率，咨询客服人员的用户数除以总访问数，这也是一个过程指标。这个指标有点类似于线下的试穿率。

- 收藏转化率，即将产品添加收藏或关注到个人账户的用户数除以该产品的总访问数。每逢大型促销前，用户都会大量收藏产品到自己账户以方便正式促销时的购买。

- 添加转化率，即将产品添加到购物车的用户数除以该产品的总访问数，这个指标主要针对具体产品。和收藏不一样，一般添加到购物车不用先登录自己的账户。

- 成交转化率，即成交用户数除以总访问数，一般我们提到的转化率就是成交转化率，这个指标和传统零售的成交率是一个概念，它和注册转化率、收藏转化率不一样，这是一个结果指标。对于货到付款的电商，成交应该是到顾客付款后才算完整成交过程，不过一般送货到付款有滞后期，所以可以将顾客的下单视为成交。为了更精细化分析，成交转化率还可以细分为全网转化率、类目转化率（还可以大、中、小类目）、品牌转化率、单品转化率、渠道转化率、事件转化率等。

渠道转化率，从某渠道来的成交用户数除以该渠道来的总用户数，这个指标用来判断渠道质量。核心指标是PC端转化率和移动端转化率。

事件转化率，因某事件带来的成交用户数除以该事件带来的总用户数，有些事件可以跟踪到人，例如营销中的关键字投放，其他网站投放广告等。但是有些事件是没办法统计到细节的，例如一些公共事件带来的转化率提升，这种情况我们可以用成交转化率直接代替事件转化率。主动或被动触发的事件我们都可以用事件转化率这个概念，研究这个指标对制定营销计划，提升销售额有很大的正面意义。

如图所示5-1所示，这是转化率的示意图，实际分析中既要看过程转化率又要看结果转化率，这样才能相对全面地分析转化率。

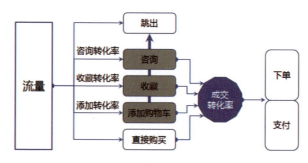

图5-1 转化率示意图

5.2.3 营运指标

线上和线下的营运指标差异不大，我们只做简单分类，不过多阐述，具体定义和公式在前几章都能查到。电商营运指标包括：

- **成交指标**：成交金额、成交数量、成交用户数。
- **订单指标**：订单金额、订单数量、订单用户数、有效订单、无效订单。
- **退货指标**：退货金额、退货数量、退货用户数、金额退货率、数量退货率、订单退货率。
- **效率指标**：客单价、件单价、连带率、动销率。
- **采购指标**：采购金额、采购数量。
- **库存指标**：库存金额、库存数量、库存天数、库存周转率、售罄率。
- **供应链指标**：送货金额、送货数量、订单满足率、订单响应时长、平均送货时间。

5.2.4 会员指标

电子商务的会员和传统零售的会员有几个差别，第一个差别是定义不同，传统零售一般是必须达到一定购买金额的顾客才有资格成为会员，电商一般只要注册过的用户就是会员。所以线下的会员一定是顾客，线上的会员有可能还只是潜在的顾客；第二个区别是时效性，大部分传统零售的会员管理有失效的规定，即如果会员不能在一定期限内（一般是一年）达到最低的购物标准则自动失去会员资格，失效后就不是会员也不能享受会员权益了。电商的会员没有失效的规定，只是对不同的消费金额用户设定了不同的等级。

京东和唯品会对高级别的会员设定了等级1年有效的规定，1年后根据会员的成长值重新确定会员等级，目前淘宝的会员级别还是根据累计金额自动升级，而不是1年内的成长值。

图5-2 淘宝的会员成长体系

- 注册会员数，指曾经在网站注册过的会员总数。只看这个指标没有太大的意义，因为注册会员中有许多从来没有购物过的用户，也有曾经消费过但是现在已经流失掉的用户，很多电商网站公布的会员总数都是注册会员数。所以我们定义了一个有效会员数概念，即在1年内有销售的会员数。

- 活跃会员数，指在一定时期内有消费或登录行为的会员总数，时间周期可以定义为30天、60天、90天等。这个时间周期的确定和产品购买频率有关，快速消费品会比较短，不过当这个时间周期确定后就不能轻易改变了。

- 活跃会员比率，即活跃会员占会员总数的比重。但会员基数大时，即便较低的活跃会员比率也意味着有较大的活跃会员数。

- 会员复购率，指在某时期内产生二次及二次以上购买的会员占购买会员的总数。例如2013年Q3共有100个会员购买，其中20个会员产生了至少二次购买，则复购率为20%。复购率还有另一种计算方法，如果20个复购会员中有5个会员又有第三次购买行为（假定没有3次以上的购买会员），这种情况的复购率为25%，即多次购买不去重。这种方法意义不大，出发点是想看多次重复购买的情况，其实看平均购买次数就行了。

- 平均购买次数，指某时期内每个会员平均购买的次数，公式为订单总数除以购买用户总数。平均购买次数的最小值为1，复购率高的网站平均购买次数必定也高。

- 会员回购率，指上一期末活跃会员在下一期时间内有购买行为的会员比率，回购率和流失率是相对的概念。例如某电商在2013年9月底有活跃会员5,000名，其中有4,000名会员在第四季度有购买记录，其中3,000名会员有至少二次购买，则回购率为80%，当期流失率为20%，复购率为75%。

- 会员留存率，某时间节点的会员在某特定时间周期内登录或消费过的会员比率，即有多少会员留存下来之意。统计依据可以是登录或者消费数据，一般电商用消费数据，游戏和社交网络等用登录数据。时间周期可以是日、周、月、季度、半年等。从这些定义来看，会员留存率还是很复杂的。留存率分为新会员留存率和活跃会员留存率。

新会员留存率，当用户在网站上注册后，我们可以根据登录情况判断新会员的留存情况。如图5-3所示，这里的留存用户为当日登录过的用户数，这是分子，分母统一为注册日的新增会员数。留存率总的趋势是越来越小，可以用这个指标来判断用户的活跃度、网站的黏性等。

对于活跃会员我们不但希望他们经常登录，更希望他们经常购买，所以对于活跃会员留存率可以采用购买数据。图5-4所示是活跃会员留存率的计算示意图。

注册时间	新增会员	留存用户-登录									
		次日	第2日	第3日	第4日	第5日	第6日	第7日	第8日	第9日	第10日
12月1日	4,796	4,566	4,353	4,060	3,857	3,593	3,243	2,905	2,691	2,384	2,100
12月2日	7,069	6,574	6,272	5,910	5,602	5,334	4,886	4,459	4,026	3,771	3,499
12月3日	7,281	6,858	6,459	6,157	5,883	5,450	5,204	4,920	4,513	4,189	3,780

注册时间	新增会员	留存率-登录									
		次日	第2日	第3日	第4日	第5日	第6日	第7日	第8日	第9日	第10日
12月1日	4,796	95.2%	90.8%	84.7%	80.4%	74.9%	67.6%	60.6%	56.1%	49.7%	43.8%
12月2日	7,069	93.0%	88.7%	83.6%	79.2%	75.5%	69.1%	63.1%	57.0%	53.3%	49.5%
12月3日	7,281	94.2%	88.7%	84.6%	80.8%	74.9%	71.5%	67.6%	62.0%	57.5%	51.9%

图5-3　新增会员留存率

统计时间	活跃会员数	留存用户-购买									
		第1周	第2周	第3周	第4周	第5周	第6周	第7周	第8周	第9周	第10周
12月1日	26,649	25,678	25,058	24,207	23,311	22,489	21,977	21,474	20,839	19,986	18,632
12月2日	29,583	28,453	27,602	26,508	25,913	25,112	24,138	23,013	22,250	21,558	20,349
12月3日	25,847	24,463	23,934	22,964	22,085	21,191	19,867	18,969	18,046	17,013	15,914

统计时间	活跃会员数	留存率-购买									
		第1周	第2周	第3周	第4周	第5周	第6周	第7周	第8周	第9周	第10周
12月1日	4,796	96.4%	94.0%	90.8%	87.5%	84.4%	82.5%	80.6%	78.2%	75.0%	69.9%
12月2日	7,069	96.2%	93.3%	89.6%	87.6%	84.9%	81.6%	77.8%	75.2%	72.9%	68.8%
12月3日	7,281	94.6%	92.6%	88.8%	85.4%	82.0%	76.9%	73.4%	69.8%	65.8%	61.6%

图5-4　活跃会员留存率

从上面可以发现，留存率实际上就是某一个时间节点的会员转化为活跃会员的转化率。它也是研究会员从注册，登录，消费，活跃到忠诚的一个过程。

◆ 会员流失率，指一段时间内没有消费的会员占会员总数的比率。传统百货把一年内没有消费的会员视为流失。根据网站的商品属性，电商可以用季度、半年或一年为会员流失的时间周期。

星星：复购率、回购率、留存率、流失率这4个指标看起来有点绕的样子，有没有好的办法来区别它们？

黄Sir：主要区别是复购率、回购率和流失率的分母是根据时间变动的，留存率的分母是不变的，前者衡量滚动变化，后者研究批次。

第6章中的"会员策略的数据化管理"中还会以传统零售为对象详细介绍其他会员分析指标。

5.2.5　财务指标

电商是一个烧钱的行业，热钱很多，需要一些指标来衡量花钱的速度，也需要一些指标来评估花钱的效果。传统零售是"坐商"，顾客是等来的，而电商的顾客却是花钱买来的，这一点线上线下差异很大。新春天电商营运有两年了,到目前为止还是亏损状态,其中主要的成本是市场推广和仓储物流成本。电商主要财务指标包括:

- 新客成本,为了争取新客户的点击、注册或购买,电商必须投入足够的营销费用,平均每个新客户消耗掉的营销费用就是新客成本。简单来说,公司花掉100万元营销费用带来1万个新客户,则新客成本为100元/人。计算方法看似很简单,其实新客成本的计算是非常复杂的。首先,一次营销投入必然带来新点击用户、新注册用户和新购买用户,都是新用户,新客成本按哪个计算?其次,配合这个营销计划的人力成本、营运成本等是否要计入营销费用中?最后,即便不投入任何营销费用,每天也会有新点击、新注册或新购买,这部分新用户从分母中剔除了吗?

  在网上搜到的新客成本从几十到几百元不等,这些数据一般参考意义不大,因为不知道对方的统计口径是什么。新客成本的分子是费用,应该是直接的营销费用加上为配合此活动而增加的人力、营运费用等,分母是该营销活动带来的新点击用户、新注册用户、新购买用户其中的一个,注意务必剔除自然增长的新用户数。

  新客成本一般分渠道计算,这样也方便评估渠道质量。上个月新春天电商在某渠道投入了100万元营销费用,活动期间从该渠道带来新增4万个注册用户,但平时该渠道日均也会带来1,000个新注册用户,活动共持续了5天,为配合此活动新增人力及营运费用12万元。综合计算该渠道这次活动的新注册用户成本是32元/人(总费用112万,净增3.5万个新注册用户)。净增的3.5万个新注册用户在30天内有1.4万人有购买行为,则付费用户的新客成本为80元/人。

  黄Sir:综合以上的新客成本定义应该是为了获取一个30天(建议)内有购买行为的用户所投入的平均营销成本。新客成本不同公司的数据可以参考,但意义不大。我们新春天有自己的定义,统一了标准,并且建立了自己的新客成本库,用来指导未来的营销活动。

- 单人成本,即营销成本(营销费用加配合成本)除以访客数(UV),这个指标不去区分访客是否是新访客,是否注册,是否购买,也就是不去考虑具体的转化情况。

- 单笔订单成本,即营销成本除以获取的订单数,不区分订单来源,以成交结果为导向。

- 费销比,即费用比例,营销成本除以订单金额。费销比的倒数就是ROI,即投入一元钱能带来的订单金额。

- 物流相关的财务指标,包括仓储费占比,物流费占比等。

财务指标还包括利润、资金周转率等常规财务分析指标，就不一一介绍了。

5.2.6 关键指标

星星：和传统零售相比，电商的指标也不少啊。不过最困惑我的还不是指标多，而是很多指标的定义都很复杂，版本也很多。

黄Sir：是的，电商指标是有这个特点。我给你们俩的建议就是，以自己为主，自己来定义，在新春天的每一个指标都有非常标准的定义，相信不会困扰你们。遇到同行告诉你的指标，务必问清楚对方指标的定义和统计口径，可能的话还可以问他们数据的来源，千万不要被他们误导。多问几个为什么，就像我问你们一样。我经常在微博看见有些互联网分析师抛出一个三无数据（无定义、无统计口径、无数据来源），然后就是一大群人在那儿很欢乐地评论着，其实这些人之间根本不在一个频道上。

柯北：黄Sir，哪些指标是电商分析的核心指标呢？

黄Sir：这是一个好问题，不过没有标准答案。企业性质不同，所处阶段不同，行业不同，企业负责人的关注点自然不同。不过大体可以这样来划分。

1 阶段不同，需求不同

对于一个新电商来说，积累数据，找准营运方向比卖多少货，赚多少钱更重要。这个阶段可以重点关注流量指标，包括访客数、访客来源、注册用户数、浏览量、浏览深度、产品的浏览量排行、产品的跳失率、顾客评价指数、转化率等。

对于已经营运一段时间的电商，通过数据分析提高店铺销量就是首要任务。此阶段重点指标是流量和销售指标，包括访客数、浏览量、转化率、新增会员数、会员流失率、客单价、动销率、库存天数、ROI、销售额等。

对于已经很有规模的电商，利用数据提升整体营运水平就很关键。他们的重点指标是访客数、浏览量、转化率、复购率、流失率、留存率、客单价、利润率、ROI、新客成本、库存天数、订单满足率、销售额等。会员复购率和会员留存率务必一起来看，复购率再高，如果会员留存率大幅下降也是很危险的。

2 时间不同，侧重不同

数据指标分为追踪指标、分析指标和营运指标，营运指标就是绩效考核指标。一个团队的销售额首先是追踪出来的，其次是分析出来的，最后才是绩效考核出来的。销售追踪自然是按天、按时段说话，分析一般是以周和月为单位，绩效考核常常是以月为主、以年为辅。

◆ **每日追踪指标**：包括访客数、浏览量、浏览深度、跳失率、转化率、件单价、连带率、重点产品的库存天数、订单执行率。这里面虽然没有销售额指标，其实是有的，只是被过程化了（销售额=访客数×购买转化率×件单价×连带率）。

◆ **周分析指标**：大部分指标都可以每周进行分析，不过可以侧重在重点商品的分析和重点流量的分析上面。包括（不限于）日均UV、日均PV、访问深度、复购率、Top商品贡献率、Top库存天数等。

◆ **月绩效考核指标**：绩效考核指标在于精不在于多，需要根据业务分工来差异化。店铺营运人员KPI指标包括访客数、转化率、访问深度、件单价、连带率5个指标；负责推广的人员KPI指标包括新增访客数、新增购买用户数、新客成本、跳失率、ROI；负责活动策划人员KPI指标包括推广活动的点击率、转化率、活动商品销售比重、ROI；数据分析人员KPI指标包括报表准确率、报表及时率、需求满足率、报告数量、被投诉率等。

3　职位不同，视觉不同

执行人员侧重过程指标，管理层侧重结果指标。例如营运执行人员会很关心流量的来源指标、流量的质量指标，管理层关注的只是流量这个指标，执行人员还必须关注转化率、客单价等过程指标，管理层只需关注销售额这个结果指标。对于数据分析人员来说一定要学会根据受众提供不同的数据。

柯北：黄Sir，你都看哪些指标呢？

黄Sir：我每晚0:00开始会看前一天的销售额、访问量、连带率、Top 10商品占比、A类商品的库存天数和订单执行率几个指标。我要通过这几个指标确认前一天的销售是否有问题，重点商品销售和库存是否有问题，订单执行是否有问题。另外每天工作时间我办公桌上的三台电脑会分别显示流量的实时数据，实时销售额和目标的对比走势，重点商品的销售走势。如果出现数据异常，我会叫相关人员找原因并且马上解决的。

星星：果然够强大。

黄Sir：电商指标够多、够乱、够复杂，网络上的三无数据也很多。你们必须擦亮眼睛，不但要学会辨识数据，还必须要学会分析电商数据，那个才是"大"数据。

5.3 流量数据分析

虽然现在电商的数据质量良莠不齐，不过没必要抱怨公司数据不全、数据有错误、数据不及时等，这些问题也是数据分析的常态。电商各部门都在制造"大"数据，而我们的工作就是尽量将"大"数据变成"小"数据，而数据分析中的对比、细分、溯源可以帮到我们。

5.3.1 流量及转化的漏斗图分析

无流量不电商，没有流量的电商就犹如线下在荒郊野外开了一个购物中心，虽然硬件都不错，但是却没有人光顾。对于流量分析，我们常用漏斗图来做分析，几乎每个流量的细分都可以用到漏斗图。如图5-5所示，这是用户从开始访问到下单、购买以及最终成交这个过程的漏斗图。

漏斗图就是一个细分和溯源的过程，通过不同的层次分解从而找到转化的逻辑。用户从点击到购买有不同的转化形式，图5-6所示，这是通过广告引流产生的点击、注册和购买过程的漏斗图。上一个环节转化率的大小不但直接影响下一个环节，并且还间接影响最后环节。所以通过运用漏斗图的方式能够比较直观地反映转化的形态。

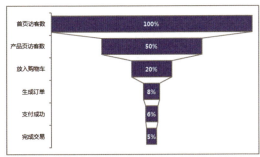
图5-5 用户购买过程的漏斗图

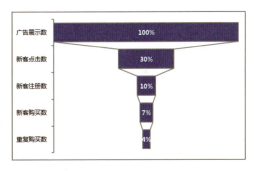
图5-6 漏斗图

不过漏斗图有一个弱点，就是只能反映一条转化路径的形态，稍加修改就可以实现漏斗图的对比功能。如图5-7所示，这是新老访客的对比分析。我们还可以加入新用户的注册、购买前的收藏等环节，或者将各环节再细分，从而发现流量的路径，知道流量去哪儿了。

流量的来源也需要细分，细分包括对地理属性的细分、渠道来源的细分、时间属性的细分、推广内容的细分等，其中流量来源渠道是其中的重点，也是最复杂的一部分。图5-8所示是淘宝访客来源的渠道细分，从此图可见流量细分的复杂性。细分完后的流量则可以通过数据对比找到流量的主要来源，接下来要做的就是实时监测主要渠道流量的对比和趋势变化。对比可以和竞争对手流量对比，和类目流量对比等。看流量趋势变化，流量趋势异常务必溯源，找到变化的原因。

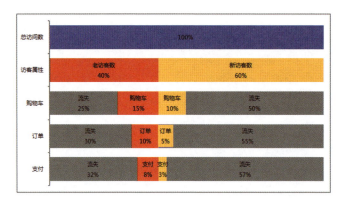

图5-7 漏斗图的对比分析

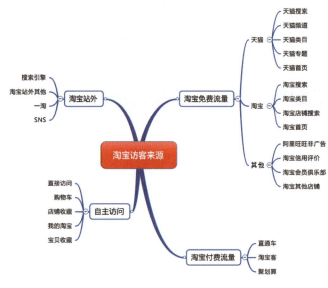

图5-8 淘宝访客来源

5.3.2 对比发现有质量的流量

黄Sir：你们俩知道什么是高质量的流量吗？

柯北：我觉得是转化率高的流量就应该是高质量流量。

星星： 我觉得应该是ROI高的流量才是高质量流量吧？

黄Sir： 你们说的不全面，流量的质量分为质和量两个方面，只有质没有量的流量是没有多少实际价值的，流量的质体现在不同的营销目的上，例如获取点击、注册、收藏、购买或者获取利润的目的。我们可以通过四象限分析图来对比分析流量的质量，如图5-9所示，这是针对购买的转化率和流量的四象限图，其中第一象限的流量应该是高质量的，流量和转化率均高于平均值；第二象限渠道的流量转化率高，但量不大，通过搜索来的流量大部分属于此类，第四象限流量属于质低量高，站外购买的流量这种情况比较多；第三象限属于质低量低的双低流量，不用特别维护，任其发展即可。

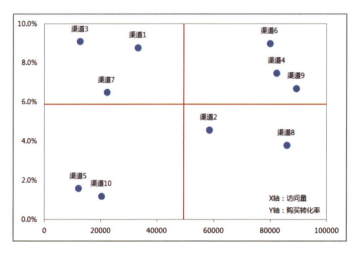

图5-9　流量的四象限分析图

图中的Y轴可以根据具体分析目的替换成点击率、注册率、收藏率、ROI（单元产出）等进行对比分析。这种四象限对比分析方法局限在某个时间段或某个营销事件的分析，只能看到点，看不到趋势。所以我们还需要结合渠道的发展趋势加以深层次分析。

流量的四象限分析图中，X轴、Y轴、分析对象都可以根据不同的目的进行替换。如当某个推广活动的目的是提高注册会员数，那X轴可以是访问量，Y轴是新用户注册率，对象为渠道，这个组合可以分析不同的渠道流量转化为注册的情况，或者是注册量-留存率-渠道，这个组合可以评估不同的渠道注册用户的留存质量。

如果将渠道置换成产品，即访问量-转化率-产品组合，这可以用来对比分析流量和不同产品的转化情况，从而发现重点推广、重点转化的产品。这个组合中的访问量如果是某个渠道的转化量，例如通过站内关键词搜索，则我们就可以分析出什么样的渠道适合什么样的产品的转化。

黄Sir：四象限对比分析就是不同维度和元素的互相组合，一个企业可以建立一些关键的组合形成固定的分析模板长期跟踪，再结合趋势分析就非常完美了。另外，散点图的四象限分析可以演变为四象限气泡图，气泡的大小为ROI，这种四象限图信息量更大。

星星：这种分析模板可以用Excel实现吗？

黄Sir：对于Excel来说，这点数据量不算什么，关键是分析模型的建立。你们先琢磨，以后杰克应该会给你们讲解的。

5.3.3 电商销售额诊断

电商的销售诊断比传统零售会复杂很多，主要复杂在流量的多层次多渠道上，互联网的好处是几乎能将用户的每个动作记录下来，然后我们从中找到关键点来诊断就可以了。如图5-10所示，这是一个类似杜邦分析的图，从值（图中红色）和率（图中蓝色）两个方面，订单、新客、老客三个维度将销售额拆分成五个层次，每个层次间具有加或乘的逻辑关系。

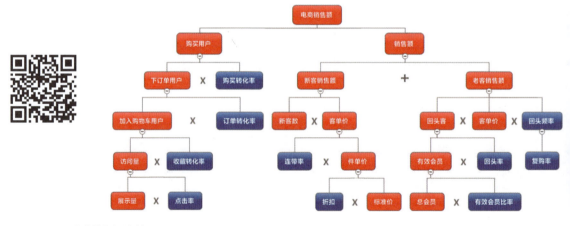

图5-10 电商销售额诊断图

"值"的核心指标有10个，包括购买用户、订单用户、加入购物车用户、访问量、展示量、新客数、回头客数、有效会员数、客单价和件单价。

"率"的核心指标也是10个，包括购买转化率、订单转化率、收藏转化率、点击率、连带率、折扣、有效会员比率、回头率、回头频率和复购率。

销售额是一个结果指标，图中这20个指标是过程指标，每个指标的变化都会影响最终的销售额，基本都是正相关（折扣和销售额的关联会稍微复杂一些）。

黄Sir：你们俩会如何使用这个诊断图？

柯北：我会利用你前面说的对比、细分的原则来分析。对比包括同比、环比、和目标对比、和竞争对手对比、和类目对比等。细分可以按流量来源渠道、地理属性、时间属性、产品属性等分类。

星星：我有两个想法，第一是在柯北对比、细分的基础上加入各指标趋势的判断，这样更容易发现数据的突变，从而通过溯源找到问题。第二是这个诊断图可以做成仪表盘，每日生成（最好是自动）每个指标的值以及同比或环比值。这样可视化更强，也更容易诊断。

黄Sir：好想法！你们俩的观点都不错，电商的数据分析和传统零售有很多相似的地方，我相信之前你们的几个老师都教过不同的方法，这次我就不多介绍了。接下来的时间你们可以实操一下。

5.4 案例分析

黄Sir：我们现在有2011-2013年9月的销售数据，你们俩能试试预测一下2013年和2014年的年销售额吗？

柯北：星星，我们可以用大学学到的回归分析试试。

毕业4个月了，柯北和星星终于有机会用到大学学到的统计知识了。星星提醒柯北在Excel中有一个"趋势分析"工具，如下是他们的预测步骤（如图5-11所示）。

Step 1 利用2011年1月-2013年9月的数据做曲线图。

Step 2 选中图中的曲线点击鼠标右键，然后从弹出的快捷菜单中选择"添加趋势线"命令。

Step 3 在6种趋势线中，二人觉得"多项式"和数据趋势发展更匹配，所以选择了"多项式"的趋势线做下一步预测处理。

Step 4 点击"设置趋势线格式"中下方的"显示公式"和"显示R平方值"。

Step 5 根据回归公式（$y=1.0581x^2-5.6483x+637.26$）分别计算出10-12月的预测月销售额，即$x$值分别为34、35、36时的$y$值。

Step 6 计算出2013年的预估销售额为1.76亿元。

图5-11　回归销售预测

黄Sir：这种预测方法是可以的，结果也比较靠谱。就是过程有点麻烦，其实还可以更简单一些。年销售预测，即12个月滚动销售的预测。我给你们演示用滚动销售的回归分析看看。

图5-12所示就是滚动预测的回归分析，其中的数据点就不是月销售了，是滚动12个月的销售额，例如2012年1月的7,835万元，实际上是2011年2月到2012年1月的销售额，2月的8,023万元是2011年3月到2012年2月的销售额，以后依次滚动。所以这个图中2013年12月值代表的就是2013年销售预测值，将$x=24$带入图中的公式，可以算出2013年销售预测值为1.7亿元。并且这种方法的R^2是0.9988接近1的[1]，意味着趋势线更可靠。

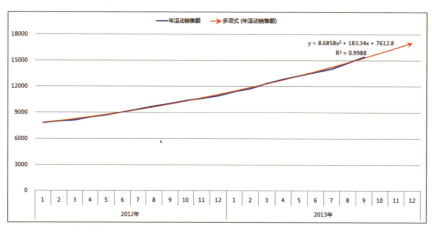

图5-12　年滚动销售预测

1　R^2值介于0~1之间，越接近1说明趋势线越可靠，越能反应数据的规律。

这种滚动预测方法具有很强的灵活性，如果某公司的财政年度是7月1日到6月30日，将图中的x替换为30就可以预测出该公司2013年7月到2014年6月的销售额为2.09亿元。

Excel提供了6种趋势线，分别是指数、线性、对数、多项式、幂和移动平均，在实际使用过程中尽量选取R^2值更接近1的那种趋势线。这种回归分析是没有考虑业务场景，完全靠数学模型的一种预测方法，比较适合目前以环比快速增长的电商分析。

黄Sir： 接下来马上就到年底了，杰克那边正忙着制定明年的销售策略，昨天给我打电话催着让我赶紧放人呢，你们抓紧时间准备一下吧。

第 6 章
零售策略中的数据化管理

杰克发现这段时间星星和柯北说话时经常蹦出一些如策略、战略、规划等高端大气上档次的词语，另外也觉得好久没有和他们单独聊天了，于是决定中午和他们俩一起吃饭。

杰克：我发现你们最近进步很大，视野也更加开阔了。谈谈你们最近一段时间对数据的理解吧。

星星：过去我总是觉得我们公司系统里面的数据不全，数据也不准确。现在觉得这些正好是体现我们价值的地方，一个公司很难做到要什么数据就有什么数据，数据完善而且正确的公司可能没有吧？所以我现在的想法是没有数据我自己想办法找数据，在有限的数据里面找到更多有价值的信息。

杰克：是啊，如果数据都那么完美的话，说明我们公司已经非常理想化了。那还要你们俩干什么？哈哈！

柯北：之前我和星星的想法一样，觉得我们新春天集团这么大的公司，数据绝对是要什么有什么。现在反而是没什么公司领导就要什么。我现在最大的感觉是我们数据分析的价值还没有完全体现出来，还没有能够有效地指导公司策略和战略的制定。

杰克：策略和战略？那你们说说零售业的策略有哪些？

柯北：我觉得是营销学中的4P吧，包括产品策略、渠道策略、价格策略、促销策略。

星星：我认为还应该加上4C理论中的消费者管理策略吧？

杰克：你们说的这些都对，都属于零售策略的一部分。但你们现在的主要工作不是通过数据去指导策略的制定，而应该是通过数据去指导策略的落地，以及发现策略在执行过程中的问题，能用数据帮助到营运团队就是你们最大的贡献，就像星星在上海徐家汇超市做的那样。目前暂时不需要你们贡献策略、战略，不过既然谈到策略，我们就花点时间一起讨论零售策略中的数据化管理吧。

无论什么样的策略，都是希望能够帮助提升零售的管理水平，对运营团队来说更直接，就是能够提升销售。零售及消费品企业提升销售包括渠道驱动（通过丰富现有渠道、拓展新渠道等来提升销售额），产品驱动（通过丰富产品线的广度-品牌、宽度-品类和深度-SKU来提升销售），消费者驱动（通过挖掘消费者的数据，发现他们更多的需求，最大程度满足他们的需求，甚至是去创造消费者新的需求）三个层次。

渠道驱动和产品驱动销售增长是有边界的，消费者驱动的边界会更广阔些。过去我们习惯通过管理我们的渠道和产品来提升销售，很少管理顾客的数据。其实在大数据的背景下，通过数据挖掘的消费者驱动才是未来，我们要做到比消费者自己更了解他们。我们先从渠道策略讲起吧。

6.1 渠道策略的数据化管理

通过拓展渠道来提升销售是最简单和快捷的方式，如消费品公司让自己的产品在更多的地方被人看到，服装公司开更多的专卖店等。

6.1.1 如何科学地将渠道分类

将渠道分类是渠道分析的前提条件，渠道的划分一定要有前瞻性、稳定性。稳定性是指公司的渠道划分标准最好在相当长一段时间内不要变化，这和商品分类的稳定性是一个道理。前瞻性是指提前确定未来可能开发的渠道属性。

渠道划分实际上是给每个店铺确定它的归属性质，不同的渠道就会有不同的管理策略或管理团队，同时也是为渠道的数据分析做准备，渠道划分不明确、不稳定，渠道数据就没有连续性，就不方便连续的对比分析。

渠道就是销售通路，即商品通过什么样的途径到达消费者手中的。美国营销协会（American Marketing Association，AMA）对渠道的定义是指公司内部的组织单位和公司外部的代理商、批发商与零售商的结构。

根据AMA的定义，公司内部的结构模式可以分为三级管理模式，如图6-1所示。对外的结构模式分为四级管理模式，如图6-2所示。

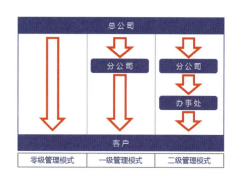

图6-1 内部渠道管理结构

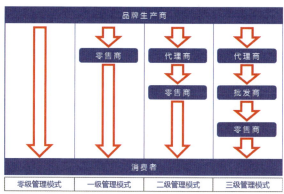

图6-2 外部渠道结构

代理商、批发商、零售商渠道的划分标准如下。

1 按代理-批发-零售三级渠道标准分类

【代理商】

按区域划分，包括国代、省代、区域代理等；按渠道功能划分，例如KA[1]渠道代理、餐饮渠道代理、特殊通路代理等；还可以按重要性划分，分为一级代理、二级代理、三级代理……

【批发商】

批发商存在于我们生活中的每个角落，有专业的批发市场，也有邻居大妈开的那些批发兼零售的冰棍铺面。批发商可以分为综合类批发商、专业类批发商、批发兼零售类批发商等；也可以按贸易额的大小分为一级批发商、二级批发商、三级批发商……

【零售商】

零售商渠道的分类比较复杂，毕竟零售业本来就很复杂。要搞清零售商渠道，首先得弄明白零售业态和零售业种的区别。零售业态是指向顾客提供商品和服务的具体形态，零售业种是指向顾客提供商品和服务的具体种类。这是官方的定义，有点难懂。简单来说其实业态就是怎么卖，业种就是卖什么。一个业态里面可能有一个或若干个业种，例如专卖店是业态，里面的业种可能是服装、家具、图书中的一种。

关于业态，国家标准化管理委员会在2004年发布过一个GB/T8106—2004的《零售业态分类》，在2010年曾经修订过。2010年版的《零售业态分类》中将零售业态分为16大类，分别是食杂店、便

---

1 KA：Key Account，即重要客户的意思，这是FMCG行业常用的一个术语。

利店、折扣店、超市、仓储会员店、百货店、专业店、专卖店、购物中心、厂家直销中心、电视购物、邮购、网上商店、自动售货亭、直销、电话购物。其中前10个为有店铺零售，后6个为无店铺零售。

有店铺销售中的专业店和专卖店的区别是，前者是主要以销售某一类商品为主的业态，例如家具店、建材超市，后者是以销售某一品牌的商品为主的业态，例如某品牌服装专卖店、某品牌手机专卖店。

业种的分类也很复杂，每种业态都可以分出多个业种，其中以购物中心最为复杂，图6-3就是购物中心业种分类[2]，一共是12大类125小类，基本涵盖了我们生活中的方方面面。

业态也好，业种也好，都是为了给店铺或店铺群做归类使用的。只有科学的分类才能有效进行后期的数据收集、分析以及挖掘，所以店铺的分类千万不能马虎。

2 按行政区域分类

按行政区域划分渠道也是一种常规的做法，图6-4所示是截止到2012年12月31日的中华人民共和国行政区域统计表。

这种行政区域的划分每年都会有些小的调整，图6-5所示是2010-2012年的行政区域统计，其中地级市、县级区、市辖区、县级市、县几乎每年都有变化。

同时民政部区划地名司还把全国分成了七大区（不含港澳台地区，下同）：

- **华北地区：** 北京、天津、河北、山西、内蒙古
- **东北地区：** 辽宁、吉林、黑龙江
- **华东地区：** 上海、江苏、浙江、安徽、福建、江西、山东
- **华中地区：** 河南、湖北、湖南
- **华南地区：** 广东、广西、海南
- **西南地区：** 重庆、四川、贵州、云南、西藏
- **西北地区：** 陕西、甘肃、青海、宁夏、新疆

以上的分类更多是行政管理的一种分类方法，在我们实际以销售为导向的渠道管理过程中，大区分法会有些不同，常规会有四大区、六大区、八大区三种分法，具体明细如图6-6所示。当然，不同行业、不同公司、不同业务阶段都会有略微不同的分法。

2　此分类来源于中国购物中心产业资讯中心。

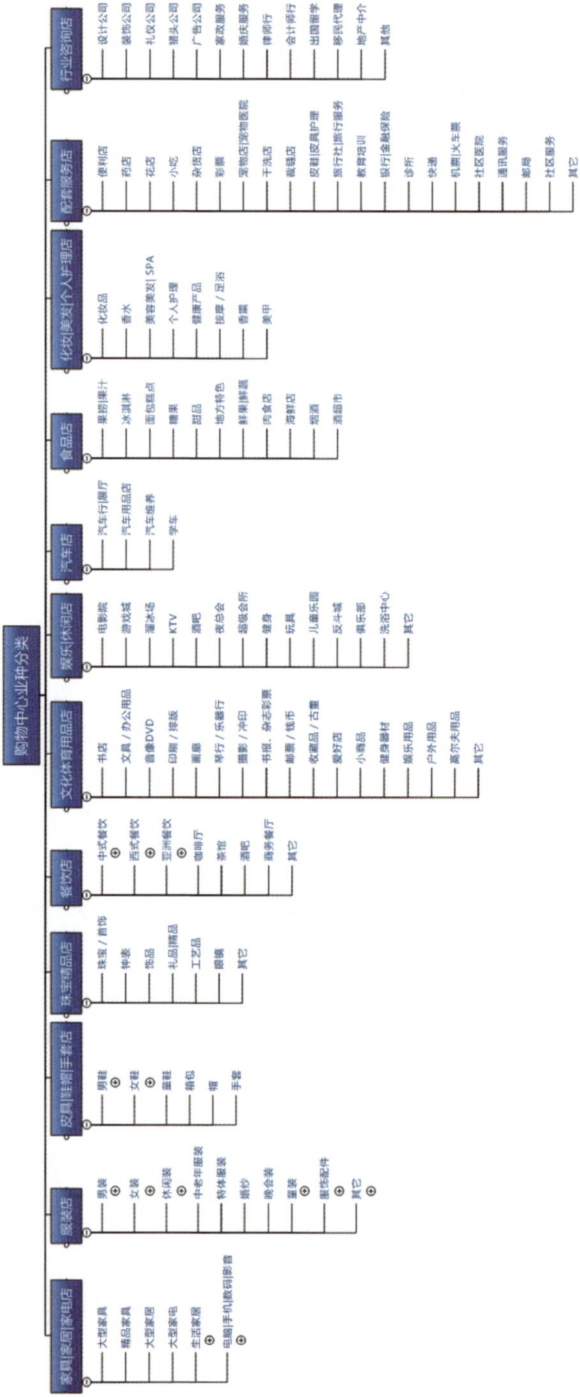

图6-3 购物中心业种分类

省级		地级		县级		乡级	
直辖市	4	地级市	285	市辖区	860	区公所	2
省	23	地区	15	县级市	368	镇	19881
自治区	5	自治州	30	县	1453	乡	12066
特别行政区	2	盟	3	自治县	117	苏木	151
				旗	49	民族乡	1063
				自治旗	3	民族苏木	1
				特区	1	街道	7282
				林区	1		
合计	34	合计	333	合计	2852	合计	40446

图6-4　中华人民共和国行政区域统计表1

指标	2003年	2004年	2005年	2006年	2007年	2008年	2009年	2010年	2011年	2012年
地级区划数(个)	333	333	333	333	333	333	333	333	332	333
地级市数(个)	282	283	283	283	283	283	283	283	284	285
县级区划数(个)	2861	2862	2862	2860	2859	2859	2858	2856	2853	2852
市辖区数(个)	845	852	852	856	856	856	855	853	857	860
县级市数(个)	374	374	374	369	368	368	367	370	369	368
县数(个)	1470	1464	1464	1463	1463	1463	1464	1461	1456	1453
自治县数(个)	117	117	117	117	117	117	117	117	117	117

图6-5　中华人民共和国行政区域统计表2

分类方法	区域	省级	数量
四大区	东区	上海、江苏、浙江、安徽、江西、山东	6
	北区	北京、天津、河北、河南、山西、内蒙古、辽宁、吉林、黑龙江	9
	南区	广东、广西、福建、海南、湖北、湖南	6
	西区	重庆、四川、贵州、云南、西藏、陕西、甘肃、青海、宁夏、新疆	10
六大区	华东区	上海、江苏、浙江、山东	4
	华北区	北京、天津、河北、山西、内蒙古	5
	华南区	广东、广西、福建、海南	4
	华西区	重庆、四川、贵州、云南、西藏、陕西、甘肃、青海、宁夏、新疆	10
	东北区	辽宁、吉林、黑龙江	3
	华中区	湖南、湖北、河南、江西、安徽	5
八大区	华东区	江苏、浙江、山东、安徽	4
	华北区	河北、河南、山西、内蒙古	4
	华南区	广东、广西、福建、海南	4
	东北区	辽宁、吉林、黑龙江	3
	华中区	湖南、湖北、江西、陕西	4
	华西区	重庆、四川、贵州、云南、西藏、甘肃、青海、宁夏、新疆	9
	上海区	上海市	1
	京津区	北京市、天津市	2

图6-6　全国销售分区示意图

这三种销售区域分法的原则是区域间销售额和行政管理的一种平衡。

在对城市进行分级管理中，分类标准一般会参考该城市的人口数、人均年收入、经济实力、社会零售品销售总额等因素。

特级城市：北京、上海、广州、深圳（这是传统的四个特级城市，不过随着成都在西部零售市场的崛起，有些零售公司或品牌商用成都替代了深圳）

一线城市：南京、苏州、无锡、杭州、宁波、福州、厦门、长沙、武汉、天津、济南、青岛、大连、沈阳、哈尔滨、成都、重庆、西安

二线城市：珠海、佛山、泉州、东莞、南宁、海口、三亚、昆明、绵阳、贵阳、拉萨、石家庄、太原、包头、呼和浩特、烟台、长春、鞍山、南昌、郑州、合肥、乌鲁木齐、兰州、西宁、银川、温州

三线城市：唐山、秦皇岛、邯郸、保定、廊坊、大同、阳泉、长治、临汾、抚顺、本溪、锦州、吉林、四平、齐齐哈尔、大庆、佳木斯、牡丹江、常熟、镇江、连云港、江阴、徐州、宜兴、昆山、湖州、丽水、萧山、瑞安、义乌、芜湖、蚌埠、马鞍山、安庆、莆田、漳州、石狮、景德镇、九江、鹰潭、东营、潍坊、泰安、威海、滨州、开封、洛阳、平顶山、十堰、宜昌、襄樊、株洲、湘潭、衡阳、邵阳、韶关、汕头、江门、茂名、中山、湛江、潮州、柳州、桂林、北海、自贡、攀枝花、乐山、宜宾、南充、曲靖、玉溪、保山、大理、遵义、铜川、宝鸡、咸阳、汉中

四线城市：除上面城市之外的所有城市

乡镇市场：位于农村的乡镇，全国有40,446个乡级市场

3 按销售性质分类

上面两种渠道的划分方法相对是比较固定，具有通用性。另外每个企业还可以根据自己的战略、从销售营运的角度等来对渠道进行差异化分类。

- 根据通路的现代化程度分为现代渠道和传统渠道，现代渠道包括便利店、超市、仓储会员店、购物中心、电子商务等。传统渠道包括批发、代理、杂货店、百货店等。
- 按渠道的重要性可以分为KA渠道，非KA渠道。
- 按商品的价格策略分为正价渠道、特卖渠道、工厂渠道等。
- 其他分类。

渠道的划分是一个比较复杂的过程，渠道划分完后，就该研究渠道策略。对一个公司渠道的评估可以用渠道的广度、宽度、长度、深度四个维度来判断。

渠道的广度指的是公司产品覆盖的区域多寡，31个省级还是20个省级？渠道的宽度是渠道中有

几种类型的通路，例如饮料的通路就会有超市、食品店、小卖部、餐饮渠道、夜店、宾馆等。渠道的长度指的是产品平均经过几个中间渠道到达消费者手中。传统通路一般长度比较长，产品从品牌公司开始，需要经过省级经销商→地区经销商→批发商→零售商共4级渠道才能到达消费者手中，有的甚至更长。随着电子商务的挤压，传统渠道长度在缩短。渠道的深度指通路上渠道商的数量的多少，也就是客户的数量。

6.1.2 渠道拓展分析

连锁化是现代零售企业共性，可复制性又是连锁拓展渠道的法宝。将成功的模式复制到不同的城市、不同的商圈、不同的店铺有一个前提，就是这些城市、商圈、店铺是否值得覆盖？所以需要一套渠道拓展的数据化管理方法。

1 拓展新城市

杰克： 如果让你们俩制定明年新春天超市系统的新市场拓展计划，你们会考虑新市场的哪些因素？

星星： 人口数、人均收入和支出、GDP、竞争饱和度等等吧。

柯北： 我觉得还需要看投资环境。

杰克： 你们说的都没有错。

对一个新市场的宏观分析我们常用PEST分析法，即Political-政治，Economic-经济，Social-社会和Technological-科技四个方面，具体内容如图6-7所示。

图6-7　PEST分析法

行业不同收集的城市数据会略有不同，不过有三个数据是必需的，就是城市（新市场）人口数、目标顾客占城市人口的比重、目标人群的年平均消费额。我们可以利用这三个数据来计算这个城市的市场容量，计算市场容量的公式如下（其中目标顾客占比和目标顾客的年平均消费额可以通过市场调查得出）：

城市容量（年） = 城市人口总数 × 目标顾客占比 × 平均年消费额

这种估算市场容量的方法叫连锁比率法，即将人口总数和几个相关联的因素相乘。例如下面这个测算某城市橙汁饮料的市场容量公式。

城市容量 = 人口总数 × 目标顾客占比 × 人均年可支配收入 × 用于购买食品比重 × 食品中饮料的比重 × 饮料中橙汁的比重

除此之外，测算市场容量的方法还包括如下几种方法。

◆ **购买力指数法**

购买力指数法是首先找到和购买力有关的因素，然后计算区域占总体的比重，再对不同的比重进行加权处理的一种方法。这种方法算出来的是一种比重，最后再乘以总量就可以得到区域的市场容量。这种方法适合不能到现场只能通过远程预估的时候使用，因为这些数据大体都能从国家统计局网站和地方相关网站查到，优点是是一种比较省钱的方法，缺点是精准度会差一些。

区域购买力占全国比重 = 权重1 × 区域人口占全国总人口比重 + 权重2 × 区域消费品零售总额占全国比重 + 权重3 × 区域个人可支配收入占全国比重

◆ **类比法**

类比法就是和相似区域对比，例如本区域和A城市相似，而A城市的市场容量是a，那本区域的市场容量也应该在a附近。再比如本公司B产品的市场容量是b，而本公司新推出的一款类似产品C，那C的市场容量也应该是b左右。类比法需要注意相似性，找到可类比的对象很重要。

◆ **专家预估法**

专家预估法通俗地说就是专家拍脑袋法，在网络上，专家是一个贬义词，你可以吐槽专家的预估不靠谱，但是他至少比一般人的预估靠谱一些。当然为了让专家的预估更准确一些，在本书的7.3.1节"如何设定指标的权重"中会告诉你如何提高专家预估的准度。

杰克：市场容量的预测方法不止这几种，其他方法你们俩自学吧。星星，了解新市场的容量后，如果市场容量符合我们的预期，是不是就可以开始拓展了？

星星：市场容量只是我们拓展的基本条件吧？我们还应该看目标市场的竞争情况如何，是否已经饱和。如果市场已经饱和而我们也不能轻易打垮对手，我觉得还是不要进入为好。

柯北：如果是高帅富企业其实还是可以通过收购竞争对手达到市场拓展目的吧。

柯北说完，杰克和星星都笑了。"还有土豪也可以的。"柯北补充道。

杰克：如果市场也没有饱和呢？我们是否考虑马上进入？

星星：可以了吧？（星星永远保持自己那种通过疑问句来回答问题的风格）

杰克：有关竞争饱和度的问题稍后和你们讨论。市场容量和饱和度的问题实际上是准备进入一个新市场时必须回答的四个问题中的前两个。这四个问题就是

- 是否有市场？市场容量的问题
- 是否有空间？市场饱和度的问题
- 是否有增长？市场发展潜力如何
- 是否有风险？安全问题

星星：拓展一个新市场看来不是一件容易的事情，如果都要量化出来，要准备的数据还真不少。

杰克：进入一个新的市场是需要慎重决定的。需要我们用很多数据做分析，最后给到管理层建议，是进，还是不进？当然最后是管理层来做最终的决定。

当我们决定进入一个新市场后，接下来面对的就是要把店铺开在哪里，这是商圈选择的问题。

2 拓展新商圈

一个城市一般会有好几个商圈，有大有小。和新城市的拓展一样，我们也需要评估商圈的市场容量、商圈的饱和度。同时我们还需要更细致地了解商圈的大小，商圈的层次，商圈的消费者构成等。

- **确定商圈的大小**

传统的商圈的画法有10分钟理论，把商圈的三个层次界定在步行10分钟、骑车10分钟、开车10分钟的范围内。这是较粗糙的分法，没有考虑商圈之间的互相影响的因素。确定商圈大小的方法有如下几种。

【雷利法则】

这是商圈吸引力定律，假定某个区域有两个商圈，商圈的规模、经营品类、价格水平、交通状况等都差不多的情况下，顾客会优先选择距离最近的商圈购物。通过雷利法则可以计算出两个商圈

之间的临界点，通过距离来量化。雷利法则的公式如下：

$$\text{A商圈的临界点} = \frac{\text{AB商圈之间的距离}}{1 + \sqrt{\text{B商圈人口数} \div \text{A商圈人口数}}}$$

假设AB两个地区的距离为16公里，A地区有4万人，B地区有9万人，通过公式可以算出A对B地区的临界点是6.4公里。如果该城市还有CD两个地区，则需要算出A地区相对于BCD之间的三个临界点，把临界点连一起就构成了A地区的吸引力范围，如图6-8所示。红色三角区内即为A地区的势力范围。需注意临界点只代表在此点对AB商业区的吸引力相同，并不代表临界点以外地区的消费者不会去另一边购物。

雷利法则对于简单的商圈吸引力计算是够了，不过它的弱点是没有考虑交通状况，也没有考虑商圈之间的差异性。而哈夫吸引力模型则解决了这个问题，哈夫模型也叫做时间面积商圈界限模型。

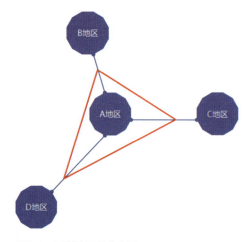

图6-8　雷利法则划分商圈

【哈夫吸引力模型】

柯北：一听这个名字就显得高端大气上档次。它的计算公式是什么？

杰克：哈夫认为商圈的吸引力与商圈规模大小、知名度成正比，与消费者到达商圈所感觉的时间距离阻力成反比（注意这里不是直接距离，是消费者的感知，和交通状况密切相关）。所以他的公式如下：

$$P_{ij} = \frac{S_j^{\mu} \div T_{ij}^{\lambda}}{\sum_{j=1}^{n}(S_j^{\mu} \div T_{ij}^{\lambda})}$$

【P_{ij}】住在i地区的消费者到j商圈购物的概率，这是一个相对值。

【S_j】j商圈的卖场吸引力，和卖场面积、知名度、促销活动，商圈的成熟度，商圈的经营品类等有关。在实际计算中我们可以用商圈的营业面积或某个品类的营业面积来量化。

【T_{ij}】i地区消费者到j商圈的距离阻力，和公共交通的难易程度、自驾车的用时等有关。在实际计算中可以用顾客平均所花交通时间或者交通距离来量化。

【μ】表示商圈吸引力或商店规模对消费者选择影响的参变量，也就是根据【S_j】来调整这个变量的数字，一般为1，如果商圈的吸引力确实足够大，可以考虑提高一些。

【λ】表示需要到商圈的时间或距离对消费者选择该商店影响的参变量，也就是根据【T_{ij}】来调整这个变量的数字，一般为2，必要时可以根据经验来调整。

【n】i地区消费者愿意去购物的商圈数量。

通过这个公式算出来的【P_{ij}】只是一个概率值，需要再乘以i地区的总人数即可以得到愿意到j商圈购物的人数。将所有地区有意愿的人数相加，就可以最终得到j商圈的意向人口总数。

♦ **确定商圈的容量**

确定商圈容量可以参考城市容量的公式，只是这里不是城市人口数，而是前面计算出来的意向人口总数。有了商圈容量再计算各品类的商圈容量就很容易了，只需要调查该品类销售占整个商圈总销售比重就可以了。

商圈容量（年） = 意向人口总数 × 目标顾客占比 × 平均年消费额

这种方法计算出来的商圈容量可以理解成商圈内常住人口的市场容量，如果我们还需要对商圈容量进行更精准的计算，则需要将意向人口总数进行更进一步细分。对于一个商圈来说，除了常住人口会产生固定消费外，还有流动人口、暂住人口等也会带来消费。所以我们在做商圈的人口"普查"的时候还需要调查商圈内的宾馆平均入住人数、写字楼的员工数、学校的师生人数、医院的医患人数，商业网点的员工数（注意，他们也是消费者）等。

♦ **确定商圈的层次**

商圈一般分为主要商圈、次要商圈和边际商圈三个层次。如图6-9所示，商圈和商业区不是一个概念，商业区就是指消费者去购物的商店集合群，商业区只是商圈的一部分。

这是传统的商圈层次分类法，而雷利法则也好，哈夫吸引力模型也好，都是理论上的商圈计算方法。我们需要判断实际商圈的大小，可以通过收集商业区中实际消费者的地理位置信息，然后在地图中进行标注，最后

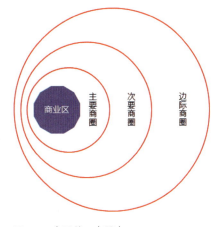

图6-9 商圈的三个层次

绘制成顾客来源图，从而可以最终判断实际商圈的地域范围。并可以根据顾客的密集程度测算出主要商圈、次要商圈和边际商圈的范围。确定商圈层次的方法包括：

【顾客调查法】通过随机抽取顾客进行面对面调查。这种方法需要注意的是调查样本要大，调查的时间段要分散、均匀，调查的地点要多样化。

【顾客记录法】通过顾客在办会员卡记下的地址，邮寄海报的地址或顾客购买后委托店铺送货的地址等收集顾客的位置信息。

【顾客活动法】通过举行一些例如抽奖、寄试用装等活动让顾客留下联系地址。其实只要零售商想收集顾客的信息，一定是可以想到办法的。

◆ 确定商圈的饱和度

商圈饱和度是用来判断商圈竞争激烈程度的一个指标，简称IRS（Index of Retail Saturation的简称），公式如下：

$$（某类商品）零售饱和度指数 = \frac{商圈（某类商品）容量}{（某类商品）营业面积}$$

该公式既可以用来计算某个业态的饱和度，也可以计算某个业种。例如某个商圈有目标顾客3万人，平均服装年消费1,500元/人，则商圈服装容量为4,500万元。目前已有3,000m²服装经营面积，则饱和度指数为1.5万/m²。IRS的意义是单位营业面积上的市场容量是多少，是一个相对值，供给面积越大IRS就越低，就趋于饱和。

细心的星星发现这个饱和度指数实际上和零售常用的坪效是一个概念，只是坪效是销售额和经营面积的比值。坪效和饱和度指数都是需要比较才能判断强弱的指标。由于同一个商圈的营业面积和容量是不断变化的，所以IRS也可用在同一商圈不同时期对比上面，通过画IRS曲线图来做饱和度趋势的分析。

3 拓展新店铺

除了一些大型零售商外，对于大多数品牌商来说，没有时间也没有必要去研究商圈容量、饱和度等这些宏观概念。如果要开店，只需要研究店铺开在商圈的什么位置或者某个购物中心的某个位置就行，也就是重点关注落位。好的位置会带来相对大的客流，相对多的销售额，所以拓展新店铺需要研究的就是客流和预判销售额。

现在很多公司在拓展新店铺的时候大多依赖拓展人员的判断，拓展人员更多的是凭经验来判断位置的好坏，一旦拓展人员不专业或判断失误，最后承担责任反而是商品部或零售一线的同事。

建议零售公司建立一个新开店铺失败的追溯机制，拓展人员必须对新开店铺失败负责。追溯机制最重要的指标就是客流量或销售额，客流量优先，销售额其次。新店铺开业的前3~6个月，拓展人员必须对这两个指标负责。这就需要拓展人员必须对销售额的预估有个严谨的论证过程，从如下这个我们熟悉的销售额公式来看，拓展新店铺实际上就是要找到这六个指标的数字依据。

销售额 = 路过人数 × 进店率 × 成交率 × 零售价 × 销售折扣 × 连带率

这六大指标的后四个是内控指标，找到可比店铺作为参照后就可以确定具体值，属于已知项，所以新开店铺的研究只需要对路过人数与进店率进行分析就行了。路过人数和进店率的确定是一件辛苦的事情，需要实际观察测量，为了数据的准确性，观察期尽可能长一些。除了观察目标店铺外，附近的店铺数据也必须参考，特别是竞争对手的这两个数据。

6.1.3 渠道的管理指标

一个好的渠道必须要有一套好的管理指标来配合，图6-10是对渠道客户的评估体系，这个体系既有量化的指标，也有主观的评价指标。每个品牌商都希望找到最有势力的渠道商来代理自己的产品或服务，而这些指标则可以用来评价渠道客户的综合能力。

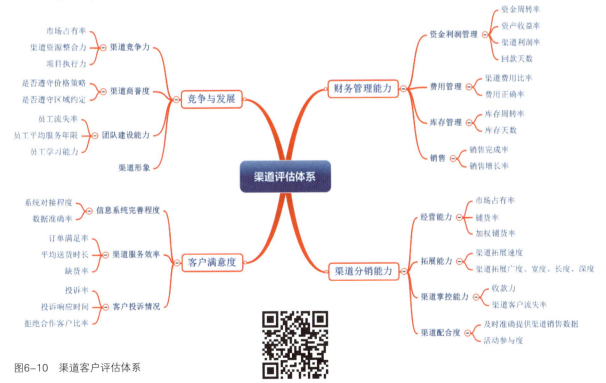

图6-10　渠道客户评估体系

这里面的指标大部分前面已经做了解释,现在只是解释一下铺货率和加权铺货率两个指标。这两个指标是考核产品覆盖广度和质量的指标,也是评估渠道商最重要的两个指标。

【铺货率】

铺货率指适合销售某种产品的店铺中有多少已经有该产品的销售,这个比重就是铺货率。某地区有3,000家店铺,其中2,000家店铺适合销售化妆品,某化妆品品牌已经在其中的1,000家店铺有产品可供销售,铺货率就是50%。产品销售的好坏与铺货率成正比。铺货率的统计一般以独立的市场调查公司实地调查为统计依据,当然有的公司也采取销售人员提报,或市场人员抽查的办法。

【加权铺货率】

普通铺货率有个问题,就是将大小店铺都一视同仁,一个便利店和一个家乐福都被视为1个店铺,都是一样的权重,所以普通铺货率也叫数量铺货率。对于洗发水品类来说,一个便利店可能只占总销售的0.01%,一个家乐福可能占总销售额的10%,数量铺货率不能解决这个问题。加权铺货率则是给不同产出的店铺赋予不同的权重值,这个权重就是该店铺某类产品占总销售的比重。

如图6-11所示,这是铺货率计算的示意图。某洗发水品牌在10家店铺中的前6家店铺产品铺货成功,数量铺货率为60%,但是由于重点店铺均已有货,加权铺货率高达90%。加权铺货率符合生意的二八法则管理规则。数量铺货率追求的是铺货数量,加权铺货率追求的是铺货质量。

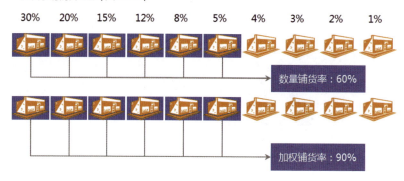

图6-11 铺货率计算示意图

6.2 会员策略的数据化管理

这天一上班,杰克就把星星和柯北叫到办公室,然后对他们说,从这天起让他俩开始接触公司零售层面最核心的数据，就是会员数据。

杰克：做个调查，你们看看自己有几张会员VIP卡？

星星：我大概有十几张吧，经常去购物的品牌我一般都习惯性地办张卡。

柯北：我不喜欢办会员卡，不过网上的购物账号到是有几个。

杰克：那你们有什么感受？

星星：烦死了，老是被他们骚扰。发给我的短信总是特价、新品之类，一看就是那种一点技术含量都没有的群发短信。害得我现在再办卡都不敢留手机号了，可是又怕错过他们的会员促销活动，矛盾啊。

杰克：这就说明他们没有真正把消费者的数据用起来，还处在最基本的跑马圈地（会员）时代。对会员进行数据分析一方面可以指导销售营运，另一方面也可以提高营销的精准度。会员管理是典型的两极化管理，会员基数需要做大，而会员营销却需要做小，也就是细分顾客。

顾客曾经对我说过这样一条让我印象深刻的话：凭什么你发了一条短信我就要回来买你家的东西啊？确实，我们很多商家认为会员营销就是例行公事地发短信打电话。你们真的不懂顾客，没有关心过顾客。目前会员管理的几大误区：

- 只注重开发新顾客，而忽视了对老顾客的维护，也不关注顾客的流失情况。某个国际大型零售商曾经做过分析，一个老顾客的流失要靠12个新会员的销售额才能弥补。
- 没有细分顾客，购买特价商品的顾客被过分关注，反而忽视了对那些优质顾客的照顾。
- 对会员过度沟通，沟通没有特色，沟通渠道单一。
- 没有对顾客的生命周期进行管理，没有挖掘顾客的附加价值。
- 把会员制当成促销活动来营运，而不是经营策略。一直在模仿，从来没超越。

6.2.1 会员数据分析

在正式做会员的数据分析之前，先谈谈会员的数据收集问题。之前，在新春天的会员信息里面，我发现有1.5%的会员年龄在80岁以上，其中100岁以上的会员居然也有不少，0.5%的会员年龄在10岁以下，还有些会员数据缺少性别等基础数据。这些数据都是有问题的，会员数据的完整性及正确性一直是我们会员数据分析的一大障碍。后来，我们专门做了一个各分店会员基础数据完整率的指标，每周在总公司周报上排行公布，引起各门店老大重视后，这个数据质量才明显提升了不少。

所以基础数据的收集不是技术问题而是责任心问题。

1 会员数据收集

我们需要收集会员的哪些基础数据？理想状态应该收集这些顾客信息：姓名、性别、出生年月日、手机号码、邮箱、通讯地址、微博账号、微信账号、月收入、工作单位性质等。收集这些数据是为了后期的分析和营销使用，但有些数据收集起来是比较困难的，例如月收入，所以收集的时候需要一些技巧，比如让顾客选择收入的范围，不要直接让顾客填收入的具体数字。会员乱填手机号也比较普遍，现在Wi-Fi已经是全世界人民的基本需求了，而很多商场都有免费Wi-Fi服务，通过登录注册或者发送上网验证码等方式都可以收集顾客的手机号。可以利用寄免费试用装的机会来收集通讯地址，通过微信发放代金券来收集微信号，通过办卡时刷顾客的身份证来收集出生日期等。

只要用心，办法总是有的。传统零售商们总是希望免费得到用户的这些数据，免费的时代已经离我们远去，并且免费得到的这些数据质量也得不到保障，所以适当地出血是有必要的。电商们获得的每一个用户都是利用真金白银获取的，都是有获取用户成本的。

当然，对任何一个企业来说，一定要像保护自己眼睛一样保护用户的数据，既是保护用户的隐私，也是在保护自己企业的商誉。可惜……（此处省略1万字）

有的便利店采用如图6-12所示的顾客信息采集方式。这种方式采集的数据比较隐蔽，比较适合对群体的研究。当然这种方式的弊端是有些收银员真的很忙，而另一些收银员也确实很懒，他们会在上面胡乱按键的！

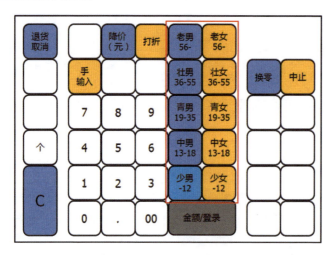

图6-12 便利店顾客信息采集键盘

在正式做会员数据分析之前，必须对那些异常数据进行清洗，保证数据质量，只有这样会员顾客数据分析的结果才是靠谱的。会员数据分析的另一个误区是，很多人一谈到会员数据言必称会员数据挖掘，好像不从中挖出一座金山来就不算本事。其实我认为对于会员数据首先是管理，其次是分析，最后才是挖掘。先把基础的东西搞好了，对企业的价值可能更大。

2 会员基础数据分析

我们从日常营运的角度来梳理会员基础数据的分析思路吧！

- **每天或每周需要关注并追踪的会员指标**：会员的新增开卡数、新开卡率、贡献率、会员客单件、会员件单价、会员连带率、沟通率、回头率等。

- **每月和每季度需要分析的会员指标**：除了前面那些指标外，还包括会员的平均年龄、性别贡献率、有效会员总数、会员增长率、流失率、回头频率、平均回头天数、促销活动的转化率等。

- **年数据研究指标**：主要包括会员的新开卡率、流失率、回头率、平均回购天数、唤醒率、激活率等策略指标。

每天、每周的数据以追踪为主、分析为辅，侧重于分析发生了什么的层面。每月每季的数据以分析为主，侧重于研究趋势，找到关键问题。年末的会员数据分析以研究为主，用来指导下一年的策略制定。

其中的"新开卡率"指在达到办卡标准的顾客中，有多少顾客是付诸行动开了会员卡。因为有些顾客虽然符合要求，但是可能店员没有介绍到位或者顾客自己不愿意开卡。如果这个数据比较低，管理层则需要检讨会员卡的价值在哪里？为什么顾客拒绝办卡？

"平均回头天数"是指顾客平均多少天会再次消费，逐渐缩短这个时间也是提高销售的一个手段，这也是用来指导促销活动频率的一个指标。

会员的基础数据分析主要有三种思路，看趋势、找对比、溯源头。如图6-13所示，左边（品牌A）是某品牌服装的平均年龄走势图，从图上很清楚地发现2013年Q1的平均年龄有突变，增长了近1岁，这对一个时尚女装品牌来说是非常恐怖的数据。和该企业品牌B进行对比，发现没有此现象，和品牌A在2012年Q1的数据对比也没有这种状况。在溯源过程中也发现每个地区都有2013年Q1平均年龄上扬的情况，继续向下分析到单个店铺的顾客平均年龄时，发现就有分化，几乎所有的正价场都有上扬现象，而长期特卖场（以处理往季库存商品为主）却没有这种现象发生。于是我们则可以判断是Q1的商品风格变化的原因，最后当Q2新品上市时平均年龄回落到正常值也验证了当时的判断（右图）。

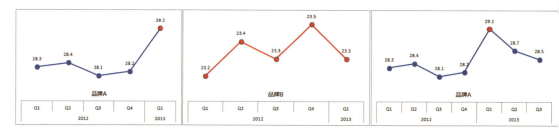

图6-13 某服装品牌顾客平均年龄趋势图

再看一个对比分析的案例，如图6-14所示，这是全国20个城市在2013年10月的会员流失率和新增会员分析。这里的新增会员率是指当月新增会员数占10月底该城市有效会员总数的比重。流失率和新增会员率是会员分析常用的两个指标，也是会员数量的正反面分析。如果把有效会员看作是企业的资产，新增会员就是往银行存款，会员流失就是从银行取款，我们要看是存进去的多还是取出来的多。图6-14中，用一条等比线（即流失率等于新增会员率）将所有城市分成三部分，左上方是表现不错的城市，新增会员率大于会员流失率，银行存款会越来越多；广州是两者一样，保持平衡，这种情况一般不多；剩下右下角的11个城市则需要注意了，他们"会员银行"里面的资产在降低，垂直距离等比线越远的城市越有问题，例如哈尔滨和大连。

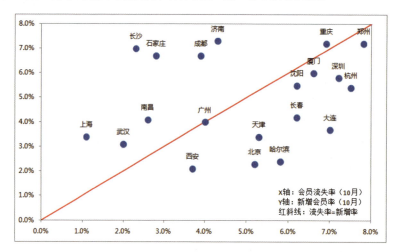

图6-14 全国2013年10月会员流失及新增会员分析一

上面这个案例是和等比线对比，还可以和20个城市的平均值做对比，这就可以用到四象限图了。如图6-15所示，将20个城市分成了4部分，其中第二象限（左上的长沙、成都那部分）是最好的，相对较低的流失率，较高的新增会员率。相反右下角的第四象限中的5个城市则需要立刻整顿了。

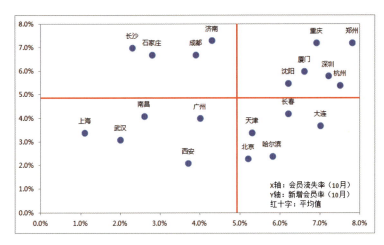

图6-15　全国2013年10月会员流失及新增分析二

从上面这个案例也可以看出，会员的基础数据分析其实还是比较简单的，难的是持续性，是否真地做到了看趋势、找对比、溯源头。

6.2.2　会员价值分析

会员的价值体现在持续不断地为企业带来稳定的销售和利润，同时也为企业策略的制定提供数据支持。所以零售企业总是想尽一切办法去吸引更多的人成为会员，并且尽可能提高他们的忠诚度。忠诚度高的顾客表现为经常光顾购买，有较高的价格忍耐度，愿意支付更高的价格，也愿意向其他人推荐，对品牌满意度较高等。会员忠诚度高不一定会员价值就高，还得看他的实际消费金额，也就是消费力。

由于会员价值中"愿意向他人推荐"这个项目不好采集数据来量化，满意度也需要专项调查才能取得数据。所以结合这些特点，我们可以从以下几个指标去评估会员的综合价值。

1 最近一次消费时间

理论上来讲，上一次购买时间距离现在越近的顾客价值越大。而他们得到营销人员眷顾的机会也应该大于那些很久没有光顾的顾客。当一位已经半年没有光临的顾客上周再次产生购买，那他就激活了自己的这个指标，所以最近一次消费时间是实时变化的，我们需要不断激活顾客消费。

2 （某个周期内的）消费频率

消费频率越高的顾客忠诚度越大，我们需要不断采取营销手段去提高每个顾客的消费频率，这也是提高销售额非常有效的方法。一个产品没有重复购买的企业是非常危险的，意味着它的顾客都是新的，都是一锤子买卖。

3 （某个周期内的）消费金额

消费金额越大，顾客消费力也越大，在二八法则中，20%的顾客贡献了80%的销售额，而这些顾客也应该是得到营销资源最多的顾客。特别是当你的促销活动的费用资源不足的时候，这些高端的顾客就是你的首选对象。这个指标还需要和消费频率结合起来分析，有的顾客消费金额非常高，但是他可能只是购买了一次高单价商品，就再也没有光临过了。

4 （某个周期内的）最大单笔消费金额

这也是判断顾客消费力的指标，主要是看顾客的消费潜力。

5 （某个周期内的）特价商品消费占比

这个指标表示在顾客的总销售额中有多少是购买的特价商品，把它作为一个顾客价格敏感度的指标。

6 （某个周期内的）高单价商品消费占比

高单价商品的消费比重越高，顾客的价格容忍度也越高。在计算这个指标时需要将每个品类高单价的商品标注出来以便计算。最简单的做法是将每个品类中高于平均零售价的商品都视为高单价商品，也可以用高价位、中价位、低价位的方法。

这6项指标，其中前3项就是著名的顾客价值研究的RFM模型，分别是R-Recency（最近购买时间），F-Frequency（消费频率），M-Monetary（消费金额）。这3个指标来自于美国数据库营销机构的研究，现在逐渐成为会员价值研究以及会员营销的通用模型了。除此之外，我们新春天集团的会员分析模型还增加了价格容忍度这个分析维度，对于价格容忍度高的顾客，我们获取的销售和利润应该是最大的，如果推送给他们特价商品反而是失败的营销。特价商品消费占比和高单价商品消费占比是用来衡量顾客的价格忍耐度的指标，经常买特价商品和购买同品类中低单价商品的消费者一般来说价格容忍度会低一些。

如图6-16所示，这6个指标代表了顾客价值评估的忠诚度、购买力、价格容忍度三个维度。

忠诚度		购买力		价格容忍度	
最近一次消费时间	消费频率	消费金额	最大单笔消费额	特价商品消费占比	高单价商品消费占比

图6-16 会员价值分析指标

这三个维度既可以单项分析，也可以组合在一起分析。单项分析比较简单，就不单独介绍了。综合起来分析基本就可以完整刻画会员价值。如图6-17所示，其中购买力和价格容忍度不矛盾，购买力弱的顾客不一定价格容忍度就低，满大街的iPhone和LV包正好说明这一点。

接下来是如何量化这6项指标，一般采用建立标准打分制的方法。如图6-18所示，这是新春天超市的模拟评分标准，利用这个标准就可以给每个会员顾客打分。注意行业不同、企业不同，标准会大不同，不能生搬硬套。

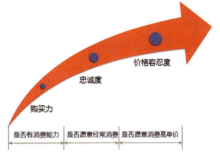

图6-17　会员价值三度

周期：半年内	1分	2分	3分	4分	5分
最近一次消费时间-R	120天（含）以上	60-120天（含）内	30-60天（含）内	15-30天（含）内	最近15天（含）内
消费频率-F	1次（含）以下	2-4次（含）	5-7次（含）	8-9次（含）	10次（含）以上
消费金额-M	500元（含）以下	500-1000元（含）	1000-1500元（含）	1500-2000元（含）	2000元（含）以上
最大单笔消费金额	100元（含）以下	100-300元（含）	300-600元（含）	600-1000元（含）	1000元（含）以上
特价商品消费占比	80%（含）以上	60-80%（含）	40-60%（含）	20-40%（含）	20%（含）以下
高单价商品消费占比	20%（含）以下	20-40%（含）	40-60%（含）	60-80%（含）	80%（含）以上

图6-18　会员价值指标评分标准

最后可以将会员得分以雷达图的方式展现出来，例如图6-19。根据雷达图的形状，我们可以去了解每个顾客的特性，从而实现差异化的营销。图中会员1忠诚度很高，但是购买力和价格容忍度都不高。这种顾客虽然消费力不够，但节约了营销资源，即便不互动，他们也会定期回来消费的，他们是超市人气的保证。超市可通过促销等方法把这部分顾客集中到人流较稀少的时段进行购物。会员2消费力很强，价格容忍度也可以，缺点是忠诚度不够，这种类型的顾客需要分析他们的购买记录，做到商品的精准推荐，找一个最恰当的理由促使他们提高回购频率。会员3忠诚度和消费力都不好，只是价格容忍度还不错，学生是这个群体的显著代表。

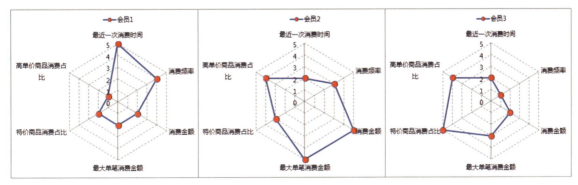

图6-19　会员价值的雷达图分析

最后简单说说RFM模型，它是CRM（客户关系管理）中重要的组成部分，用来判断顾客价值，指导营销活动。当企业的会员数据不是很多的时候，可以用Excel实现RFM模型的简单分析，数据量比较大的话就得用专业软件了。

6.2.3 会员的生命周期管理

从销售最大化角度来说，会员管理既要把会员基数做大，还要提高会员的购买频次，同时还需要防止顾客离你而去，所以顾客的生命周期管理就意义重大。从一个普通消费者变成我们的顾客最后到离我们而去，这就是顾客的生命周期，我们总是希望顾客不离不弃，"终身"是我们的会员顾客。这里的"终身"是指在产品定位范围内的终身，例如一个定位在青春美少女的化妆品，她的顾客年龄一般也就是15~25岁的范围，一旦顾客成为该品牌的会员后，我们就希望顾客在26岁前都能产生销售价值，25岁以后如果还有消费的话，那就是剩余价值了。

所以我们必须通过数据去管理顾客的生命周期，如图6-20所示，会员的生命周期管理共分为7个环节，首先顾客是一个消费者，当购买了零售商的产品或服务后就成为了顾客，当消费到一定金额或次数时则成为了正式的会员，然后我们就可以开始对其进行会员分析管理了，直到他再也不会来的时候为止。需要提醒的是，在网络销售中稍有不同，一般网站会把只要注册过的用户都视为会员，所以他们的顾客范畴小于会员范畴。而有些线下店铺的会员门槛也比较低甚至没有门槛，只要顾客消费过，哪怕是1元钱也可以开通会员卡，享受会员服务。大部分线下零售商的会员规则中，顾客只有消费达到规定的金额或次数时才能转化为会员（这也是一个会员资格的筛选过程），图6-20即是指的这种情况。

图6-20 会员的生命周期

在会员生命周期的前两个阶段属于顾客管理阶段，可以看成是准会员阶段。真正的会员管理是从他们变成正式的会员开始的。我们以消费时间作为标准来界定会员的各个阶段，行业不一样这个时间标准也会不一样。我们以新春天百货商场为例来说明这个会员管理的过程，如图6-21所示。当顾客成为新春天百货的新会员后，他只有在产生第二次购买后才会被激活成为活跃会员。

- **活跃会员**：在最近3个月内有过消费的会员。

- **沉默会员**：最后一次消费发生在最近的4~6个月内，已经沉默了3个月。

- **睡眠会员**：最后一次消费发生在最近的7~12个月内，已经睡眠了6个月。

◆ **流失会员**：最近12个月内均没有消费的会员。对于一个零售店铺，很可能每天都有会员流失，因为每天都有会员达到12个月未消费的标准。成为流失会员后，有两种处理方法，其一是自动失去会员资格，不再享有会员福利；其二是保留会员资格，继续享有会员福利，流失会员只是数据分析层面的一个概念（这种情况也就是终身会员的概念）。

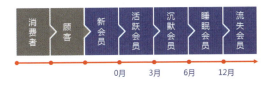

图6-21 会员的生命周期定义

在会员管理的5个阶段中，活跃会员不一定是会员的必经阶段，也就是成为新会员后并没有产生重复购买，直接从新会员跳过活跃会员阶段到沉默会员、睡眠会员以致最终的流失。相反当沉默会员、睡眠会员只要产生一次消费后，他们也直接被激活成为活跃会员。目前企业对流失会员的处理有两种方式，其一是直接终止其会员资格（新春天集团是这种方式），终止会员资格后，即便顾客再次购买也没有办法被激活成活跃会员，除非企业有特殊的政策允许被再次激活。其二流失会员继续保留会员资格，这种方式的会员是可以随时被激活的。

会员管理这5部分既可以用来判断会员处在生命周期的哪个阶段，还可以用它们来分析企业会员的构成。如图6-22所示，这是新春天百货南京新街口店2013年第三季度的会员结构图，新会员加活跃会员的占比为32%。说明一下，这图的分母是Q2底有效会员总数加上Q3的新增会员数。

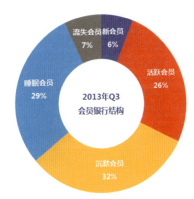

图6-22 新街口店Q3会员银行结构

杰克：星星，你来解读一下这个图吧。

星星：单纯从此图来看，有几点发现：

◆ 本季度新增会员小于流失会员，这意味着会员银行资产在降低，这是一个危险的信号。

◆ 本季度有26%的老会员创造了销售价值（即活跃会员的比重），暂时不能判断这个数据的好坏，需要同比去年的数据来看。

◆ 如果要发现更多有价值的信息，还需要看这5部分数据的趋势如何发展。

杰克：星星说得对，这就是我经常对你们说的数据点线面的概念。单看图6-22实际发现不了太多有价值的信息,这只是截止到Q3的"点"数据,还需要分析"线"数据,就是一个中长期内的趋势,最后再找其他地区或分店的数据来对比,形成"面"分析。只有点线面结合在一起分析,数据才能鲜活立体起来,最后再结合业务背景就可以做深层次的判断。线和面的分析就交给你俩做课后作业吧。

从销售最大化的角度来说,我们希望每个顾客都是活跃顾客,尽量没有沉默会员、睡眠会员和流失会员,这当然是不现实的。新会员我们希望他尽快产生第一次重复购买,重复购买过的顾客我们又希望他尽快第二次、第三次重复购买,这是一个不断转化的过程,并且转化率越高带来的销售价值就越大,这个过程中实施数据化管理尤为重要。

转化包括两个层次,一是将新会员、沉默会员、睡眠会员、流失会员转化为购买状态,即活跃会员;其二是将活跃会员转化为多次重复购买的会员。如图6-23所示,这是按照会员生命周期所处阶段的转化率指标,包括会员重复率、击沉率、唤醒率、激活率、重复购买率。其中重复购买率又包括一次重复购买率、二次重复购买率……N次重复购买率。

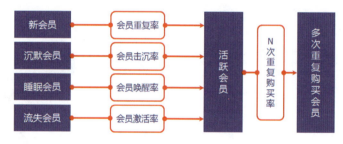

图6-23 会员生命周期管理指标

新街口店截止到2013年Q2底有睡眠会员8,000名,其中有400名在三季度产生了至少一次销售,则睡眠会员的唤醒率为5%。沉默会员的击沉率和流失会员(不终止会员资格)的激活率也是同样的计算方法,新会员的重复购买率为有重复购买的新会员除以Q3新开卡会员总数。

转化的第二个层次,即活跃会员转化为重复购买会员,这是更高层次的转化。继续用新街口举例,如图6-24所示,在Q3的时候共有10,000名会员有销售记录,其中2,500名会员有两次购买记录(即重复购买一次),则重复购买一次的转化率为25%。从图中也能看出本季度有高达68%的活跃会员至少有一次重复消费的记录。同样的道理,活跃会员的分析还需

图6-24 Q3活跃会员结构分析

要结合点线面的数据来综合分析。

杰克：说了这么多，总结一下。会员数据化管理是一个持续的过程，每月、每季、每年都要持续不断地点线面分析，这是一个常规动作。同时通过会员分析也为促销活动的会员数据分析提供服务，本书第3章讲到每个促销活动一定要有明确的目的性，而转化不同周期的会员就是促销活动中非常重要的一个促销主题。如果某次促销活动设计的主题是激活流失会员，则活动的KPI就是流失会员的激活率，活动方案也必须从如何激活流失会员入手，活动结束后必须评估激活率是否达标。我们还可以设计专门针对沉默会员、睡眠会员、新会员的转化促销方案，以及提高重复购买转化率的方案。最后都可以用这几个指标来评估促销效果。

促销活动主题必须足够明确，当这种以转化为主题的促销活动做得越多，我们就可以发现更多会员转化和促销间的规律，找到什么样的促销方案更适合什么样的会员转化，从而反过来指导促销方案的制定。

6.2.4 会员购买行为的研究

消费者购买行为分析是消费者研究中非常重要的部分，而会员作为消费者，研究他们的消费习惯则可以帮助企业制定销售策略。通过对会员购买行为分析有个好处就是，企业掌握了会员作为消费者的更多数据，而普通消费的数据是缺失的。消费者购买行为分析常用的是5W2H分析法，如图6-25所示。5W2H分析法适用范围很广，不仅仅可以用在消费者购买行为分析上，还可以用在我们生活、工作、学习的各个方面。

图6-25　5W2H分析法

◆ **What**

顾客想买什么？顾客的需求是什么产品或服务？顾客最核心的需求又是什么？影响消费者购买决定的关键因素是什么？购买后不能满足顾客的实际需求他们的反应又会是什么？

◆ **Who**

谁想买？谁在收集需要购买的产品信息？谁在做购买决定？谁来实施购买？谁会影响购买？谁又是产品或服务的使用方？购买计划人、购买批准人、实际购买人、购买后的使用者有时候并不是一个人。

- When

何时购买？供何时使用？何时又会重复购买？该产品或服务可以使用多长时间？

- Where

消费者在哪儿购买？购买的渠道和场所在什么地方？购买的地点有什么特点？

- How much

购买多少？购买频率是多大？人均购买量是多少？购买价格是多少？

- How to do

如何购买？如何到达购买场所？用什么方式和程序购买？

- Why

消费者为什么购买？为什么买这个品牌而不买其他品牌？为什么在这个渠道购买？为什么是这些消费者在购买，有什么规律没有？为什么是这个时候购买？为什么买这么多？Why是5W2H分析法中其他4W2H的主导因素，如图6-26所示，其他4个W和2个H都需要回答Why。回答清楚了，消费者的购买行为分析自然就清楚了。

图6-26　Why的主导作用

5W2H是会员购买行为分析的思维逻辑，不停地问为什么，再不停地找答案。把上面所有内容弄清楚了，会员的购买行为就完善了。会员购买行为分析有两个主要作用：

1. 分析会员购买行为共性，用以指导企业的决策、营运计划、店铺管理等。

2. 个体研究，给每位会员"贴标签"。5W2H中每一个量化数据都可以变成会员标签，例如喜欢每周的什么时段购物，喜欢什么样色的衣服，衣服尺码是多少，喜欢什么样的支付方式，有几张银行卡等等。电子商务对这部分数据的搜集和分析有先天优势，比传统零售强大得多，有的电商给每一位会员都贴了几十个标签。

前面提到的消费者驱动实际上就是指研究消费者的购买行为数据，达到比消费者更了解他自己的目的，最终实现对消费者的精准营销，最大化的刺激并满足其消费需求。大数据时代必将引领消费者购买行为研究的深入。

6.3 竞争对手分析

谁是我们的竞争对手？他们的策略是什么？和他们相比我们的优势和劣势在哪儿？这些是我们必须经常面对的问题，竞争对手无处不在。作为一名数据分析师，我们又要如何帮助公司制定竞争策略？不能正确识别自己的竞争对手会造成各种被动，既浪费资源，还浪费宝贵的发展时机。

研究竞争对手有什么意义吗？用一句开玩笑的话来说，当你不知道自己的客户在哪里时，你的竞争对手可以告诉你；当你不知道资源如何投放时，竞争对手可以告诉你；当你不知道如何制定营运策略时，竞争对手同样可以告诉你。

6.3.1 谁是你的竞争对手

杰克：柯北，星星，你觉得我们新春天集团的竞争对手是谁？

柯北：我觉得我们新春天百货的竞争对手是新世界百货、万达百货、王府井百货、万象城等百货商场及购物中心吧，新春天超市的竞争对手应该是华联、京客隆、华润万家、物美等超市吧。

杰克：那京东、淘宝、亚马逊、苏宁易购等电商算我们的竞争对手吗？

星星：我觉得应该是广义的竞争对手吧？

杰克：那宜家呢？

星星：宜家应该不算吧？

杰克：宜家和新春天百货的产品确实重合度不高，但是从抢夺顾客资源（可以理解成钱包）的角度来说，也是一种竞争关系。从这个角度来说网络游戏和微博、微信也是广义的竞争对手，因为都需要抢夺用户的空闲时间。可口可乐的竞争对手仅仅是百事可乐吗？不是，是所有软饮料，因为消费者的胃是有容量限制的。

谁是你的竞争对手？就是和你抢夺各种资源的那些人或组织。其中对资源掠夺性最强的人或组织就是你的核心竞争对手。资源的涵盖范围非常广，包括生产资源、人力资源、顾客资源、资金资源，人脉资源等等。角度不同竞争对手就不同。

还记得前面我们提到的那个零售业思维模式吗？我们继续可以从【人】【货】【场】以及【财】四部分来界定你的竞争对手。

 从【人】的方面发现竞争对手

- 总在挖你墙角的那些企业，或者你的员工离职后去得最多的企业，他们一定是你的竞争对手。说明你们之间的资源有相似性，你们在抢夺同一个类型的人力资源。
- 从争夺顾客资源的角度找到竞争对手，包括顾客的时间资源、预算资源、身体资源等。现在是一个互联网信息爆炸的时代，网络游戏、微博、微信、各种客户端APP都在抢夺用户的碎片化时间，他们之间互为竞争关系。对大多数人来说钱包是有限的，所以每年电商双11活动实际上就是一个抢钱的游戏。还有胃属于人的身体资源，喝多了可乐则没办法喝啤酒。

2 从【货】的方面发现竞争对手

- 销售同品类商品或服务的为直接竞争对手，这是最大众化意义上的竞争对手，大家常说的同业竞争就是这个意思，也是狭义的竞争对手。耐克和阿迪达斯，肯德基和麦当劳，百事可乐和可口可乐无不是经典的竞争对手。
- 销售扩大品类的商品或服务，也就是非同品类但是属于可替代，这也构成竞争关系。休闲服的同品类竞争对手是休闲服，它的可替代竞争对手是体育运动服饰，甚至正装等。再比如柯达的同品类竞争对手是富士，扩大品类的竞争对手是数码相机公司。
- 销售互补品类的商品或服务，互补商品指两种产品之间互相依赖，形成互利关系。例如牙刷和牙膏，照相机和胶卷，汽车行业和中石油、中石化都形成互补关系。一般意义的互补商品间不形成竞争关系，但是如果你是生产电动汽车的公司，加油站就是你的隐形竞争对手。如果你是生产数码相机的公司，那么胶卷行业就是你的竞争对手。

3 从【场】的方面发现竞争对手

主要指卖场商业资源的竞争，如果想开一个服装专卖店，在拓展寻找店铺位置的时候，其他服装品牌、电器手机专卖、餐饮企业、银行等都是你的竞争对手，因为你看重的地方对方也很可能中意，形成了对资源占有的竞争关系。如果想在百货商场的共享空间搞一场大型特价促销活动，那商场内所有品牌可能都是你的竞争对手，因为大家都有促销的需求，需要利用共享空间做促销。

4 从【财】的方面发现竞争对手

- 营销资源的竞争，如果想做广告，在同时段、同一媒介准备打广告的其他企业就是你的竞争对手。

- 生产资源的竞争，争夺同一类生产资源的企业间形成竞争关系，如星巴克和所有以咖啡为生产原料的厂家都是竞争关系。
- 物流资源的竞争，这一点在每年的春节和这两年的双十一尤其明显，为了顺利发货，各大厂商使出了浑身解数。

对一个企业来说，找到竞争对手不难，找准竞争对手不容易。竞争对手的界定有如下几方面的特点：

- 竞争对手形式呈现多样性，包括直接竞争、间接竞争、替代竞争等。
- 竞争对手具有地域性，同一个公司在不同的地区竞争对手很可能是不一样的，所以竞争对手管理需要差异化。包括全球性竞争、全国性竞争、区域性竞争、渠道通路内竞争等。渠道通路的竞争，例如在超市方便面的直接竞争对手是其他方便面，在学校方便面的竞争对手就是食堂和餐厅。
- 竞争对手非唯一性，对销售部来说同业竞争就是最大的竞争对手，对市场部来说抢夺营销资源的都是竞争对手，对生产部来说就抢夺生产资源的都是竞争对手，HR和其他抢夺人力资源的公司也都是竞争关系。
- 竞争对手具有变化性，现在的竞争对手是A，未来的竞争对手可能是B，是否能及时发现潜在竞争对手也很关键。

柯北：如果用上面的方法分析下来，我发现全世界都是我们的竞争对手？

星星：所以我们要找到那些最关键的竞争对手，不一定是最大的，但一定是最具有相似性的竞争者。

杰克：星星说得对，很多小公司经常犯这种错误，公司刚一成立就把业内最大企业列为核心竞争对手。从战略上可以这样，但战术上绝对不可以，否则会很受伤。给你们看张竞争对手评估表（如图6-27所示）。我采用了排名制方式，根据相似性进行排名，也可以用打分制来评估。这个评估分为战略和战术两个层面，战术部分以营运部举例。图6-27显示战略层面最大竞争对手是企业D，营运部最大竞争对手是品牌C。

杰克：为了让评估更准确，评估前我们需要通过市场调查、实地走访、网上搜索等方式收集对手的数据来辅助评估。接下来就说说如何收集竞争对手数据。

评估项目-排名制	企业层面-战略层面				部门层面-营运层面			
	企业A	企业B	企业C	企业D	品牌A	品牌B	品牌C	品牌D
战略的相似性	1	2	3	4	1	2	4	3
竞争环境的相似性	3	2	1	4	2	4	3	1
上游客户的相似性	4	3	2	1	1	3	2	4
下游客户的相似性	1	2	3	4	2	3	1	4
产品的相似性	2	3	1	4	2	1	4	3
渠道的相似性	1	2	4	3	1	4	3	2
价格的相似性	3	1	4	2	4	1	2	3
营销的相似性	4	3	1	2	2	4	3	1
顾客的相似性	1	3	2	4	3	2	4	1
总分	20	19	22	29	18	24	26	22

备注：数据为随机数据，最后一名1分，依此类推

图6-27 竞争对手评估表

6.3.2 如何收集竞争对手的数据

1 收集什么样的对手数据？

简单来说你的公司有什么数据就需要收集对手相对应的数据。不过这需要收集的数据实在太多，并且每个部门关注点也不一样，财务部关注利润，生产部关注资源，销售部关注市场，所以整合很关键。企业内部最好是建立一个竞争对手数据库，由专门的数据团队维护，由各职能部门和专业的调查公司提供数据，并将每个情报设定保密级别，便于不用的职位查看。

如图6-28所示，将需要收集的竞争对手数据进行分类，侧重于营运。这些数据回答了4部分内容：竞争对手在做什么？他们做得怎么样？他们还准备做什么？第三方怎么看他们做的事情。这张思维导图还可以继续细分，实际分析中建议可以先利用部门会议拉清单，然后利用思维导图归类的方法。

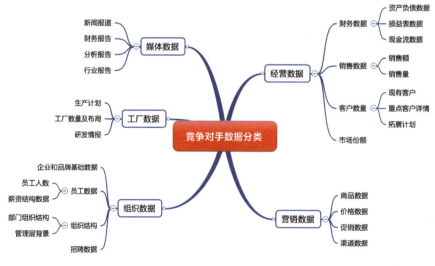

图6-28 竞争对手数据分类

2 如何收集竞争对手的数据？

我曾经在微博上开玩笑地发了条微博，如图6-29所示，引起了大家的强烈共鸣。有说公司应该有自己的食堂来避免这种情况，有说公司应该规范自己员工的言辞，还有说如果发现对手窃听就故意发布虚假消息来迷惑对手等，总之大家讨论得热火朝天。我有个收集快餐厅小票的习惯，也曾经在微博上发起网友上传餐厅小票"大家来找茬"的活动。小小餐票乾坤大，快餐厅小票上一般有日期、店铺名称、收银员或点菜员编号（很多公司的员工编号是有逻辑的）、消费菜品、消费金额、订单号（订单号也会有编码逻辑），运气好的话还有流水号。比较奇葩的流水号是充当交款顾客计数器的功能，看流水号就知道消费顾客数了（好的软件可以屏蔽这个信息或打乱这些逻辑），多收集几张小票然后根据这些信息，你大概可以判断出这个店铺的营业状况。

图6-29 微博截图

竞争对手的情报收集其实就在现实生活中的每一个角落，有的公司员工利用微博来汇报每日销售数据（我的博客中有这个案例），有的员工会把自己公司的数据有意或无意间上传到百度文库。泄露公司情报的行为无处不在，所以收集竞争对手数据也不是那么高深莫测的。美国海军高级情报分析中有句经典的话：情报的95%来自公开资料，4%来自半公开资料，仅1%或更少来自机密资料。

常规的竞争对手情报收集有线上和线下两种途径，如图6-30所示。线下收集时间成本较大，线上收集比较方便，不过这种方式越来越受到企业的喜欢。目前一些专业网站也开发了一些工具帮助我们分析竞争对手的舆情及发展趋势，并且都有现成的分析模型。以下是我常用的五款免费工具。

- 百度文库（http://wenku.baidu.com/）

百度文库是一个供网友在线分享文档的平台。百度文库的文档由网民上传，经百度审核后发布。文库内容包罗万象，专注于教育、PPT、专业文献、应用文书四大领域，截至2013年10月文库文档数量已有八千多万。文档的上传者包括普通网民、合作伙伴、公司员工、公司前员工……注意公司前员工（你懂的），只要变换不同的关键词进行搜索，就能找到很多有价值的资料，其中不乏货真价实的数据。

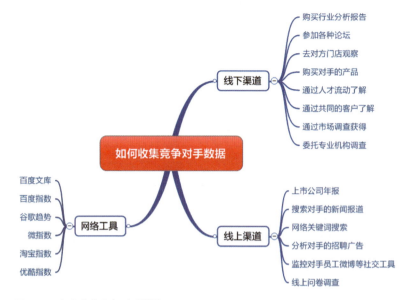

图6-30 如何收集竞争对手数据

◆ **百度指数**（http://index.baidu.com/）

百度指数是用来反映关键词在过去一段时间内网络曝光率和用户关注度的指标。它能形象地反映该关键词每天的变化趋势，它是以百度网页搜索和百度新闻搜索为基础的免费海量数据分析服务，用以反映不同关键词在过去一段时间里的"用户关注度"和"媒体关注度"。竞争对手的公司名称、品牌名称、产品名称、产品品类、关键人物、关键事件等都是情报收集的关键词。由于百度指数来源于用户主动搜索，所以具有很高的参考价值。

◆ **谷歌趋势**（http://www.google.com.hk/trends/）

谷歌趋势类似于百度指数，内容都差不多，数据展示方式略有不同，可以看到关键词在全球的搜索分布。它有两个功能，一是查看关键词在谷歌的搜索次数及变化趋势，二是查看网站流量。

◆ **新浪微指数**（http://data.weibo.com/index/）

微指数是通过对新浪微博中关键词的热议情况，以及行业/类别的平均影响力，来反映微博舆情或账号的发展走势。我们可以通过搜索品牌名、企业名称、商品类别等关键词来分析自己及竞争对手在微博的热议度、热议走势、用户属性、地区分布等。同时微指数还提供企业类的行业指数分析甚至是现成的分析报告，如图6-31所示。

图6-31　微指数的行业指数分类

◆ **淘宝指数（http://shu.taobao.com/）**

淘宝指数是淘宝官方免费的数据分享平台，通过淘宝指数用户可以根据关键词窥探淘宝购物数据，了解淘宝购物趋势。只要注册大家都可以使用，不仅限于买家和卖家。主要功能如图6-32所示。

图6-32　淘宝指数

杰克：这五大应用工具可以帮助我从不同的侧面去窥视竞争对手的表现，同时也可以帮助企业优化自己的营销策略，评估营销结果。例如竞争对手公司最近做了一档大型的促销活动，你可以通过微指数查看用户的评论状况，通过淘宝指数窥视它的销售趋势。这几款工具可以作为企业对竞争对手了解的辅助工具。

另外再提醒你们，在互联网时代，搜索是一门必须熟练掌握的技术。

6.3.3　竞争对手的分析方法

竞争对手不一定是同行，同行也不一定就你的是核心竞争对手。确定了你的竞争对手并收集到足够数据后，我们就要对他们进行深度分析了。

1 竞争对手分析路径

竞争对手分析共分为10个步骤，图6-33是分析路线图。这个分析路线图侧重企业前端即营运端

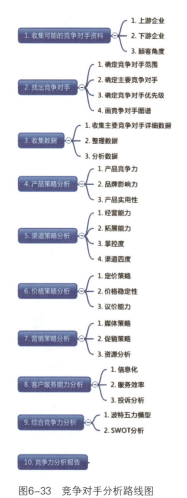

图6-33 竞争对手分析路线图

的分析。

杰克：柯北，我们说了这么长时间的竞争对手分析了，你知道我们为什么要分析竞争对手吗？

柯北：知己知彼百战百胜吧！

杰克：怎样的知己知彼呢？

柯北：应该是通过分析竞争对手来了解他们的市场策略，然后制定对应的市场计划。

杰克：不准确，一个企业的策略如果是根据竞争对手策略来制定的话，这个企业是没有持续性的，每个企业策略应该具有企业自身的特色。分析竞争对手的目的是为了解对手，洞悉对手的市场策略等。我们可以用竞争对手分析的五个层次来说明，如图6-34所示。能准确地确定竞争对手这是分析的最低层次，能分析出对手状况是第二层次，最高层次是通过竞争分析再制定策略后能够引导对手的市场行为。

图6-34 竞争对手分析层次

2 画竞争对手图谱

路线图第二步"找出竞争对手"中，画竞争对手图谱是为了将各个层面的核心竞争对手和潜在竞争对手标注出来，以便在渠道策略、资源投放、生产规划等方面更有针对性和差异化。如图6-35所示，这是用思维导图做出来的竞争对手图谱，当然也可以用地图形式来画。图中类别之间还可以进一步细分，也可以继续标注出每个竞争对手的习惯反应类型等。

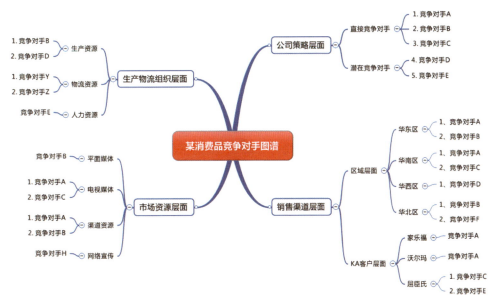

图6-35 竞争对手图谱

3 量化竞争对手的四度

在路线图第五步"渠道策略分析"中需要量化竞争对手的四度,这四度就是渠道广度、渠道宽度、渠道长度和渠道深度。渠道的广度指公司产品覆盖的区域是多少,渠道的宽度是指有几种类型的通路,渠道的长度指产品平均经过几个中间渠道到达消费者手中,渠道的深度指通路上渠道商数量的多少。

我们用四度举例来说明竞争对手分析中的三种方法。

◆ **排行榜方法**

适用于对单个指标的若干个对象强弱分析时使用,例如我们对渠道广度这个指标分析时,可以按照竞争对手的广度高低进行排行,从而看出竞争对手间渠道广度强弱,如图6-36所示。

◆ **四象限分析法**

四象限法适合对两个指标进行分析,如图6-37所示,这是个对竞争对手渠道广度和渠道深度的分析图。和竞争对手相比本企业覆盖了293个城市,广度不错,但是深度只有2,283个客户,低于2,644的平均值,偏低,和竞争对手A相比渠道深度差距相当大。

	渠道广度-城市数
对手D	325
对手A	294
本企业	293
对手E	270
对手H	234
对手K	197
对手B	171
对手J	166
对手G	153
对手F	132
平均值	223.5

图6-36 竞争对手渠道广度分析

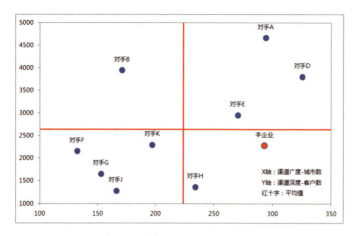

图6-37 全国竞争对手渠道广度–深度分析

另外，如果需要对三个指标进行分析，可以考虑用四象限气泡图来辅助分析。

◆ **雷达图分析法**

当需要分析的指标有4或4个以上时，一般的图表就不能很好地展示效果，此时可以考虑使用雷达图。但是雷达图由于只有一个坐标轴，不能同时展示不同的量纲数据和不同的数量级数据，例如渠道广度值介于100～400，渠道深度介于1000～5000，所以需要进行去量纲处理。我们可以采用排名的方法实现去量纲的目的。如图6-38所示，这是渠道四度的雷达图，坐标轴为名次，一共10个对象，每个点是一个维度的排名值。

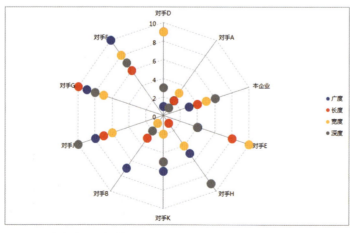

图6-38 竞争对手四度分析

4 波特竞争力分析模型（Porter 5 Force Analysis）

波特竞争力分析模型是哈佛商学院教授迈克尔·波特提出的，用于竞争战略分析。他把竞争力归纳为五力，分别是供应商的议价能力、购买者的议价能力、潜在竞争者进入的能力、替代品的替代能力和行业内竞争者现有的竞争能力。五力的组合决定了行业的利润水平，如果企业处在一个供应商议价能力低，购买者议价能力也低，有行业壁垒潜在竞争者不易进入，没有替代品，同时行业竞争也不充分的行业中，这个企业一定是高利润高垄断的高帅富企业。

传统零售业的波特五力分析。

- **供应商的议价能力**：无论是自营化的连锁超市，还是平台化经营的百货、购物中心，基本上都是零售商占主导地位，供应商的议价能力不强。属于店大欺客（户）的状况，特别是例如电器连锁、KA大卖场等，供应商的议价能力更低。
- **购买者的议价能力**：越充分竞争的市场，消费者选择的余地就越大，零售商间的竞争赤裸裸地体现在价格上，从而造成了顾客的议价能力逐渐加强。
- **潜在竞争者进入的能力**：传统零售业是一个需要高投入，投资周期长，要求规模化的行业，潜在竞争者直接进入的能力并不强。
- **替代品的替代能力**：目前传统零售的最大替代者是电子商务，电子商务对传统零售的冲击逐渐增强，所以替代品的替代能力很大。当然替代的边界在哪儿，目前没有人知道。
- **行业竞争力**：零售业是一个充分竞争的行业，高线城市大都饱和，低线城市还有一些机会。

如图6-39所示，这是传统零售和电子商务的波特五力对比分析图。

- **供应商议价能力**：传统零售早已规模化，形成了对供应商强大的议价能力，而电子商务对供应商的议价能力相对还比较弱，反而是供应商的议价能力比较强。
- **购买者的议价能力**：电商的价格透明度决定了消费者的议价能力大于传统零售。
- **潜在竞争者进入能力**：电子商务进入门槛相对较低，但几大电商逐渐垄断，相反又加大了竞争对手进入的难度，总体来说二者这项差不多。
- **替代品的替代能力**：电子商务逐渐蚕食传统零售的市场份额，短时间内不会有任何改变，所以这一项传统零售绝对地弱势，被替代的可能性大于电子商务。
- **行业竞争力**：电子商务虽然历史不长，但是几大电商之间是直接的赤裸裸竞争，传统零售虽然也竞争，但是大家是在一定规则下的竞争。所以电商行业的竞争程度大于传统零售。

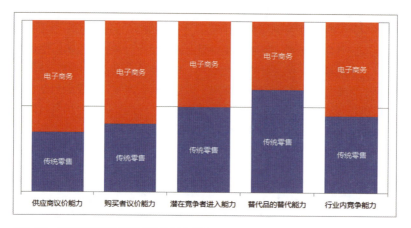

图6-39 传统零售和电子商务波特五力对比

从以上对比来看，传统零售对利润的掌控优于电商，二者必将趋于融合。特别是O2O逐渐被大家接受，这种融合会越来越快。

波特五力分析模型除了对行业整体的分析，还可以与具体竞争对手进行对比分析，可以通过专家打分的方式进行量化处理。

5 SWOT分析模型

SWOT是经典的战略分析工具，始于麦肯锡。分别由优势-Strengths、劣势-Weaknesses、机会-Opportunities和威胁-Threats四部分组成。它是对企业所处的外部环境以及企业内部环境的一种综合分析方法。SWOT分析可以用在公司战略、竞争对手分析、市场定位、甚至个人的职业规划等方面。用SWOT分析竞争对手就是将收集到的竞争对手情报进行综合分析，并最终形成分析结论和策略。

SW为内部关键因素，OT是外部关键因素。对于零售企业或零售品牌来说，建立SWOT分析模型前我们需要回答如下问题。

◆ 优势

S1. 我们最擅长什么？是产品设计开发？渠道布局？营销手段？还是价格杀手？

S2. 我们在成本、技术、定位和营运上有什么优势吗？

S3. 我们是否有其他零售商不具有或做不到的东西？例如有的零售商有企事业单位发放购物券优势。

S4. 我们的顾客为什么到我们这里来购物？我们的供应商为什么支持我们？

S5. 我们成功的原因何在？

- ♦ **劣势**

W1. 我们最不擅长做什么？产品、渠道、营销还是成本控制？
W2. 其他零售商或品牌商在哪些方面做得比我们好？
W3. 为什么有些老顾客离开了我们？我们的员工为什么离开我们？
W4. 我们最近失败的案例是什么？为什么失败？
W5. 在企业组织结构中我们的短板在哪里？

- ♦ **机会**

O1. 外部在产品开发、渠道布局、营销规划和成本控制方面我们还有什么机会？
O2. 如何吸引到新的顾客？如何做到与众不同？
O3. 在外部因素中和公司短期、中期规划目标的机会点有哪些？
O4. 竞争对手的短板是否是我们的机会？
O5. 行业未来的发展如何？是否可以异业联盟？

- ♦ **威胁**

T1. 经济走势、行业发展、政策规则是否会不利于企业的发展？
T2. 竞争对手最近的计划是什么？是否会有潜在竞争对手出现？行业内最近倒闭的企业是什么原因？
T3. 企业最近的威胁来自于哪里？有办法规避吗？
T4. 上下游的客户中是否有不和谐的地方？资源状况如何？
T5. 舆情是否不利于公司发展？

行业不一样、企业不一样这20个问题也会不一样，每个企业可以根据自己的特性进行调整。我们需要通过这些问题来对SWOT进行量化处理。如图6-40所示，结合收集到的竞争对手情报，对20个问题分别进行打分，然后设定不同问题的权重，最后就得到SWOT以及SW、OT的综合得分。

可以对自己企业和不同竞争对手分别打分，就能很好地发现彼此的SWOT现状。SWOT除用在战略、竞争对手分析、职业生涯规划等方面外，一些战术制定也可用SWOT进行梳理，如谈判策略制定，如何追女朋友等。

柯北：这个可以有。

杰克：等着吧，一定会有。

	内容	权重	得分-10分制	加权得分	内-外部合计得分
S	S1	0.15	5.00	0.75	
	S2	0.20	7.10	1.42	
	S3	0.05	7.90	0.40	
	S4	0.10	7.80	0.78	
	S5	0.05	6.10	0.31	
	合计	0.55	34.90	3.65	5.71
W	W1	0.15	5.10	0.77	
	W2	0.10	5.20	0.52	
	W3	0.10	3.90	0.39	
	W4	0.05	2.70	0.14	
	W5	0.05	4.90	0.25	
	合计	0.45	38.80	2.06	
O	O1	0.10	8.50	0.85	
	O2	0.10	6.10	0.61	
	O3	0.15	5.20	0.78	
	O4	0.10	8.10	0.81	
	O5	0.10	8.00	0.80	
	合计	0.55	35.90	3.85	5.63
T	T1	0.15	4.00	0.60	
	T2	0.05	6.50	0.33	
	T3	0.05	3.90	0.20	
	T4	0.10	4.10	0.41	
	T5	0.10	2.50	0.25	
	合计	0.45	34.00	1.78	

图6-40 SWOT的量化分析

6.4 营运策略的数据化管理

对于一个企业来说，营运策略体现在各个方面，包括财务、销售、市场、人力等各个方面。其中销售目标的制定是每个企业的头等大事，有的公司甚至花上一个季度甚至半年时间来做销售预测、制定目标。

6.4.1 如何做销售预测

对于零售企业来说预测非常重要，但是预测的准确度受内因和外因的影响比较大。外因包括经济状况、行业环境、同业竞争、政策法规等；内因有营销策略、生产计划、组织结构等。大家都在想尽一切办法提高预测的精准度，预测分为定性预测和定量预测两大类，如图6-41所示，这是一些常规的预测方法。

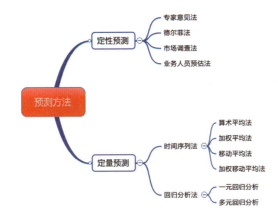

图6-41 常用的预测方法

定性预测和定量预测在实际工作中往往是互相配合使用。例如新开一个店铺，我们既可以使用专家意见法做定性分析，也需要对专家的意见进行定量处理。下面我们结合预测中重要的一个部分"销售预测"来具体说明这些方法。销售预测包括短期、中期及长期预测。

新春天最近准备在杭州开一家购物中心，位于武林商圈内，预计第二年年底开业，柯北负责该店铺的销售预测工作。柯北准备采用专家意见法做预测，他花了大量的时间做实地调查，又上网查了杭州的经济、人口等数据，还做了商圈分析等工作，最后将所有资料整理成报告交给了公司的专家团。公司专家团包括营运总监、招商总监、市场总监、杭州店店长、新春天集团总经理、集团咨询顾问等。柯北请每个专家团成员根据报告做年销售预测，图6-42就是他们的预测值。

柯北有三种方法处理这些预测值。

1 **算术平均法**：平均值9.06亿。

2 **加权平均法**：如图6-43所示，柯北根据大家对业务熟悉程度设定了不同的权重值，最终加权的销售预估是9.062亿元。

3 **德尔菲法**：德尔菲法是通过专家之间背靠背的匿名评估，先由一位评估，然后传递给下一位继续评估，最终使专家意见一致的一种预测方法。柯北先让营运总监对杭州店销售额进行预估，并写下他的评估意见。柯北再将营运经理的评估表传递给招商总监，招商总监根据自己的判断以及营运总监的意见给出了自己的评估值（由于是匿名，所以招商总监并不知道这是来自于营运总监的评估）。第三步传递给市场总监，市场总监也结合自己以及前两位的意见给出自己的评估值。依次往下传递，第一轮传递结束后继续进行第二轮评估，甚至第三轮，直到所有人都一致同意上一位的预测值为止。最后大家一致评估杭州店的年销售额是9.1亿。如图6-44所示。

职务	年销售预估（亿）
营运总监	8.9
招商总监	8.0
市场总监	9.5
杭州店店长	9.0
战略总监	9.4
集团总经理	9.3
集团顾问A	9.6
集团顾问B	8.8

图6-42 专家销售预估

职务	年销售预估（亿）	权重值	销售预估*权重值
营运总监	8.9	0.12	1.068
招商总监	8.0	0.10	0.800
市场总监	9.5	0.08	0.760
杭州店店长	9.0	0.16	1.440
战略总监	9.4	0.08	0.752
集团总经理	9.3	0.18	1.674
集团顾问A	9.6	0.13	1.248
集团顾问B	8.8	0.15	1.320
合计		1.00	9.062

图6-43 加权平均法

德尔菲法的好处就是简单易操作，每个人都独立判断，保证预测结果高度统一。缺点是费时费力。柯北最终采用了第三种方法。

杰克也给柯北和星星讲了个帮超市经理做今年月饼销售预测的故事。当时马上到中秋节了，但是大家对2013年月饼销量都没有谱，主要原因是国家禁止公款购买月饼，也不允许公务员收月饼及月饼券。由于"公款购买"这个属性的历史数据缺失，也不清楚"禁买"和"禁收"政策执行力度如何，变数太大，造成大家没有办法按常规套路去预测今年月饼的销量，有的采购认为影响不大，有的采购认为影响会很大。所以当时采购总监才求救杰克。

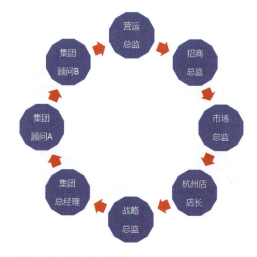

图6-44 德尔菲法传递图

杰克找采购总监要了这几年的月饼销售数据，如图6-45所示，杰克的工作就是要揭开这个问号。他花了一晚上整理历史数据，最后发现其实自己最需要量化的是禁止公款购买月饼的影响有多大？公务员禁止收月饼的力度有多大？但是这两项都是不确定因素，之前没有先例，没有数据可以对比。杰克决定还是使用定性分析的定量化来做分析，这次杰克使用了业务人员预估法。

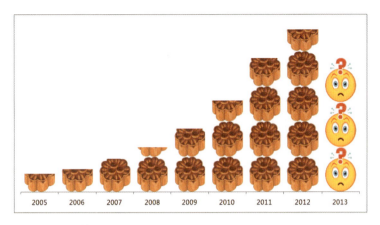

图6-45 月饼销售的问号

4 业务人员预估法

顾名思义业务人员预估法就是利用业务人员丰富的经验、对一些不确定的因素进行预估，最后再经过数学模型进行量化处理的一种方法。这种方法的预估值可能不是最准确的，但很可能是最接近现实的。

杰克将新春天超市月饼历史销售数据做了一些基本分析，例如区分出来大单销售记录，利用支票结账的销售记录，公司统一配送给客户的采购记录等，整理完后附上"两禁"政策分析报告给到采购部业务人员每人一份。然后请他们根据自己的经验，结合历史销售数据对2013年的月饼整体销售额做一个预估。图6-46所示，这就是杰克最后收上来的预估数据，这次不但让大家预估销售额，还让大家判断能达到自己预估销售额的概率是多少，每个人都要预测三组值。

在计算最终预测值时，使用了加权平均法，根据每位业务人员的采购工作年限、工作

业务员	项目	预估销售额（万元）	可能性	加权销售额（万元）	业务员权重
张三	最大值	7,000	20%	1400	0.30
	可能值	6,400	60%	3840	
	最小值	5,500	20%	1100	
	合计		100%	6340	
李四	最大值	6,500	10%	650	0.25
	可能值	5,800	60%	3480	
	最小值	5,300	30%	1590	
	合计		100%	5720	
王强	最大值	6,900	15%	1035	0.20
	可能值	6,200	65%	4030	
	最小值	5,300	20%	1060	
	合计		100%	6125	
刘飞	最大值	6,800	30%	2040	0.15
	可能值	6,200	50%	3100	
	最小值	5,700	20%	1140	
	合计		100%	6280	
黄兵	最大值	7,000	20%	1400	0.10
	可能值	5,900	60%	3540	
	最小值	5,400	20%	1080	
	合计		100%	6020	

图6-46 2013年中秋月饼销售预测

内容、职位等因素对他们分别设定了不同权重值。通过这种方法最后计算出来预估值是6,101万元（即每位业务员的"加权销售额"合计与"业务员权重"相乘，然后求和）。

三个月后杰克收到封感谢邮件，原来超市系统最终卖了6,290万元的月饼，这个数值和当初的预测只有3%的偏差。杰克将这封邮件转给了柯北和星星，邮件内写道：没有业务人员良好的预判，再好的分析模型也将无用武之地。

在外派上海期间，星星还帮新春天上海古北店做过2014年的销售预测，辅助制定2014年目标。不过当时韩涛并没有直接让星星做2014年销售预测，而是先让星星预测一下10月份的销售额，以便给各楼层主管设定10月目标。图6-47所示是古北店2013年1-9月实际销售额数据。

单位：万元	1月	2月	3月	4月	5月	6月	7月	8月	9月
销售额	9,109	7,955	6,936	7,856	8,579	6,899	7,527	6,987	8,038

图6-47 古北店1-9月销售额

星星当时考虑了以下几种方法来预测10月的销售额。

- **算术平均法**：就是1-9月的绝对平均数，7,765万元。

- **加权平均法**：距离现在越近的数据越有参考价值，所以星星给1-9月分别赋予了1.0～9.0的权重值，然后得到加权平均数为7,610万元。

- **移动平均法**：就是根据最近一组销售数据来推断未来销售数据的一种滚动预测方法。这组数据可以取2-n个数据，三个月（即7-9月，n=3）移动平均值为7,517万元，四个月（即6-9月，n=4）移动平均值为7,363万元。

- **加权移动平均法**：前两种方法的综合。三个月移动平均，分别给7-9月赋予1,2,3的权数，然后求出三个月加权移动平均值为7,603万元。四个月移动平均，分别给6-9月赋予1,2,3,4的权数，求出四个月加权移动平均值为7,507万元。

算完这些数据后，星星又查看了一下前两年10月的销售数据，发现都大于当年9月的销售额，而自己根据数学模型算出来的预测值却都是小于9月份的8,038万元，这是怎么回事？

星星去求助杰克，杰克只说了一句话：

所有不考虑业务背景的数学模型都是耍流氓！

数学模型其实没有错，错的是用数学模型的人。星星瞬间脸就红了，自己也突然明白了问题所在。但杰克还是耐心地告诉了她如何来预测10月以及2013年全年的销售额。这个过程分三步走。

1 先找历史数据的规律。这个规律就是每月销售额比重。如图6-48所示，其中2013年的销售比重是前三年月销售百分比的加权平均数。

	权重	1月	2月	3月	4月	5月	6月	7月	8月	9月	10月	11月	12月
2010	1.0	9.6%	8.4%	6.7%	8.0%	8.5%	6.5%	7.3%	7.2%	8.2%	9.3%	9.8%	10.5%
2011	2.0	10.6%	7.6%	6.6%	8.4%	8.6%	6.8%	7.0%	7.5%	8.4%	9.1%	9.4%	10.0%
2012	3.0	10.0%	8.2%	7.0%	8.2%	8.4%	6.7%	7.2%	7.3%	8.5%	9.2%	9.0%	10.3%
2013	预计	10.1%	8.0%	6.8%	8.2%	8.5%	6.7%	7.2%	7.4%	8.4%	9.2%	9.3%	10.2%

图6-48 古北店2013年销售比重预计

2 预测全年销售额。根据2013年销售规律来看，1-9月应该占全年销售的71.3%，而实际2013年前9个月总共销售69,886万元，用后者除以前者则得出2013年预计全年销售98017万元。

3 计算10月销售额。已经有了2013全年销售额预测值，同时也已知10月占全年销售额的9.2%。二者相乘即得到10月预测销售额为9,018万元。

杰克：一般来讲，利用上面三个步骤做零售预测基本就可以了。预测的准确度取决于销售规律的准确度，也就是第一步非常关键，之所以取前三年历史数据，也是为了让销售规律更准确。在实际业务过程中，影响每月销售比重的因素还有：

- 在1月、2月间飘忽不定的春节因素。
- 国家法定假期因素，如每年的10月份中，2010年有14个休息日，2011、2012年只有13个休息日，2013年只有12个休息日。对传统零售业来说，少一个休息日比重就会自然降低。
- 每四年一次的闰年使2月会多一天销售期（2012年2月为29天）。
- 其他一些人为制造的异常销售因素，如大量的团购，虚增减销售，天灾人祸等。

这些差异性在上面计算规律的方法中都没有被体现出来。以下几种办法可以帮助解决以上这些问题：

- 剔除掉那些人为制造的销售异常数据后再计算每月的销售贡献。
- 将1月和2月合并起来计算销售比重，目的是为了剔除春节因素的影响。
- 根据具体情况手动调整2013年每月销售占比，目的是根据上面提到的影响因素人为进行微调。例如2013年10月原来的比重是9.2%，但由于该月比前三年同期均少1-2个休息日，所以调整为9.1%，同时将9月由8.4%调整为8.5%，因为9月多一个休息日，同时保证总和为100%。

通过微调销售比重来修正销售规律是一种相对简单的方法，如果希望更精准地找到2013年销售规律，则需要借鉴第2章中提到的周销售权重指数的概念来量化处理。

杰克：销售规律找到后，就可以利用这个规律去预测2013年全年以及10月份的销售额。星星你之前的四种预测方法的预测结果，不能说它们是错的，只是用在季节性很强的行业误差会相对比较大一些而已，而零售恰恰是季节性强的行业。同时需要注意，以上的分析预测并没有考虑新开店的因素，连锁企业在实际分析过程中需要把这部分因素考虑进去。

6.4.2 如何制定年度销售目标

每年的第四季度，以自然年度为财年的公司就开始热火朝天地编制第二年销售目标了。这其中最忙的是数据分析部门和各支持部门，各种数据、各种策略、各种谈判、各种打听……因为关系到来年的收成如何，所以每个人都在试图争取最有利于自己的结果，大家都在斗智斗勇。以下我们阐述的是如何去制定新春天百货集团的总销售目标，而不是单店目标。

目标制定的过程共分为6个步骤，如图6-49所示，从收集数据开始到最终目标确认结束，这几个步骤缺一不可。当然现实中很多公司年度目标是老板拍脑袋所得，这种公司可以完全忽略以下描述。

图6-49　年度目标制定流程

1　收集数据

包括宏观和微观两大类数据，宏观数据包括经济增长走势（一般会有专门的智库在做这方面分析）、政策导向、行业发展、竞争对手策略等数据。微观数据包括公司历史销售数据、促销数据、拓展数据、市场推广数据等。收集宏观数据是为了用来评估对公司发展的影响度，微观数据用来作为目标设定的基础数据。

2　制定策略

年度目标制定务必策略先行，只有在一个清晰的策略指导下才好去制定下一年的销售目标，因为每一个策略都有可能影响到具体的销售数据，目标是策略的具体体现，是公司策略的一种量化手段。而有些公司却是相反的，先有年度销售目标，然后再根据此目标来制定完成目标的其他策略，这是一种本末倒置，是一种投机取巧的方法。例如拓展策略中的新店开发，是根据年度目标的多少来决定开几家新店呢？还是根据公司发展形势先决定开几家店，再评估新开店的销售目标呢？

显然先有策略后有目标更合理，先策略后目标是一种积极的策略思维，先目标后策略是一种消极的营运思维。策略有哪些？和年度目标相关的策略包括如下八个方面。

- **产品策略**：有新产品上市吗？上市时间是什么时候？上市区域有哪些？销售预估是多少？有旧产品下线吗？下线时间如何安排？会影响多少销售额？……

- **渠道策略**：拓展计划是什么？拓展新店铺或新渠道的销售目标是多少？有关店计划吗？会影响多少销售？有渠道商重组计划吗？会促进或影响多少销售额？……

- **价格策略**：有价格调整计划吗？整体向上还是向下调整？会促进或影响多少销售额？……

- **促销策略**：下一年的促销策略和今年有何不一样？是加大促销力度还是降低力度？有无特殊的促销计划？促销对销售额的影响几何？……

- **人员策略**：有营运相关的组织结构调整吗？前线的销售力量是加强还是削弱？是否可以量化这些策略对销售额的影响值？……

- **推广策略**：市场推广策略是什么？会加大还是降低推广力度吗？市场费用的比例是降低还是上升？对销售额的影响多大？……

- **生产计划**：目前的生产计划是否会影响销售进度？有无扩大生产计划的内容？如果会影响，影响有多大？……

- **财务策略**：是从紧还是宽松的财务政策？哪些政策会影响销售完成计划？影响多少？……

把这些策略想清楚之后，第二年的销售营运就有章可依了，成熟的策略是目标完成的说明书。想得越明白，销售目标完成起来越轻松，切忌策略都没有搞清楚就盲目地制定目标。

没有深思熟虑的策略就没有目标完成的保证！

3 设置目标

当把策略想清楚并量化后，其实目标就已经有雏形了。在制定目标的过程中，最忌讳是老板先拍脑袋，然后数据部门想方设法找数据，甚至修改数据去证明老板拍脑袋的正确性。

正确的目标制定应该树立三个观念：

- 年度目标制定的过程其实就是销售完成的过程，要深思熟虑。
- 对目标的决策者来说，年度目标不是个人的理想目标，要务实。
- 一定要将目标分解到可执行的最小单位。关键词是可执行和最小单位。

【基本目标】

年度目标包括基本目标、政策目标和若干策略目标。基本目标是年度目标的基础值，就是在没有大的突发现象以及策略改变的情况下，当年实际完成的净销售第二年也应该能够完成，因为销售有延续性。例如2013年实际完成20.8亿元（在年中制定第二年目标时，可以用当年的预测值代替），其中1.8亿是大宗交易或关联交易，第二年不确定再有这部分业务，则2013年净销售值19.0亿元。19.0亿元则是2014年目标制定的基础值。2014年的基本目标是在基础值上加一个正常增长值（可以理解成自然增长），当然这个正常增长值也可能是负数。

净销售又分为原店的净销售和次新店的净销售，原店指非当年新开店铺，次新店指本年度新开店铺（次新店是相对第二年新开店铺的一种称谓）。这两类店铺的基本目标制定方式一样，但过程有区别。原店有完整12个月的销售数据，只需直接加上正常增长值就是基本目标。次新店由于当年数据不完整，还需要先还原成全年销售额，然后再加上正常增长值后才是基本目标。

销售额的"还原"是我们在做预测、目标制定等经常用到的动作，如图6-50所示，这是某体育品牌专卖店2013年的销售数据，上半部是实际销售额，下半部是还原后的年销售额。

单位：万		合计	1月	2月	3月	4月	5月	6月	7月	8月	9月	10月	11月	12月
还原前	店铺A	1000	96	84	67	80	85	65	73	72	82	93	98	105
	店铺B	1586	192	156	120	144	134	117	123	装修	135	142	140	183
	店铺C	461	未开业					48	50	55	64	71	74	99

		合计	1月	2月	3月	4月	5月	6月	7月	8月	9月	10月	11月	12月
还原后	销售规律	100%	10.0%	7.8%	7.0%	8.4%	8.4%	6.7%	7.5%	7.1%	8.8%	9.0%	9.1%	10.2%
	店铺A	1000	96	84	67	80	85	65	73	72	82	93	98	105
	店铺B	1707	192	156	120	144	134	117	123	121	135	142	140	183
	店铺C	789	79	62	55	66	66	48	50	55	64	71	74	99

图6-50 销售还原过程

- 店铺A是完整的原店，如果没有任何特殊交易的话，则不需要任何处理。
- 店铺B是缺1个月数据的原店，我们借助销售规律很容易将8月销售还原。
- 店铺C是次新店，6月开业，我们同样要借助销售规律预测出全年销售为789万，然后再利用每月占比将1-5月销售额还原。789万来源于店铺C的6-12月实际销售461万除以6-12月销售占比58.4%。

将销售还原为整年度和剔除异常销售是设定目标前必做的两个规定动作，也是设定基本目标的必要手段。前者是保证数据的完整性和一致性，后者是为了保证销售数据的可持续性。通过以上方法将所有店铺还原成原店销售额，这就是净销售额。

基本目标有了后，下一步就是将各种策略量化成具体的目标值，可以根据历史策略来量化。总目标由基本目标和策略目标构成，这个总目标还不一定是第二年的实际执行目标，我们还需要进行验证。

4 验证目标

一般公司没有验证目标这个步骤，其实这个步骤是必不可少的，目标设计团队既要对公司负责，也要对那些负责目标执行的同事负责，所以换一种思路进行验证就变得必要了。设置目标基本上是由上而下进行的，验证目标建议由下而上进行，用同一种思路不叫验证，那只是验算。这个步骤可以由每个区域的销售负责人来完成，因为他们最了解自己区域的真实情况。但是在验证之前不要告诉他们公司的目标值，只需要告诉他们公司第二年的策略计划，并由他们自己来量化这些策略在当地可实现的销售额，也就是当公司还没有开始制定目标这样来操作。所以对区域销售人员来说他们不是在验证目标，其实是在制定第二年的目标。

10年前我在一家快速消费品公司工作，当时我负责三个省的销售业务。每年10月我们都会被拉到一个风景秀丽的地方，然后封闭一周来做这个工作。

验证目标整个流程分为6个步骤，如图6-51所示。首先花一天的时间由总部各部门宣导第二年的策略，然后第二天开始，销售人员根据自己区域的销售数据、自己对策略的理解和自己区域第二年的部署对每个店铺分别制定目标。这个目标被分解到12个月，不能只是一个年目标，并且严格按照基本目标和策略目标的结构设定。最后将所有门店目标汇总在一起成为自己区域目标，这就完成了细化目标的动作。从本位主义来说，销售人员制定的这些目标一般都会偏低，但是接下来他们需要将此目标给自己的直线上司审核（一般是大区经理），要去说服他这个目标的合理性，如果不能说服则需要继续细化目标。第二和第三步一般会花掉2-3天的时间。

图6-51　验证目标的流程

接下来就是目标设计团队汇总全国各大区目标，然后和总部目标进行对比分析，找到差异最大的区域。目标设计团队需要和这些差异大的区域负责人面对面沟通，了解他们目标设计的思路是什么？有无遗漏？有无数据错误等。最后设计团队根据面谈的结果决定是修改全国目标，还是要求区域继续完善自己的目标，当然也可以双方都保留意见，放到沟通目标这个步骤来解决这个差异。这几个步骤大概需要花1-2天左右的时间。

经过前5个步骤后，目标设计团队基本上就掌握了销售一线的具体情况，最后可以根据这些情况适当地修订全国的大目标。如果设计目标和汇总目标差距比较大，还需要目标设计团队和管理层进行专项讨论，做决策最终确定第二年目标。

5 沟通目标

这是一个摊牌的阶段，经过修正的目标被层层下发到主要目标执行者手中（就是被封闭一周的那些人），下发目标时要求上级必须面对面和下级进行目标沟通。目标面对面沟通的意义有三个：

- 沟通目标的合理性，上级务必说服下级为什么目标是这么多。因为下级接到的目标可能已经不是前几天自己设定的那个目标值了。
- 沟通目标完成的方法，第二年工作的重点和方向。每个人对公司策略的理解是不一样的，作为上级务必帮助下级理解这些策略，如何将这些策略转化为可落地的方案，只有这样才能帮到下级完成其销售目标。授人以鱼，不如授之以渔，告诉下属打渔的方法很重要。
- 沟通目标的过程也是责任的转移过程，也便于考核和追踪。

如果下属拿到的目标和自己在封闭会议中制定的目标差距比较大，下属需要和领导一起来找到解决的办法，去寻找更多的资源，例如向公司申请多开店，或者增加一些区域性的促销等。总之，目标有差距不要怕，怕的是没有方法。

需要注意的是，沟通过程不能拍桌子，一定要以理服人！如果一个领导人自己都不知道如何完成的目标怎么能要求下属必须完成？无数次见过这样的场面：

下属：领导，我的目标为什么是这么多？

领导：废什么话！公司给我多少目标我就给你们多少。

只会传递目标的领导不是好领导！

6 确认目标

销售人员领到自己的年度目标后，还需要将目标细分到可执行的最小单位，同时将各种策略"翻译"成可执行的行动方案，最后变成一本目标执行操作手册。最后公司可以和销售人员签署一个目标承诺书，既体现目标的严肃性，同时也以文书的方式体现了上下级的沟通过程。

经过这6个步骤的目标制定，此时你才能深深地感受到：

目标制定与分解过程实际上就是销售完成的过程！

杰克：星星、柯北，问你们一个问题，你们觉得什么样的目标属于合理的年度目标？

星星：我觉得能够完成的目标就是合理的目标。

柯北：我觉得是用最科学、最合理的方法算出来的目标才是合理的目标。

杰克：那柯北你说说什么是科学合理的方法？

柯北：……

杰克：其实世界上有N种方法可以算出N种貌似合理的目标出来，你们信不信？不同的数据源，不同的权重值，不同的策略评估方法都会左右最后的目标值。实际工作中"合理"的年度目标总是被领导利用，这是现实。所以我们更应该重视目标制定的过程，经过深思熟虑的目标不一定合理，但是拍脑袋而来的目标一定是不合理的。

不过我给合理的年度目标定义是：只有"目标的制定者"和"目标的执行者"能够彼此互相说服的目标才是合理的目标！彼此对目标的认同感非常重要，你们好好感受一下吧！

杰克：这段时间，我们学习了渠道策略分析、会员数据分析、竞争对手数据分析以及销售预测和年度目标制定几个方面的内容。其实零售策略远不止这几个方面，剩下的留给你们研究吧。

"柯北，你有女朋友了吗？"杰克随口一问，吓了柯北一大跳。

柯北：原来有一个，上个月分手了。

杰克：那正好。明天我给你一项特殊任务，注意收邮件吧，我只能帮你这么多了。星星，我观察你应该是已经有男朋友了，我就不帮你了。

说完，杰克自顾自地哈哈大笑。

6.5 案例分享

柯北一夜无眠，一直在琢磨杰克会给他什么任务。上"非诚勿扰"节目？不可能啊。给自己介绍一个女朋友？好像也不靠谱。第二天一早他昏昏沉沉地就去上班了，途中遇到星星，自然又是被一番调侃。

早上9:30，柯北收到杰克的邮件，邮件主题是"一个神秘的任务"。他迫不及待地打开了邮件，邮件上只有几句话：

> 如何找到自己喜欢的女朋友！
> - 以战略的高度、策略的思维进行分析。
> - 必须要有可操作性。
> - 结合最近我们的培训内容来思考。

6.5.1 整理思路

说实话，柯北之前还真没有好好考虑过个人问题，虽说不相信缘分，但总觉得女朋友是迟早的事情。接到杰克的任务书后，他莫名地冲动了一上午，最后决定利用这个机会好好规划一下自己的爱情，利用自己的优势，就是数据分析来追求自己的幸福。

柯北习惯性地打开了思维导图软件，他要整理一下自己的思路。首要问题是找到一个思维逻辑来帮助自己理清思路，平时杰克就很重视对他俩思维逻辑的培训，关键时刻这些逻辑自然全部涌了出来。

- **5W2H分析法：** 用来整理自己的思维，梳理行动计划方案。
- **人-货-场：** 挖掘自己的需求，洞悉自己真正喜欢的女孩类型。
- **SWOT、波特五力模型：** 竞争对手分析，知己知彼，百战百胜。
- **会员生命周期管理：**（有女朋友后）随时管理自己和女朋友的进展状态。
- **会员价值分析：** 用来评估女朋友，没准儿会有两个女孩同时看上自己，这个工具用得上。

整理完这些之后，柯北感觉压力很大，索性将自己的QQ签名改成了"要找到一个自己喜欢的女朋友真心不容易啊"。

星星看见后回了一句：这么快就找到女朋友了？祝贺你啊！

柯北：没呢！我估计自己是找不到了。哎！

说完柯北就把自己整理出来的思维导图发给星星看了（如图6-52所示），看完后星星给了柯北一个赞！

图6-52 找女朋友的5W2H思维模型

6.5.2 界定问题

为什么要找女朋友（Why）？柯北用著名的马洛斯需求层次理论认真地思考了一晚上，发现自己目前在每个层次都有对女朋友的需求。特别是"社交需求"，现在去参加同学聚会自己总是孤身一人，已经被嘲笑好多次了。"安全需求"主要是为了应付父母和那一堆亲戚的需求。所以找个女朋友俨然变成当前的一个首要任务了。

柯北还需要搞明白两个问题（What），其一是自己到底需要找一个什么样的女朋友，其次是自己的优势和劣势。前者柯北使用了人-货-场的逻辑。后者用了SWOT分析法。又是一个通宵，终于整理出图6-53和图6-54两张图。整理完后他伸了一个懒腰，然后兴奋地向空中大喊了一声，Come on，baby！

人-个人状况	货-财富|能力	场-家庭关系
• 性格：温柔|善良 • 外形：平均分以上 • 北京户口 • 年龄差±5岁	• 外资企业工作 • 职业女性 • 不能太"物质" • 没有出国打算	• 不能是单亲家庭 • 家庭关系和睦 • 父母有房产 • 最好有兄弟姐妹

图6-53 柯北对女生的要求

从图6-53来看，柯北确实认真了，这些条件完全是奔着结婚而去的，非常务实。

	机会-O 1、接触女生的机会比较多 2、熟悉微博、微信等社交网络 3、有个帮自己出主意的老大-杰克	威胁-T 1、符合要求的女生大多名花有主 2、不易收集女生和竞争对手数据 3、父母亲戚给自己的压力
优势-S 1、自我感觉比较帅、有上进心 2、会数据分析，可以找到数据规律 3、工作好：中国50强零售企业	S-O计划 1、利用社交网络展示自己青春风采 2、尽量收集关键人物数据增加机会 3、向杰克寻求帮助	S-T计划 1、利用数据挖出目标对象 2、利用数据找到竞争对手弱点 3、利用数据找到父母的期望值
劣势-W 1、没有时间去认识更多的女生 2、不懂如何接近且追求女生 3、有点大男子主义，不善沟通	W-O计划 1、每周抽半天泡咖啡厅等 2、以接触女生去认识更多的女生 3、利用社交网络学习追女生	W-T计划 1、和父母沟通，让大家帮自己介绍 2、在和女生的交往中去了解女生 3、主动竞争

图6-54　柯北追女生的SWOT策略

对于How much的两个问题，其一柯北准备前期不限定人数，争取尽可能地多认识目标女孩子，然后再进行量化评估，最后找到最可能的那位重点培养（PS：实际生活中不建议效仿柯北的做法，另外这种做法也很费钱的）。对于第二个问题，费用预算，柯北实在没有概念，只能定了个大原则，就是不超过工资收入。

经过这些分析柯北发现自己的问题主要集中在这三点上：

1 如何去发现更多的目标女生在哪里？

2 如何收集数据并且利用自己数据分析的专长来指导行动策略？

3 如何改掉自己的缺点，主动和女生打交道？

6.5.3　收集数据

前期准备工作完成了，现在该逐步实施自己的计划了，也就是要落实其中三个W的问题，Who——谁是我的女朋友？When——她会什么时间出现？Where——她会出现在什么地方？根据前期思考，柯北制定了主动出击和耐心等待两套方案。

1 **主动出击**：主动去接触那些目标女孩子，目标对象不仅仅限于没有男朋友的那部分，考虑主动竞争。根据自己事先设定的条件，柯北觉得自己的女朋友不会在大学校园及周边，也不应该在各种奢侈品消费场所。出现几率最大的地方应该是公司的商务谈判室，公共场所的咖啡厅，百货商场的化妆品、鞋服专区，甲级写字楼及周边的公共场所，机场候机厅，酒吧等地方。

一有空柯北就往这些地方跑，按他的说法是提高认识未来女朋友的几率。

2 耐心等待：两个方面的措施，一是和父母沟通自己的需求，等待父母及亲戚帮自己介绍，二是每天在微博、微信、QQ空间等社交媒体上更新自己的状态，将自己最精神、专注、职业的一面有意识地展示给身边的每一个人。

……（此处省略一万字）

经过一个月的努力，柯北认识了5位可能是自己未来女朋友的人，其中一位是自己的同事。对于这五位女孩子，目前还仅仅停留在认识阶段，柯北对他们的其他情况还一无所知，甚至有的只是一面之交，仅限认识。其中一位（姑且叫小A）是柯北在星巴克认识的，当时小A独自在星巴克喝咖啡，柯北坐对面加班，两人没说话也没交集机会。当小A起身离开时，柯北发现她将手机落在了沙发上，但他却没有叫住小A，反而是拿起手机快步走出了星巴克。柯北并不是要贪便宜，在小A急匆匆回来没发现手机，然后狂拨自己手机号若干次后，柯北才"急匆匆"地出现，第一句话就是"我刚才追你去了！"

……

事后，杰克狠狠地"批评"了柯北：在追求幸福的路上不能不择手段，要善用手段，你做到了。

柯北接下来的任务就是去了解她们，她们是谁？有什么爱好？自己有没有竞争对手？自己的机会有多大？这时候他的数据分析能力就派上用场了。柯北列出了所有准备收集的数据清单：

1 目标女生相关的数据

◆ **基本数据：** 年龄，身高，体重，三围，星座，血型，户口所在地。毕业学校，工作单位，工作职位，月收入，家庭状况。电话号码，QQ号码，微博ID，微信号，邮箱……

◆ **规律数据：** 她们的微博、微信等社交媒体的内容及更新频率，QQ登录及在线时间数据，参加社交活动的频率，更新发型频率，作息时间规律，经常出现的场所及频率，手机通话记录……

◆ **喜好数据：** 喜欢的颜色，喜欢的食物，喜欢的运动，喜欢的偶像，最喜欢的日常用品品牌（例如服装、化妆品等），喜欢看的图书类型（柯北坚持认为喜欢看书的女孩子是最有魅力的）……

2 目标女生闺蜜们的数据

◆ **基础数据：** 有几个闺蜜、分别是谁、联系方式是什么？闺蜜们的喜好是什么？微博、微信账号是什么？闺蜜们的男朋友是谁？

- **目标女生和闺蜜关联数据**：闺蜜和目标女友的关系，一起活动的频率，是否可以影响目标女生的行为？

3. 竞争对手的数据

- **基础数据**：曾经的男友是谁？目前的竞争对手是谁？和目标女友是什么关系？竞争对手的微博、微信账号，职业信息，家庭信息。
- **关系数据**：每周和目标约会频率，每次约会时间长度，每次约会的主要内容是什么？交往时间长短，目前进展程度，最近一次吵架是什么时候？
- **财力数据**：是否有车，有房？经济状况紧凑、宽松还是富有？赠送给目标女友最贵重的礼物是什么？

整理出这么多需要收集的数据清单，这才刚刚开始，接下来最艰巨的任务是如何去收集这些数据。这个难不倒柯北，他整理出来几个数据收集渠道。

1. 公开渠道

- **官方数据**：在微博、微信、QQ空间、QQ签名等这些个人维护的社交网络中，很容易查到对方的一些例如生日、毕业学校、工作单位、邮箱、社会关系、个人状态等数据。并且这些数据基本都是真实的，所以叫官方数据。
- **网络数据**：在微博、百度等网上搜索对方的名字等关键信息也会找到一些数据。例如可以搜索出来对方参见过的一些公开活动，或对方的微博名称、QQ空间地址等。
- **市场调查**：找专业的调查公司（不是高帅富一般不推荐此方法，太耗钱），比较经济的方法是自己通过观察去积累数据。

2. 内部渠道

- **目标女友的朋友圈**：包括闺蜜、同学、同事、家人、前男友、居住小区的保安。如果你给小区的保安一些好处，相信保安会将女友每天进出门时间，是否有人接送，接送人员的交通工具等信息给你的。如果你再把她的闺蜜感化过来，那基本上是要什么数据就有什么数据。但是如何和女友的闺蜜建立联系呢？柯北最后是从闺蜜的男朋友入手的。
- **柯北自己的圈子**：公司内网上能查到同事的基本信息，利用自己的朋友圈和目标女友的朋友圈的交集资源。例如某个女友的中学同学可能是自己的大学同学或现在的同事，有时候世界就是这么小，关键是有没有一颗善于发现的心。

6.5.4 分析数据

又经过一个月的努力（此处照例省略1万字），柯北收集到了五位女生的大量数据，包括生日、几个男朋友、最近吵架的时间等等。收集这些数据的后果是柯北几乎消耗了自己一个月的工资，请人吃饭，送人礼物等。这么多数据如果不做分析，简直就是浪费了，不过这些东西难不倒柯北同学。柯北准备整理这些数据，让它们发挥如下的作用：

- 利用这些数据去拿到更多的数据，例如通过手机号查到对方的微博名，再通过微博找到对方的工作单位、家庭住址、个人喜好、感情经历等数据。

- 挖掘数据之间的关联关系，例如对方的微博最近更新频率变快，微博内容多为悲伤失意，而微博评论中也没有男朋友的评论出现，再看情敌的微博内容却一片繁荣，这些数据背后传递的很可能是她失恋了，你现在有机会了。

- 分析目标女生的偏好数据，目的是为日后的投其所好做数据准备。例如爱吃什么食物，喜欢使用什么化妆品，穿什么品牌的服装，有什么业余爱好等。

- 掌握目标女生When-Where数据规律，即她什么时间会在什么地方出现，这个主要是柯北为找机会接近对方做准备的。制造一次邂逅场景估计能够增加不少好感。

- 整理出目标女生的社交关系图，如图6-55所示。从这张图可以清楚地发现某个女生的社会关系，有些是可以利用的，是盟友，而有些却是要防备的。

- 成功机会分析，柯北运用了波特五力分析模型对五位女生进行了量化分析。如图6-56所示，从目标女生的男朋友、目标女生本人、潜在的追求者、柯北自己、盟友五个方面进行了打分评估，得分越低说明该女生越容易被追到手。

从图6-56看出，女生L和女生K最有机会，而女生S基本上就没有希望。女生K没有男朋友，但是目前交男朋友的意愿不高，潜在追求者也不少。女生L貌似和男朋友之间有问题，这也是柯北评价最高的女生，同时可获取的盟友支持也是五位中最大的一位。综合以上考虑，柯北决定将女生L列为追求目标，将女生K作为备选目标。

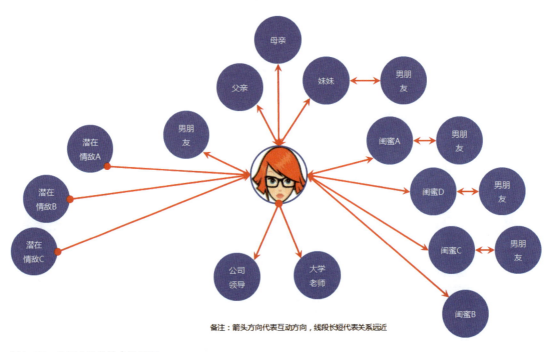

图6-55 目标女生的社会关系图

波特五力模型内容	量化内容（10分制）	得分					权重
		女生A	女生D	女生L	女生K	女生S	
供应商议价能力	男朋友的综合实力（得分越高实力越强，0分为暂时没有男朋友）	8	7	5	0	9	0.25
购买者议价能力	女生对现任男朋友的态度或拒绝新男朋友的意愿（得分越高转化的可能性越小）	6	8	6	7	9	0.35
潜在竞争者进入能力	潜在情敌数量及攻势（得分越高竞争越激烈）	4	7	3	6	8	0.10
替代品的替代能力	柯北对女生的评价，即女生被其他四名女生替代的可能性（得分越高代表被替换可能性越大，柯北评价越低）	7	6	5	6	7	0.20
行业内竞争能力	盟友的多寡，即闺蜜被柯北利用的可能性（得分越高，柯北能利用的价值越低）	9	8	4	5	9	0.10
总得分		6.8	7.3	5.1	4.8	8.5	1.00

图6-56 目标女生的五力分析

接下来，柯北每天增加了一项新工作，就是盯着女生L及其男友的微博内容，记录她QQ在线时间，每次双方通电话时长等数据。据说后来的某一天，就在女生L发出"受伤了，某人却不在身边"的微博30分钟后，柯北出现在了她的面前，感动了对方。成功地将普通朋友关系推进到男女朋友关系。

后来星星问柯北，为什么当时能准确地知道L在什么地方？柯北只神秘地一笑，说道"长期的观察和数据分析的结果"。

后来的后来……（此处省略几万字）

杰克：柯北，你以为我是在教你如何用数据追女生吗？其实，我是在教你如何制定一个新产品的上市策略。不信，你们再回头看一遍。

第 7 章 必知必会的数据分析方法

转眼间，柯北和星星已经在新春天集团工作6个月了，他们俩对集团的业务都基本熟悉了，数据思维和零售思维也有了，杰克准备在日后的实际操作中继续强化他们的业务深度。但现阶段准备帮他们梳理一下数据分析方法，同时抠一些以前被他们忽略掉的小细节，最后再教给他们一些必要的数据展示方法。首先希望他俩数据分析思路要立体化。

7.1 数据分析的立体化

数据是鲜活的，是有生命的，但它们从来不会主动去告诉你它们的背景，它们的故事。它们总是静静地躺在某个角落等待着有心人的发现。同样的数据，有些人看到的是数字，有些人看到的是数据，而有些人看到的却是数据背后的故事。最后这部分人他们看到的数据就是多维度的，是立体的。

7.1.1 数据分析必须立体化

数据分析的立体化有两种途径，一种是由小到大，由局部到整体的立体化，就是我们常说的点线面概念；第二种是通过增加不同维度的方法实现立体化，例如诊断一个零售店铺如果只看商品的问题会很片面，只去找店铺员工的问题也不行，只有从人货场三个方面去进行分析才更全面。第一种方法的各维度间是包含关系，第二种方法各维度间是平行关系。

数据分析立体化的过程就是由片面到全面的过程，也是一个从简单到复杂的过程。过程可以复杂，但是输出的结论却不能复杂，否则意义也会大打折扣。数据的立体化是通过不同维度之间的组合来实现不同的分析目的，输出不同的分析产品，满足不同受众的需求。

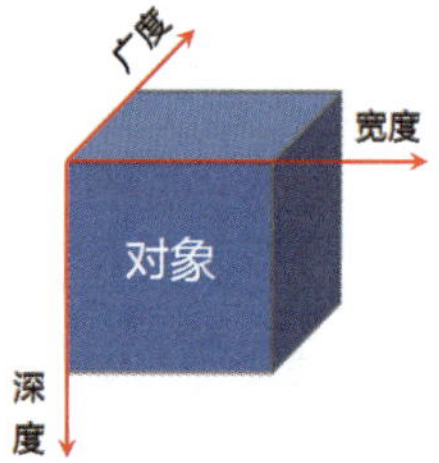

在数据分析立体化过程中，"三维"是数据分析立体化的最基本结构，如图7-1所示。初学者常常不能很好地组合立体化的

图7-1 数据分析的三维度立体化

三个思考维度，接下来我就帮大家整理4种固定套路的数据分析立体化思路。

7.1.2 三维分析之点-线-面

点-线-面是数据立体化分析中最基本的一种分析及思维方式。点是某个节点的一个指标值，线是包含这个点的纵向发展趋势或者是包含这个点的横向对比趋势，面是包含这个点的上一级或上几级对象的指标值。点-线-面的思维主要目的是防止我们的思维过于片面，不能只见树木不见森林。

新春天集团华北区截止到1月15日完成了当月目标的55%（点），光看这个数据不能有太多判断，还需要看该区域的日销售趋势是向好还是趋坏（线），最后再看截止到15日全国和其他区域的完成情况及走势（面），最终达到评估华北地区截止到15日的综合表现的目的。

7.1.3 三维分析之时间-对象-指标

我们经常说顾客流失率是15.8%，完成率为65.3%，成交率为32.5%等，这里面其实就隐藏着时间-对象-指标的逻辑，什么对象在什么时间段的流失率是15.8%？哪个区域什么时间点的完成率是65.3%？哪个店铺什么时间的成交率是32.5%？时间-对象不交代清楚，指标值的对比就没有意义。例如星星说上海新春天的流失率是12%，柯北说成都新春天的流失率是24%，12%和24%就没有直接对比的意义，因为并不知道它们的时间属性，柯北可能说的是月流失率，星星可能说的是年流失率。

如图7-2所示，这是由杰克设计的时间-对象-指标构成的一个新春天月销售交互分析图。左侧为时间，上端为需要分析的对象，右侧为指标。之所以称交互图，是因为时间-对象-指标都利用Excel的控件技术被设计成可以交互点击的形式。通过这种交互设计，这张条形图最多可以生成2652张分析图（时间×对象×指标=17×12×13）。

图7-2 新春天2013年月销售条形图

7.1.4 三维分析之人-货-场

第3章讲解了人货场这种逻辑思维，想必大家已经非常熟悉了。其实人货场也不是随随便便就可以拿起来用的，使用它也需要遵循一定的逻辑，否则会很受伤。

杰克：星星，你知道你刚进公司的时候，分析数据时遇到数据异常后第一反应是什么吗？

星星：知道啊，就是不管三七二十一，直接去找数据异常产生的原因。

杰克：现在遇到这种情况呢？

星星：如果是营运端问题，我肯定是先用人货场来梳理自己的逻辑，然后再下手做分析。

杰克：有没有可能到最后还是没有找到数据异常的原因？

星星：好像有一次是这样的。

杰克：其实人货场的使用是有一定规则的。

如图7-3所示，这是发现数据异常时使用人货场的一个基本逻辑。首先确保数据异常不是由错误的数据得出的结论，然后再判断该异常是否是品牌共性或区域共性的问题。如果既是品牌共性又是区域共性，则基本上可以判断是市场共性的问题，说明不单单是该品牌该店铺的问题，对于这种市场共性的问题则可以使用第6章中6.1.2节介绍的宏观分析方法PEST来分析了，如果不是共性问题才可以用人货场分析逻辑。当然一般共性问题出现的概率不大，大部分零售业微观的问题都还是可以用人货场的逻辑来分析解决的。

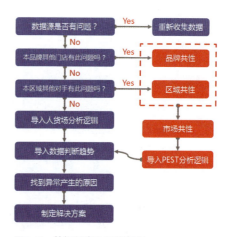

图7-3 数据异常的思维逻辑

杰克：柯北，对于人货场的思维逻辑你有什么可以分享的吗？

柯北：有，我曾经在新春天百货的周销售报告也是按照人货场的逻辑进行排列的，当时我还专门复制下来了（如图7-4所示）。这张图基本上把店长日常需要掌控的关键信息按照人货场梳理清楚了。

杰克：对的，作为零售店长来说，他们的工作无外乎盯人、盯目标、盯资源。把这三部分管好了，销售就有保证了。另外人货场不但是一种思维逻辑，它还可以导入数据来量化管理的，图7-4算是一种量化管理表格。

人				货			场			
排名	销售额	成交率	连带率	销售额	销售量	库存量	日期	顾客数	成交率	连带率	销售额
1	店员4	店员5	店员4	sku015	sku018	sku018	周一	176	17%	1.8	20788
2	店员2	店员8	店员3	sku035	sku022	sku046	周二	247	10%	1.6	15729
3	店员6	店员3	店员6	sku022	sku043	sku034	周三	201	17%	3.1	34031
4	店员1	店员4	店员2	sku045	sku015	sku023	周四	193	12%	3.0	22772
5	店员5	店员2	店员9	sku041	sku034	sku033	周五	227	19%	2.3	36902
6	店员9	店员18	店员1	sku024	sku027	sku014	周六	263	10%	2.4	20135
7	店员7	店员7	店员7	sku018	sku035	sku050	周日	296	16%	3.0	49444
8	店员8	店员1	店员13	sku012	sku039	sku028	本周合计	1603	14%	2.5	199801
9	店员13	店员9	店员8	sku029	sku030	sku024	上周合计	1525	13%	2.4	178325
10	店员10	店员12	店员20	sku037	sku037	sku040	下周计划	1700	15%	2.5	230000

图7-4 服装店铺人货场周报

星星：我见过一个做电商的老板，每天一早只看如下几个数据，其他都交给营运人员：

【人】昨天有多少营运人员完成当日销售目标？盯住人。

【货】销售前十大商品库存有多少？防止缺货。

【场】昨天的流量和转化率是多少？盯住场。

熟练使用人货场的逻辑可以让我们平时的诸多工作更有条理，思维更加缜密，甚至可以用它来制定工作计划。图7-5所示是杰克最近一周工作计划。图7-6所示是北京新春天百货10周年大庆时的准备计划。人货场不但是零售业基本的思维模式，也是我们工作、生活、学习的一种思维模式。

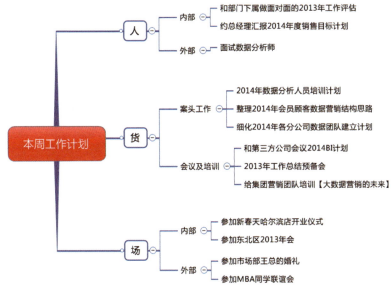

图7-5 人货场格式的周工作计划

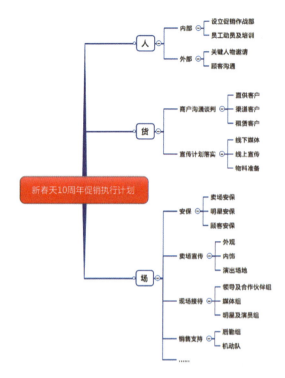

图7-6 人货场格式的促销执行计划

7.1.5 三维分析之广度–宽度–深度

三度分析本身没有任何意义，它必须要和具体的对象结合才能有现实分析意义。例如三度和商品的进销存组合，三度和4P理论的组合等，每一种组合就是一种分析方法，如图7-7所示。

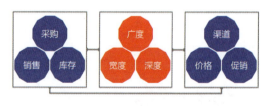

图7-7 三度的扩展组合

1 三度和商品进销存的组合

三度和进销存的组合（图7-7的左半部分）是商品分析中经常使用的方法，本书的4.1.2节部分已经进行了具体的定义。商品采购和三度的组合包括：

- **商品采购的广度**：商品采购的品类总数
- **商品采购的宽度**：商品采购的SKU总数
- **商品采购的深度**：平均每个SKU商品的采购数量

商品销售、库存和三度的组合包括销售的广度、销售的宽度、销售的深度、库存的广度、库存的宽度和库存的深度，每一种组合就是一种分析方法。

2 三度和4P的组合分析

细心的星星已经发现图7-7右半部的4P少了1个P，这个P就是商品，其实这个图的左半部分就是商品，只是细分为进销存三个部分。

4P中渠道的三度

- **渠道的广度**：覆盖的渠道数量
- **渠道的宽度**：覆盖的行政区域数量，可以省份或地区为统计基础
- **渠道的深度**：覆盖的客户数

价格的三度

- **价格的广度**：价格线的数量
- **价格的宽度**：价格带的宽度
- **价格的深度**：价格带中的产品SKU数

促销的三度

- **促销的广度**：促销活动中的宣传力度，如是海陆空轰炸宣传，还是只在纸媒上宣传。
- **促销的宽度**：参加促销活动的商品数量，这里的宽度比和日常用的参活率（参加促销活动的商品比率）是同一个概念。
- **促销的深度**：促销活动的力度，如服装促销是打9折促销还是打8折促销。

三度通过和4P的不同组合分别被赋予了不同的定义，这种定义随行业变化会略有不同，每种定义"制造"了一个分析指标。

3 三度、进销存和4P的再组合

三度除了和进销存（1P）以及其他3P的两两组合外，还可以把它们三者组合在一起，即三度-进销存-3P组合，这样就能进一步扩大我们分析的思路。

例如商品在渠道的销售广度、宽度、深度，这是渠道-销售-三度组合，这种组合可以用来做渠道的商品分析；促销时商品库存的广度、宽度、深度，这是促销-库存-三度组合，这种组合可以用来对促销前商品库存的准备情况分析；高价位的商品采购的广度、宽度、深度，这是价格-采购-三度组合，这种组合可以用来分析采购策略。三度-进销存-3P的组合一共有3×3×3共27种组合方式，每种组合方式对应一种分析思路。

进销存-3P-三度组合其实就是三度和4P中的2P组合，即商品-3P-三度组合。照这个思路还有

渠道-3P-三度组合，促销-3P-三度组合，价格-3P-三度组合（如图7-8所示）。我们挑选其中的几个进行说明。

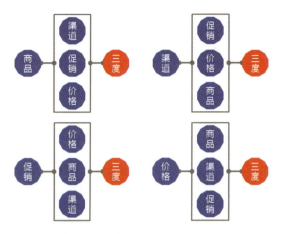

图7-8　三度和4P的组合

◆ **促销–渠道–三度组合**

包括促销-渠道-三度，渠道-促销-三度两种组合形式，前者指促销时渠道的三度，后者指渠道的促销三度。【促销-渠道-三度】就是在促销时我们要决定在哪些渠道，配置哪些商品，每种商品配置多大深度，【渠道-促销-三度】指某个渠道在促销时的宣传力度，商品的参活度多大，促销力度是多少。

◆ **价格–渠道–三度组合**

包括价格-渠道-三度，渠道-价格-三度两种组合形式，前者是价格在渠道的三度，后者是渠道的价格三度。价格-渠道-三度是指某个价位段的商品配置在哪些渠道，配置多少商品，配置商品的深度是多少，渠道-价格-三度指在不同的渠道价格带的广度、宽度、深度，这是价格带在不同渠道的深度分析，例如有些渠道价格带的宽度可以宽一些，某些渠道的宽度可以窄一些等。

◆ **价格–促销–三度组合**

包括促销-价格-三度和价格-促销-三度两种组合形式，前者是促销时价格带三度，后者是指在不同价格带的促销三度。促销-价格-三度指促销时如何配置促销商品价格带的三度，例如六一促销和十一促销的商品价格三度配置就会完全不一样，价格-促销-三度指某个价位段促销时的三度配置，例如高价位商品在促销时的宣传广度、商品组合宽度、商品配置深度。

星星： 杰克，我有点晕，组合太多了。

杰克：我建议你打开思维导图，将上面的组合录入思维导图，加深理解度。刚开始可以用三度的定义来硬套，理解之后再结合业务具体形式来运用到数据分析中去，需要注意的是，不是每一种组合都适合所有的企业。

每个行业、每个企业都会存在大量的三度组合，各位读者可以打开思维导图整理一下自己行业或企业的三度组合，也许你会有更多收获。

杰克：数据的立体化是一项基本的分析思路，没有立体化的数据分析难免片面，也不容易看清分析对象的全貌。在立体化的过程中数据间对比是一种常用的分析方法，而对比也需要讲究可对比性。接下来我就给你们讲讲数据的可对比性吧。

7.2　数据没有可对比性就没有数据分析

无对比不分析，在数据分析的六字箴言[1]中，对比占据着重要的地位，也是最简单的数据分析方法之一，但是没有可对比性的对比一定是耍流氓。

没有可对比性的案例无处不在，在《统计数字会撒谎》一书中提到一个案例，在美国和西班牙交战期间，美国海军的死亡率是9‰，而同时期纽约居民的死亡率是16‰，于是美国海军征兵海报口号就是：来参军吧，参军更安全！

杰克：柯北，你发现这里面的问题了吗？

柯北：我觉得问题在9‰和16‰这两个数据没有可对比性，当兵的人群都是年轻力壮的，一般只会战死，而纽约居民却是各式各样，有自然死亡的、老弱病残而死的、交通事故致死的等。

杰克：对。星星，你有没有相对应的案例和我们分享一下？

星星：之前我正好看见一条新闻，题目就是《建筑工地民工月薪最高1.4万秒杀白领》。

杰克：这显然是标题党，用民工最高工资和白领对比这是没有对比性的。在4.1.3节"伤不起的售罄率"中我们提到可对比性的四个"一致"原则。

❶ 对象一致：前面征兵那个案例就是属于对比的对象不一致。

❷ 时间属性一致：A公司的销售员离职率是12%，B公司的销售员的离职率是4%，如果你据此就认为B公司的人员更稳定的话就大错特错了，你必须

1　六字箴言：对比、细分、溯源。来源于@车品觉 的新浪微博。

要再问一下他们的时间属性是否是一致的,是否都是月离职率或年离职率等。

3 定义和计算方法一致:我给你俩举一个典型案例,关于"青年"的定义。我查阅了大量的资料,发现至少有六种对青年的定义。国家统计局青年的定义为15~34岁为青年人口(用于人口普查);共青团的相关定义为14~28岁为青年人口(这是《团章》中的规定);青联的相关规定为18~40岁为青年人口(见青联章程);国务院的规定五四青年节为14~28周岁的青年放假半天;而联合国人口基金定义为14~25岁,世界卫生组织的标准又是14~44岁为青年人口[2]。如果下次你们看见我国青年人占人口总数的**%的数据,一定要问一下它的青年定义是什么。

4 数据源一致:数据源不一致产生的差异一般比较隐蔽。

对比虽然是最简单的分析方法,但是使用之前一定要慎重,一定要考虑清楚,一定要坚守可对比性的原则。

7.2.1 被滥用的同比和环比

对比是最常用的分析方法,而同比和环比又是对比中最常用的两种分析方法。同比是本期和去年同期的对比,环比是本期和上一期的对比。例如2013年12月和2012年12月的对比是同比,和2013年11月的对比是环比,这是统计学上的定义,但在实际业务中同比和环比则会复杂一些,实际业务过程中也经常被滥用。

杰克:星星,你说说在日销售分析中2013年12月16日的零售额同比是否应该对比2012年12月16日的零售额?

星星:我看公司的POS系统是遵循统计学的定义,不过我个人认为具体到零售业2013年12月16日和2012年12月16日的零售额并没有实际的对比意义。因为2013年的这天是星期一,而2012年12月16日却是周日,对零售企业来说这是不同业务背景的日子,所以不能简单地按统计学的定义来对比。我认为和2012年12月17日的零售额对比更有意义,因为都是星期一。

杰克:说得对!数据分析必须在业务中灵活应用才有意义。对于零售企业来说日零售额的同比应该首先遵循星期几对比星期几的原则;其次应该遵循节日原则,如中秋对比中秋、端午对比端午、除夕对比除夕、情人节对比情人节、圣诞对比圣诞等;最后应该遵循假日放假规则,如十一放

---

2 来源于中青网:http://www.youth.cn/zqw/qsnyj/200708/t20070827_579635.htm。

假第一天和上年十一放假第一天对比等。不过现在的销售分析软件基本上是按照统计学的定义来设定对比原则的，不能不说是一个遗憾。需要注意，这里说的是零售企业，不过餐饮业、电子商务等也应该遵循这个原则。

杰克：柯北，你认为2013年2月的零售额同比2012年2月的零售额有对比意义吗？

柯北：应该没有吧，首先2013年2月是28天，2012年2月是29天，其次2013年的春节假期在2月，2012年则没有这个因素，对零售企业来说这两个因素都是影响零售额的重要因素。所以这两个月的零售数据同比没有多大意义，同比增长率也没有太大实际意义。

杰克：对，二者可以对比，不过没有太大的业务意义。上面这两个实例都属于违背了之前对比原则中提到的时间属性一致的原则。另外，我们再看一下2013年11月和2012年11月，这两个月都是30天，并且没有其他特定节日干扰，是不是它们就有严格的同比意义了呢？

首先这两个月的可对比性大大超过前两组日期，但如果你们俩仔细观察的话，一定会发现2013年11月有9天周末休息日，而2012年11月只有8天，少一个休息日对传统零售业来说意义可不小。按照本书第2章周销售指数的概念来计算，在没有其他因素影响的前提下，因为2013年11月多一个休息日，零售额相应会多2%～3%。如果某个店铺恰好11月的同比增长是2%～3%，你必须要明白，这增长的零售额是时间属性赋予的。

柯北：杰克，如果照这样分析，是不是所有的月份同比零售额都没有对比意义了？

杰克：当然不是，同比是一种统计方法，只要符合统计学定义都可以做对比分析，只是作为数据分析人员，你们必须了解对比结果在业务层面的实际意义的大小，一定要知道数据背后的故事。

7.2.2 伤不起的各种"率"

我们的分析工作是由各种"率"组成的，增长率、流失率、退货率、离职率、周转率等等。"率"是非常好的一种判断数据相对值的方法。正因为它是判断相对值的方法，所以经常有意或无意地被人滥用。

我们看一组2012年欧洲杯期间的数据：2012年6月8日欧洲杯开赛以来，淘宝网访问的女性用户数占比增加一成，从52%提高到62%，而男性用户数占比减少一成，从48%下降到38%。

杰克：星星，你觉得这组数据能证明"男人一看球，女人就网购"这个结论吗？

星星：我觉得不行，只看访问用户的百分比并不能证明女性网购人数在增加，也就是"女人就网购"这个结论并不牢固。我举一组数据来说明吧（如图7-9所示），假定欧洲杯前共有52位女性，48位男性访问者，欧洲杯中，女性用户减少为42人，男性用户减少为26人（即图中的A组），女性用户在减少，但是男女比例仍然满足38%和62%的组合，这个结论是否应该是"欧洲杯一开球，男女都减少网购"？B组虽然女性用户在增加，但是男性用户也在增长，并且男女比例也是满足题目要求的，这组数据是否证明"欧洲杯一开球，男女网购都增加"？

性别	欧洲杯前		欧洲杯中		
	访问人数	性别比列	A组	B组	性别比列
女性用户	52	52%	42	82	62%
男性用户	48	48%	26	50	38%
总人数	100		68	132	

图7-9 欧洲杯网购人数

杰克：星星，你的举例很说明问题，百分数是相对值，我们需要和绝对值结合在一起看才有意义，不然就被数据忽悠了。我再给柯北提一个增长率的问题，一个企业的每月同比都高于同行业，有没有可能年同比，企业却是低于同行业的？

柯北：我觉得不可能吧，不过总感觉有什么地方不对。

杰克：其实是有可能成立的，我用两个月数据举个例子吧，某企业2012年11月销售额10万，12月销售额10万。2013年11月销售额20万，12月30万。整个行业2012年11月销售额为100万，12月为500万，2013年11月为150万，12月为1400万。这样一组数据就满足企业月同比都大于行业，但是年同比却小于行业的情况。不过这种情况比较极端，一般比较少见。

各种"率"中最乱的可能是离婚率了，各种数据打架，各种媒体不负责任地解读，每次都挑起大家的神经。

1 离婚率

杰克：你们是否看到过一份中国离婚率排行榜？其中北京第一，离婚率39%；上海第二，离婚率38%；深圳第三，离婚率36.25%。

星星：我看见过这个排行榜，当时我还在想没有发现身边的亲戚朋友有这么多离婚的啊？这个数据和我的认知不符合，北京不可能10对夫妻中就有4对离婚的。

杰克：我查询了所有的官方报告，均没有查到这个排行榜中离婚率的数据。而在民政部发布的"2012年社会服务发展统计公报"中显示，2012年共有310.4万对夫妻办理了离婚手续，粗离婚率为2.3‰。

柯北：差距怎么这么大啊？

杰克：我再给你们看一个"2012年社会服务发展统计公报"中的数据，2012年各级民政部门和婚姻登记机构共依法办理结婚登记1323.6万对。你们有什么发现吗？

柯北：我发现将报告中的离婚对数除以结婚对数结果是23.5%，和排行榜中的数据比较接近了。

杰克：你这是一个惊人的发现，这就是媒体报道中离婚率排行榜的秘密。其实这是犯了数据源不一致的错误，当年离婚的人和当年结婚的人并不是一样的群体，离婚人群也并不一定包含在结婚的人群中。所以二者并不能直接相除，这样算出来的"离婚率"没有任何意义。

民政部的离婚率叫粗离婚率，粗离婚率是指在一定时期内（一般为年）某地区离婚对数与总人口数之比，通常以千分率表示，计算公式为：离婚率=（年内离婚对数÷年平均总人口）×1000‰。这是国际通用的离婚率计算方法。由于一个地区的人口总数一般比较稳定，所以粗离婚率的意义是可以发现离婚人群的变化趋势。不过粗离婚率和我们每个人心中那个先入为主的离婚率还是有差距的，也不是真正意义上离婚率的概念。

我们心目中的离婚率是指一定时期内离婚的对数占已婚对数的比例。分母已婚对数应该是期初已婚对数加上期中结婚对数再减去期中失婚对数，失婚是指夫妻其中一方逝世的情况。分母也可以用平均已婚对数来代替，就是期初已婚对数和期末已婚对数的平均值。不过这种方法在实际的统计过程中显得比较复杂，数据不容易收集，这也可能是大家一直不用此方法的一个原因吧。

杰克：给你们俩一个挑战任务，去挖掘一下婚姻中的"七年之痒"是否真的存在。可以使用按婚期的离婚率来论证。例如跟踪分析2000年结婚的夫妻在第1到第10年的离婚率，然后再去找共性的规律。

柯北：这个可以有！

星星：数据收集会是一个大问题。我们俩利用休息时间挖掘一下试试吧。

2 退货率

退货率和离婚率的计算方式有共通的地方，只是前者退的是商品，后者退的是婚姻。退货率可以用退货数量或退货批次来计算，公式分别如下：

退货率=退货数量÷发货数量×100%

退货率=退货批次÷发货批次×100%，没特别说明，后文的退货率均以批次来演示。

虽然退货率的公式非常简单，但是退货率和离婚率一样容易出问题。退货率的公式隐含了时间和对象两个关键信息，即什么对象在什么时间周期内的退货率。如果只用公式硬套，有时会出现退货率高于100%的情况。退货率常见问题有两种情况。

◆ **对象不一致**：有的公司为了方便顾客，允许顾客就近退货，这样极端状况下就有可能造成退货批次大于发货批次的现象，因为会有非本店购买的顾客来退货，这些退货批次不在分母中，但却在分子中。这种情况一般线下零售比较多。

- **时间属性不一致**：经常出现的情况是上月发的货本月来退，造成本月退货率数据失真。这种情况一般线上零售比较多。

当发货数量巨大，退货比较小时一般问题不大，但是现在电子商务的退货率一直高居不下，影响就比较大了。解决这两种不一致的办法有三种。

- **扩大统计范围**：如果公司允许顾客就近退货，那就不要分析店铺的退货率，直接看城市或全公司的退货率就可以了。

- **追根溯源**：包括把非本店铺发货的退货单从数据上返还给实际发货的店铺，把非本周期发货的退货单从数据上返还给实际发货的周期。例如本月发货200单，退货40单，其中10单是非本月的发货，则本月实际退货率是15%。这种方法可以做到对象和时间数据的一致了，不过这种方法计算起来比较复杂，因为退货源的归属期查起来往往比较麻烦。所以一般用于中长期，如月退货率的计算。这种方法的退货率需要不断地修正，如2013年10月底计算的当月退货率为12%，但11月又有10月发货的商品退货，则11月底时需要修正10月的退货率数据，如果12月时还有10月发货的商品退回，则12月底时还需修正。

- **实际发生退货率**：这种方法就是按当期实际退货数除以当期实际发货数，忽略对象和时间属性不一致的因素。这种方法的好处是简单，就是退货不问出处，可以适用于计算短期退货率，如日、周退货率。

不管企业采用何种计算方法，一定要注意标准的统一。只有标准统一了我们才好结合退货率的走势去分析退货背后的原因。

3 离职率

如果你们去搜索一下离职率的公式，我相信一定会惊呆了的，眼花缭乱的各种计算离职率的公式，每个公式或多或少都有合理的一面。我们也没办法说哪些公式是对的，哪些是错的。正因为此，某些人就利用离职率的复杂性去选择最利于自己工作的那个公式，为了让离职率显得好看一些，大家做足了文章。

离职率=离职员工数÷（？）×100%

其中"？"处可以由图7-10所示的①-⑥来代替，可见这个公式的复杂性。其中①④⑤⑥的计算结果可能会大于100%，②③则不会，最大值为100%。离职率大于100%对非HR的人士来说理解起来比较费解，因为大多数非HR人士心中的离职率概念是团队中离职的人数与总人数的比重，大于100%他们很可能会误认为计算错误。

① （期初人数+期末人数）÷2	② 期初人数+期中入职人数	③ 期末人数+期中离职人数
④ 期初人数	⑤ 期末人数	⑥ 计划岗位人数

图7-10 离职率公式中的分母

举几个极端数据来说明离职率的问题：

- 某个100人的团队，本月全部离职，没有新员工入职。①的离职率为200%，②③④为100%，⑤无穷大，⑥未知。①⑤的计算结果会让大家费解。

- 某个100人的团队，本月全部离职，HR招聘进来100人，月底这100个新员工没有1个离职。我们再来看计算结果，①④⑤计算的离职率为100%，②③为50%。此时②③的结果又让大家费解，让人感觉月初的100人只离职了50人似的。

其实离职率的公式远不止这六个，还有新员工离职率、老员工离职率等。离职率的主要作用为判断队伍的稳定性和考核HR经理。无论你是采用哪个离职率公式，首先报告中要标示计算方法，其次是标准要统一，不能哪个数据好看就用哪个。所以大家下次再看见离职率的时候，请首先问对方离职率的计算公式是什么？

7.2.3 她真的是销售冠军吗

前面提到相对值会骗人，其实绝对值也是会骗人的。在这个以成败论英雄的世界，我们总是认为零售店铺中零售额最高的店铺员工的销售技能是最高的，其实这不一定。在2.4节的案例中提到销售冠军的问题。我们继续来看这个案例，Amy的店铺有2名副店长和44名销售员工，店员C每个月的销售额都排名第一，图7-11所示，这是2013年11月销售额前十名店员的个人数据，店员C的销量遥遥领先于其他同事，她真的是销售高手吗？

基本情况			
排名	姓名	销售额 万元	工作天数
1	店员C	16.8	26
2	店员S	14.4	26
3	店员G	13.7	26
4	店员N	13.6	26
5	店员T	13.0	26
6	店员J	12.8	26
7	店员E	12.2	25
8	店员M	11.5	25
9	店员A	11.0	23
10	店员K	10.0	22

图7-11 2013年11月店铺十大销售能手

前10名店员中，有6名店员上了26天班，其余4人中，员K只上了22天班。由于上班时间长短不一致，前6名和7～10名之间的销售额没办法直接对比。即便是前6名都是26天班的情况下，也不能直接用销售额来判断销售能力强弱的，因为同样上1天的班，有的人是周末上班，有的人是工作日上班，上班的时间属性是不一致的。对于传统零售来说，周末的销售比平时会高不少。如图7-12所示，这是10名店员的上班汇总表。从图中看出，除店员T、A、K之外的几个人在周末上班的天数是一样的，都是14天。上班天数一样，能代表上班时段的质量一样吗？

	基本情况			排班情况				
排名	姓名	销售额 万元	工作天数	平日班 周1-4	周末班 周5-日	早班	中班	晚班
1	店员C	16.8	26	12	14	6	2	18
2	店员S	14.4	26	12	14	11	9	6
3	店员G	13.7	26	12	14	13	6	7
4	店员N	13.6	26	12	14	8	12	6
5	店员T	13.0	26	16	10	10	3	13
6	店员J	12.8	26	12	14	14	0	12
7	店员E	12.2	25	11	14	10	11	4
8	店员M	11.5	25	11	14	12	6	7
9	店员A	11.0	23	14	9	10	4	9
10	店员K	10.0	22	14	8	14	5	3

图7-12 前10名店员排班汇总

星星：我从图7-12看出一些问题，店员C和店员T的晚班排得比较多，而店员S、G、K的早班比较多，晚班比较多的店员相对有些占便宜的感觉，因为传统零售每天的销售高峰主要来源于下午和晚上。所以同样是周末上班，早班和晚班的销售质量差距也是很大的。

柯北：我查了下新春天百货北京区的数据，早班贡献日销售的35%，晚班贡献了65%，中班贡献了50%[3]。所以即使同一天上班，晚班的销售应该是早班的1.86倍，中班也是早班的1.43倍。时间属性不一样，销售质量也就不一样。图7-12中的店员C明显是得到了店长排班时的照顾，她销售排第一，并不是销售能力强，而是上班时间都是高质量的时段！

杰克：所以你们也发现了，在零售店铺中单纯按销售额来判断能力高低是不科学的，绝对值也会骗人。具体到这10人谁才是真正的销售能手呢？你们俩有办法量化吗？

柯北：我觉得用周销售权重指数的概念可以量化。如图7-13所示，这10名店员的月权重指数（每日权重指数相加）差不了太多，但是考虑到早中晚排班情况的月权重指数（用每天的权重指数分别和早中晚班的权重，即35%、50%、65%相乘的和值）差异却比较大。店员C为21.4，同样上26天班的店员T却只有15.6，也就是说在能力相同的情况下，店员C至少应该比店员T多产生37%的销售额，也说明店员C的排班班次比店员T质量高37%。所以店员C销售好是自然的。

---

3 早中晚上班时间有重叠，所以三者相加大于100%。

基本情况				月权重指数		相对销售额	
排名	姓名	销售额万元	工作天数	绝对月权重指数	考虑排班的月权重指数	单位权重销售额	终极排名
1	店员C	16.8	26	36.2	21.4	7,845	9
2	店员S	14.4	26	36.2	16.6	8,690	1
3	店员G	13.7	26	35.4	16.0	8,544	3
4	店员N	13.6	26	35.4	16.9	8,052	5
5	店员T	13.0	26	31.4	15.6	8,336	4
6	店员J	12.8	26	35.4	16.0	8,005	7
7	店员E	12.2	25	34.2	15.3	7,950	8
8	店员M	11.5	25	34.2	15.1	7,621	10
9	店员A	11.0	23	30.0	13.7	8,032	6
10	店员K	10.0	22	28.0	11.5	8,677	2

图7-13 相对销售额排行

星星：柯北你图中的"单位权重销售额"是如何计算出来的？

柯北：这是用每个店员的销售额除以"考虑排班的月权重指数"得来的，它的意义是1个单位权重指数的销售额，这个值越大越证明这个店员的销售能力强，因为即便排班质量不好，她仍然可以凭自己的销售能力来获得高于其他人员的销售额。从图7-13中的"终极排名"来看，店员C只排名第9位，证明了她不是最佳销售能手。店员S排名第一，店员K虽然销售绝对值排在第10，但单位权重销售额却排在第2，如果能给到她更多的上班时间，更好的班次，其一定能创造出更好的销售额，同时也能提升整个店铺的销售额。

所以从以上一些案例来看，数据的可对比性是数据分析的基础，只有在可对比的基础上进行对比分析才有实际意义，否则再好的数据分析方法也没有用。

7.3 常用的数据分析方法

数据分析方法不是讲究高端大气上档次，而是讲究实用，并且结合业务背景的实用方法才是最好的。只要实用，即便是最简单的排行榜、二八法则分析也可能是非常好的分析方法。很多刚刚毕业学统计的同学，在刚开始工作的半年甚至一年内往往比较迷茫，其一是自己在大学中学到的那些分析方法在实际工作中往往用不到或用得很少，其二是他们总想挖出一个"啤酒与尿不湿"式的经典案例才叫数据分析。这说明大家不熟悉业务，不了解数据分析是以实用为最高准则的。

杰克：每次培训的时候我都会问学员两个问题，你了解什么是二八法则吗？你在实际的工作中使用过二八法则来做分析吗？前前后后我问过好几百人，基本上100%的学员都了解二八法则，但是只有不到5%的学员在工作中曾经利用二八法则做过分析。二八法则是最简单、最广泛的一种分析方法，本应该广泛应用，但是大家把它当空气了。

杰克：我经常被大家问得最多的问题是，如何做数据分析？我常常笑着回答道，我需要写一本书来回答你这个问题，因为这不是一两句话就能说清楚的。其实问此问题的人背后无外乎三种情况：没有分析逻辑，没有分析方法或没有数据。

前面的几章主要在讲零售业的思维逻辑，先有逻辑，再有分析方法，接下来说一说常用的分析方法。

7.3.1 如何设定指标的权重

当对某个对象进行多维度的评估分析时，常常需要给各维度赋予一个权重值。例如超市在对供应商能力进行评估时，一共八项指标，每项指标和权重分别为：销售业绩0.25、商品价格0.21、送货服务0.14、员工素质0.14、品牌影响力0.14、商品可替代性0.04、货款支付周期0.04、信息化0.04等。

各维度的权重值之和为1.0。赋予权重值的方法有如下4种。

1 主观意见法

这是企业或部门负责人根据业务实际发展需要，对各维度主观赋值的一种方法。例如新春天百货营运经理KPI考核共有销售达成、利润达成、库存天数、商品丰满度、导购仪容检查得分、顾客投诉六项指标，总经理可以根据当年业务需要分别定义它们的权重值。

2 历史数据法

这种方法常常用在寻找销售规律的时候。如图7-14所示，我们可以通过2011、2012、2013年每月的销售比重来推测2014年每个月的贡献率，而这个贡献率实际上就是月销售权重值。

	1月	2月	3月	4月	5月	6月	7月	8月	9月	10月	11月	12月
2011	9.6%	8.4%	6.7%	8.0%	8.5%	6.5%	7.3%	7.2%	8.2%	9.3%	9.8%	10.5%
2012	10.6%	7.6%	6.6%	8.4%	8.6%	6.8%	7.0%	7.5%	8.4%	9.1%	9.4%	10.0%
2013	10.0%	8.2%	7.0%	8.2%	8.4%	6.7%	7.2%	7.3%	8.5%	9.2%	9.0%	10.3%
2014-预计	10.1%	8.1%	6.8%	8.2%	8.5%	6.7%	7.2%	7.3%	8.4%	9.2%	9.4%	10.3%

图7-14 月销售权重值

3 矩阵对比法

一般来说离现在越近的数据越具有参考价值，意味着权重值也应该更大，在图7-14中2014年权重值为前三年销售比重的平均值，没有体现权重差异性。为了让2014年的规律更有参考价值，我们需要对前三年的贡献率赋予不同的权重值，如图7-15所示。这样计算出来的结果和 **2** 略有差距。

	权重	1月	2月	3月	4月	5月	6月	7月	8月	9月	10月	11月	12月
2011	0.17 ①	9.6% ④	8.4%	6.7%	8.0%	8.5%	6.5%	7.3%	7.2%	8.2%	9.3%	9.8%	10.5%
2012	0.33 ②	10.6% ⑤	7.6%	6.6%	8.4%	8.6%	6.8%	7.0%	7.5%	8.4%	9.1%	9.4%	10.0%
2013	0.50 ③	10.0% ⑥	8.2%	7.0%	8.2%	8.4%	6.7%	7.2%	7.3%	8.5%	9.2%	9.0%	10.3%
2014	预计 ⑦	10.1%	8.0%	6.8%	8.2%	8.5%	6.7%	7.2%	7.4%	8.4%	9.3%	9.2%	10.2%

备注：⑦=①×④+②×⑤+③×⑥

图7-15　月销售权重值

2011、2012、2013这三年对应的权重值0.17、0.33、0.50体现了离现在越近的历史数据越具有参考价值的意义。这三个权重值是通过矩阵对比的方法计算出来的。如图7-16所示，权重2中的数值即为图7-15中的权重值。

年份	2011	2012	2013	合计1	权重1	合计2	权重2
2011		0	0	0	0.00	1	0.17
2012	1 ①		0	1 ②	0.33	2 ③	0.33
2013	1	1		2	0.67	3	0.50

图7-16　矩阵对比法求权重值

矩阵对比法的步骤是：

Step 1 将需要赋予权重的对象按矩阵排列，如图7-16中①所示。

Step 2 将每个对象间两两对比，如果左侧更重要则填1，否则为0。例如2012年的数据肯定比2011年的重要，所以①左侧的空格数字为1，2013年比前两年都重要，所以都为1。

Step 3 计算合计得分，再根据"合计1"占总分的比例算出"权重1"。这个权重遗弃了总得分为0的2011年选项（不是每次对比都会出现得分为0的选项）。

Step 4 如果2011年这个选项一定要有，则可以在"合计1"的基础上分别加1得到"合计2"以及对应的"权重2"。

图7-17是超市评估供应商的八个维度的权重值计算过程，也是用的矩阵比较法。矩阵比较法适合单人进行分析，权重结果基本上体现个人的意志，是对主观判断的具体量化。如果多人同时对一个对象进行权重评估，则需要用到专家打分法。

指标	商品价格	送货服务	品牌影响力	货款支付周期	销售业绩	商品可替代性	员工素质	信息化	合计	权重
商品价格		1	1	1	0	1	1	1	6	0.21
送货服务	0		1	1	0	1	0	1	4	0.14
品牌影响力	0	0		1	0	1	1	1	4	0.14
货款支付周期	0	0	0		0	1	0	0	1	0.04
销售业绩	1	1	1	1		1	1	1	7	0.25
商品可替代性	0	0	0	0	0		0	1	1	0.04
员工素质	0	1	0	1	0	1		1	4	0.14
信息化	0	0	0	1	0	0	0		1	0.04

图7-17　供应商评估指标权重

4 专家打分法

当需要综合多人意见时,专家打分法是比较合适的方法。如图7-18所示,这是电子商务网站的几个关键营运指标的权重化。每位专家手中有100分,专家们根据自己的理解对这7项指标分别打分,然后根据平均得分算出每一项的权重值。

指标	专家1	专家2	专家3	专家4	专家5	平均分	权重
流量	12	20	20	15	10	15.4	15.4%
转化率	20	20	20	25	25	22.0	22.0%
客单价	15	15	12	20	25	17.4	17.4%
顾客回头率	25	15	15	18	25	19.6	19.6%
推广ROI	10	10	15	8	7	10.0	10.0%
活跃用户比	9	10	10	6	5	8.0	8.0%
会员流失率	9	10	8	8	3	7.6	7.6%
合计	100	100	100	100	100	100	100%

图7-18 电商网站营运指标权重

这里的专家不一定是真正意义上的专家,只要是有打分资格的人都可以是专家。所以这种方法的实用性比较广,在需要体现民主集中制的时候就可以派上用途了。

杰克:确定指标权重方法有很多,比如还可以用层次分析法来做,这里只是介绍了几种最简单的方法,即使不会统计学的人也可以熟练掌握。其他方法大家可以延伸学习。

柯北:权重的概念是不是指数据也有贵贱之分?(柯北突然插话道)

杰克和星星大笑!

杰克:你说呢?

星星:同一对象不同的权重值就可能得出不一样的结论,它让数据真正地"活"起来了!(星星反应也很快)

杰克:是的,不过我警告你们!

不准用权重这个武器来耍流氓!

7.3.2 经典的二八法则应用

二八法则可能是最简单、最有知名度的分析方法之一。大部分人都能随口说出几个二八法则数据。但是"20%的人用脖子以上挣钱,80%的人用脖子以下赚钱",这不是严格意义上的二八法则,只能算二八比例。同样20%的人是富人,80%的人是穷人这也是二八比例,非二八法则。二八法则是一种不平衡法则，即20%的对象产生80%的效果，20%是对象，80%是效果，前后不是一个范畴。

- 20%的客户贡献了80%的利润，20%的客户即为利润指标的重点客户。
- 20%的企业员工拿了公司80%的薪水，所以大家要奋斗，期待早日成为管理层。
- 对女孩子来说，80%的时间只穿衣柜中20%的衣服，所以女孩子永远感觉衣柜里面"少"一件衣服。
- 办公室中，80%的时间我们只是在20%的区域活动，所以这20%区域的地毯会更容易脏，也更容易破裂，有经验的物业人员会给这些地方单独铺一块地毯。

二八法则的作用是找到对象中的重点因素，将对象分为重点和非重点两个部分。它让我们的管理更有重点，也更有效率，所以常常用在数据分析、销售管理、个人规划等方面。我们以商品-销售额的组合来举例说明二八法则的具体分析步骤。

1 在Excel中，将各商品按销售额由大到小排列。

2 滚动计算商品销售额占总销售额的比重。

3 找到占总销售额80%左右的那个节点。

4 计算这个节点以上的商品占总商品数的比重，这就是20%那部分重点商品。

计算过程参考图7-19所示，图中79.2%的销售是由21.2%的商品销售出来的，左侧是过程，右侧是结果。需要注意的是，严丝合缝的20%对80%是不容易出现的，不要太机械了。

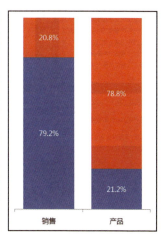

图7-19 二八法则的计算示例

二八法则一般用如图7-20所示的双轴图来展示。

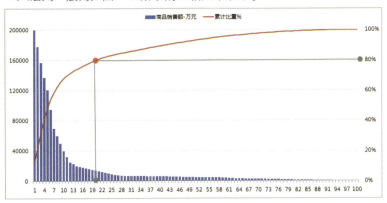

图7-20 二八法则的表现形式

7.3.3 ABC分析方法

ABC分析法是二八法则的一种升级，共同点都是将对象分清主次，不同的是二八法则只能将对象分成两类，而ABC分析法可以分成三类。它的分析方法和二八法则的四个步骤一样，也是先排序，再找对应节点的方法。如图7-21所示，这是单品-库存组合，适合商品的库存管理。图一中，70%的库存金额由10%的商品产生，这就是库存管理中的A类商品，是库存管理的重点商品（不一定是销售的重点商品）；20%的库存金额由30%的B类商品产生，这是库存管理的次重点商品；10%的库存金额由60%的C类商品产生，这是库存管理的非重点商品。

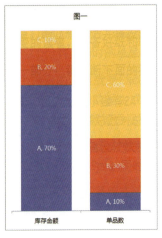 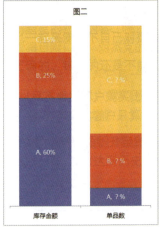 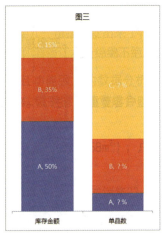

图7-21 ABC分析法

在二八法则中，80%和20%这两个值是固定不变的（即柱状图的左半部分），变动的只是单品的占比（即柱状图的右半部分）。而在ABC分析中，柱状图左半部分的比重不是一个固定的值，不过图7-21中三个图库存金额比例是大家最常用ABC组合的。ABC组合不仅仅是图中这三种比例，每个企业可以根据自己企业的特点固定一个比例。

除了用柱状图来展示ABC分析之外，还可以画ABC曲线。如图7-22所示，这是利用散点图加误差线做出来的一张图，对应图7-21中的图一。

无论是二八法则还是ABC分析方法，它们都是通过数据分析找到管理的核心区域，然后采取对应行动，所以分析只是开始，上升到数据化管理才是目的。

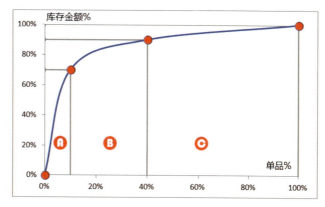

图7-22 ABC曲线

7.3.4 排行榜分析方法

很多人会认为排行榜算哪门子分析方法？其实前面已经说过，数据分析以实用为原则。不管复杂的方法还是简单的方法，能帮助到业务层面的方法都是好方法！排行榜是最简单、最大众化的一种分析方法，在百度新闻中"二八法则"有3.76万篇文章（截止2014年2月28日），而百度"排行榜"竟然能找到3920万篇文章！可见排行榜的大众化程度。

排行榜存在于各种分析、各种媒体报道中，例如商品排行榜、销售排行榜、福布斯排行榜、中国高校排行榜、百度指数排行榜等。其中福布斯公司就是以各种经济、商业的排行榜而著称的。

排行榜有单维度排行和多维度排行两种分类。单维度排行比较简单，只有一个变量，例如按店铺的销售额排行，按商品的库存排行，按城市的客单价排行，按会员顾客的销售贡献率排行等。

福布斯排行榜一般都是多维度的排行，多维度排行有如下三种方法。

1 直接求和法

这种方法就是将各变量值直接相加，然后按照和值直接排行。如图7-23所示，从销售额、利润额、人效、坪效四个维度对店铺质量进行评估。由于这四个维度属于不同的数量级，没办法绝对值直接相加，所以转化为占比相加。

名次	店铺	销售额	利润额	人效	坪效	合计
1	店铺0160	6.7%	4.4%	7.3%	9.2%	27.6%
2	店铺0194	7.4%	7.1%	5.4%	7.0%	26.9%
3	店铺0100	5.9%	8.9%	7.2%	4.6%	26.6%
4	店铺0185	7.0%	8.6%	4.8%	6.1%	26.5%
5	店铺0143	7.4%	7.5%	6.8%	2.6%	24.3%
6	店铺0107	6.4%	6.9%	7.0%	3.6%	23.9%
7	店铺0115	7.4%	4.3%	4.5%	6.4%	22.6%
8	店铺0192	5.3%	4.7%	5.3%	6.6%	21.9%
9	店铺0150	5.4%	5.4%	4.0%	5.7%	20.4%
10	店铺0122	5.4%	6.5%	4.9%	2.3%	19.1%
11	店铺0106	4.0%	3.3%	4.9%	6.6%	18.8%
12	店铺0191	4.9%	5.0%	5.4%	3.0%	18.4%
13	店铺0171	4.4%	6.1%	3.7%	3.5%	17.8%
14	店铺0133	4.3%	3.2%	3.9%	5.9%	17.2%
15	店铺0130	5.7%	2.7%	4.8%	3.8%	17.0%
16	店铺0132	3.5%	2.7%	3.8%	6.6%	16.6%
17	店铺0189	2.7%	2.9%	5.9%	4.0%	15.4%
18	店铺0158	2.0%	2.9%	5.5%	3.3%	13.7%
19	店铺0147	2.1%	4.2%	2.5%	4.0%	12.8%
20	店铺0141	2.2%	2.7%	2.4%	5.0%	12.3%

图7-23 店铺质量排行榜

❷ 加权求和法

如图7-24所示,对每个变量赋予一个权重值,然后将变量值和权重值两两相乘,得到一个合计值(即销售额×0.3+利润额×0.4+人效×0.2+坪效×0.1),最后根据这个合计值进行排行。这种方法的排行榜比直接求和的方式更科学一些。

❸ 两次排名法

如图7-25所示,首先对各变量进行排名,然后将各变量的排名求和,最后根据"排名合计"进行升序排名,这种方法的好处是可以忽略各变量的量纲。当然两次排名法也可以综合"加权求和法"对各变量进行加权处理,最后再求和,再排名,这里就不具体阐述了。

名次	店铺	销售额	利润额	人效	坪效	合计
权重值		0.3	0.4	0.2	0.1	1.0
6	店铺0160	6.7%	4.4%	7.3%	9.2%	6.1%
3	店铺0194	7.4%	7.1%	5.4%	7.0%	6.8%
1	店铺0100	5.9%	8.9%	7.2%	4.6%	7.2%
2	店铺0185	7.0%	8.6%	4.8%	6.1%	7.1%
4	店铺0143	7.4%	7.5%	6.8%	2.6%	6.8%
5	店铺0107	6.4%	6.9%	7.0%	3.6%	6.4%
7	店铺0115	7.4%	4.3%	4.5%	6.4%	5.5%
9	店铺0192	5.3%	4.7%	5.3%	6.6%	5.2%
10	店铺0150	5.4%	5.4%	4.0%	5.7%	5.1%
8	店铺0122	5.4%	6.5%	4.9%	2.3%	5.4%
13	店铺0106	4.0%	3.3%	4.9%	6.6%	4.2%
12	店铺0191	4.9%	5.0%	5.4%	3.0%	4.9%
11	店铺0171	4.4%	6.1%	3.7%	3.5%	4.9%
15	店铺0133	4.3%	3.2%	3.9%	5.9%	3.9%
14	店铺0130	5.7%	2.7%	4.8%	3.8%	4.1%
16	店铺0132	3.5%	2.7%	3.8%	6.6%	3.5%
17	店铺0189	2.7%	2.9%	5.9%	4.0%	3.5%
19	店铺0158	2.0%	2.9%	5.5%	3.3%	3.2%
18	店铺0147	2.1%	4.2%	2.5%	4.0%	3.2%
20	店铺0141	2.2%	2.7%	2.4%	5.0%	2.7%

图7-24 加权求和排行榜

名次	店铺	绝对值				单项排名				排名合计
		销售额	利润额	人效	坪效	销售额	利润额	人效	坪效	
2	店铺0160	334873	43654	33487	4593	5	11	1	1	18
1	店铺0194	369143	71378	24610	3476	2	4	8	2	16
3	店铺0100	294793	89122	32755	2294	7	1	2	11	21
4	店铺0185	350145	86198	21884	3050	4	2	13	7	26
5	店铺0143	370037	75209	30836	1316	1	3	4	19	27
6	店铺0107	319228	68959	31923	1800	6	5	3	15	29
7	店铺0115	367578	43000	20421	3221	3	12	14	6	35
7	店铺0192	264844	47000	24077	3286	11	10	9	5	35
9	店铺0150	270208	53836	18014	2846	9	8	15	9	41
11	店铺0122	269090	65000	22424	1159	10	6	10	20	46
10	店铺0106	201371	33000	22375	3300	15	14	11	4	44
11	店铺0191	246741	49904	24674	1525	12	9	7	18	46
15	店铺0171	221486	61196	17037	1770	13	7	18	16	54
14	店铺0133	212844	32000	17737	2950	14	15	16	8	53
15	店铺0130	287119	26616	22086	1900	8	20	12	14	54
15	店铺0132	172763	27019	17276	3319	16	18	17	3	54
13	店铺0189	133949	28632	26790	2000	17	17	5	13	52
18	店铺0158	99680	28934	24920	1673	20	16	6	17	59
19	店铺0147	103181	42000	11465	2007	19	13	19	12	63
20	店铺0141	110929	26918	11093	2500	18	19	20	10	67

图7-25 两次排名法

多维度排行榜的方法不仅限于这三种，其他方法需要用到专业的分析软件，这里不具体阐述。排行榜可以用表格、条形图、雷达图等方式来展示具体的排行情况。

7.3.5 你真的了解平均值吗

平均值也是一种大众化的分析方法，零售业中的店效、人效、坪效都是平均值，但是被平均值忽悠的案例也是随处可见，如这几年的工资"被平均"，房价"被平均"等。平均值的作用是用来代表被分析对象的中等水平，但现实中往往是我们真的"被代表"了，数据反应不出来中等水平来。在实际业务分析中出现平均值"忽悠"的情况，主要有四个原因：

- 数据量太小，平均值无意义。例如去求姚明和潘长江的平均身高就没有意义。
- 数据间差异较大，平均值会被极值影响。计算一个公司的平均工资就会出现这种情况，20%的人领了公司80%的工资，直接求平均值自然有问题。
- 对象间没有可比较性，例如我们去求羽绒服和秋裤的平均价格就没有意义，这两个类别没有可比较性。
- 求平均值的对象不稳定，飘忽不定。想让平均房价"自然下降"最好的做法是之前统计市区的平均房价，现在统计市区加郊区的平均房价，这样房价自然就降下来了。

平均值不是你想求就可以随便求的，一定要想清楚平均值对业务层面的意义。有时候我们可以使用中位数或众位数的方法。中位数指数列中最中间位置的那个数，众位数是指数列中出现频率最多的那个数，中位数和众位数的优势是不受数列中极端数据的影响。

平均值的分类有以下几种。

1 算术平均值

算术平均是最简单且适用范围最广的平均值计算方法，它反应数据的平均水平，公式如下：

$$X=(X_1+X_2+X_3+\cdots+X_n)\div n$$

2 几何平均值

几何平均就是n个数乘积开n次方根的值，它相对于正数而言，例如2、8的几何平均值为4，公式如下：

$$X=\sqrt[n]{(X_1*X_2*X_3*\cdots*X_n)}$$

3 加权平均值

加权平均首先得给每个值赋予一个权重，然后根据如下的公式求出加权平均值，这种方法我们经常会用到，例如前面排行榜中的加权求和法就属于这种情况。

$$X=\frac{(X_1*W_1+X_2*W_2+X_3*W_3+\cdots+X_n*W_n)}{(W_1+W_2+W_3+\cdots+W_n)}$$

杰克：加权平均值中权重的设定非常关键，不同的权重计算出来的结果不同，有时候甚至会直接改变结论，这也就是我之前警告你们不能用权重来耍流氓的原因。给你们看个利用权重耍流氓的案例，图7-26所示，前三名学员的综合得分完全是靠提高面试成绩权重的方式来获得，若笔试和面试的权重取0.5∶0.5，甚至是0.2∶0.8结果都会不同，招聘中的猫腻就是这样来的。

名次	姓名	笔试成绩	面试成绩	综合得分
权重值		0.1	0.9	1.0
1	学员016	52	95	91
2	学员028	58	92	89
3	学员022	48	90	86
4	学员023	95	80	82
5	学员025	87	80	81
6	学员030	78	78	78
7	学员012	83	73	74
8	学员029	80	72	73
9	学员015	72	70	70
10	学员026	70	66	66

图7-26 学员加权平均后的排行榜

星星：所以很多面向公众的各种排行榜、各种市场占有率等其实可信度并不高？

杰克：是的，从某种角度来说，数据分析其实是一个良心行业。在数据分析中运用各种手段左右数据结论的行为是不可取的。

柯北：我们记住了！

4 滚动平均值

滚动平均，也叫滑动平均、移动平均，是在一个有n个值的时间序列中滚动计算m个值的平均值的一种方法（$m<n$）。例如股票中的3日均线、5日均线、10日均线就是这个概念。滚动平均的意义是为了用当前值和最近一段时间的平均值进行对比，从而来判断当前值状况。

如图7-27所示，这是日销售额的7日滚动平均值。

12月1日	12月2日	12月3日	12月4日	12月5日	12月6日	12月7日	12月8日	12月9日	12月10日
2,297	1,409	1,414	1,527	2,184	2,203	2,397	2,304	1,655	1,490
						1,919	1,920	1,955	1,966
						1-7日平均	2-8日平均	3-9日平均	4-10日平均

图7-27　7日滚动平均值

数据分析首先是理解数据，然后梳理逻辑，最后根据业务背景选择最适合的方法。有些分析可能会有好几种方法适用，找最优的一个来使用。最后再考虑数据分析过程或结果的数据展示问题。

7.4　数据展示也是一种分析方法

好的数据展示方式可以让受众快速发现问题，理清脉络。Excel中的各种图表是现成的展示方式，但是我发现很多人只是在机械地使用三俗图表（曲线图、柱状图、饼图），很少去考虑是否选择了正确的图表，图表的展示逻辑是否合理，数据是否使用得当，是否会误导受众等问题。

我们先来看两个有问题的图表，如图7-28所示。

杰克：你们俩能发现这两个图表有哪些问题吗？

星星：图一的错误是将不同数量级的数据放到一个坐标轴下展示，

图7-28　错误的图表展示

建议将"2013合计"的数据去掉或者直接在图表中用文字标示出来就可以了。

柯北： 图二我能找到三个有问题的地方：

- 图中"增长比率"不见了，这同样是数量级的问题。建议增长比率可以考虑放到第二坐标轴来展示。
- 9个店铺的先后顺序看不到逻辑，"店铺A"为什么在第一位？
- 刚开始我看此图的时候，一直以为这些店铺的新开会员卡数据是下降的，后来仔细看，才发现作者将2013年数据放在前，2012年数据放在后，图例不符合大多数人的思维惯性，容易误导受众。

其实我还有一个问题就是，作者究竟想表达什么？

杰克： 从图上确实看不出来制图者的观点，你这三点问题找得很好。所以图表不是你想拿来用就能用，得想好了才用。我们一起来看Excel图表的展示逻辑吧。

7.4.1 Excel图表的展示逻辑[4]

Excel内置图表共有11个大类73个模板可供使用，其中曲线图、柱状图和饼图是使用最广泛的。规范的图表应该符合图7-29的分类。Excel图表的作用是向受众传递作者心中的信息，这个信息可能是一个异常数据，一个结论，一种趋势。好的图表自己会说话。

	成分	排序	时间序列	频率分布	相关性
柱状图	★	★	★	★	★
曲线图			★	★	
条形图	★	★		★	★
饼图	★				
散点图		★		★	★

图7-29 Excel图表的使用规范

Excel图表展示逻辑及注意事项：

- 明确图表展示目的，图表应该为目的服务。
- 选"对"的图表，而不是选最好看的图表。对的图表即是最能展示数据逻辑的图表。

---

4 以下描述均使用Excel 2007版本内容。

- 和时间序列相关的图表，最好按照受众的读图习惯（由左到右对应时间由远及近的逻辑）排列，尽量避免图7-28中所示的情况出现。
- 成分和排序相关的图表务必按照由大到小或由小到大的逻辑排列。
- 简单就是美，不要给一张图赋予太多的分析点，否则会干扰主题。
- 要有重点，可以适当地利用颜色差进行标记，从而将重点突出出来。
- 尽量不要用立体的图表，立体图表会让受众产生视觉差，从而影响判断。

图表的逻辑远不止这些，不管实际工作中使用何种逻辑，都必须有逻辑！接下来我们介绍一些特殊图表的使用方法吧。

7.4.2 不一样的雷达图

雷达图大家应该不陌生，在Excel中也比较容易实现，它的优势是可以同时展示多个指标，从而判断同一对象指标间的强弱或不同对象相同指标的对比。雷达图经常用在企业经营状况，包括收益性、生产性、流动性、安全性和成长性的评价分析上，也可以用在对客户或员工的评估分析上，还可以用在多维度业务分析体系上。

使用雷达图的注意事项：

- 雷达图只有一个坐标轴，不可能同时显示量纲不同的指标，所以在展示不同量纲或数量级的指标时，需要先去量纲，先标准化处理。
- 指标不能太多，个人觉得20个就是极限了。
- 一个雷达图中最好不要超过三个系列，太多会影响识图。如果实在太多的话可以考虑几个雷达图组合在一起展示或者采用交互式的方式。
- 指标的排列顺序可以按照值的大小顺序或将相关性高的指标放在一起展示。

图7-30是上一章会员数据分析中见过的图表，指标是按照忠诚度、消费力、价格容忍度的逻辑排列的，由于时间、金额、销售占比不是同一量纲，所以采用了5分制评分的方式去量纲。同时为了避免影响识图，三个会员分成了三个雷达图进行展示。

雷达图的关键是指标间的标准化，标准化的方法有如下四种。

1 评分制

设定一个评分机制，对每个指标评分，这是最简单的标准化方法。例如小学生成绩雷达图，满分都是100分，将各科成绩展示在雷达图上后很容易看出学生的强弱项。

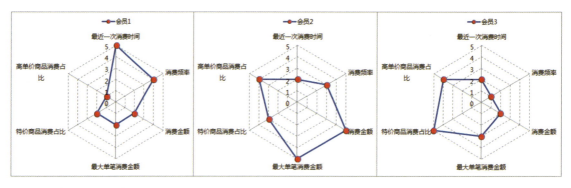

图7-30 会员价值的雷达图分析

2 排名制

排名制雷达图中展示的不是各个指标值,而是各指标值在所有对象间的排名。这种方法适合分析对象比较多的时候采用,适合通过雷达图发现特定对象在各个指标中的排名状况。

图7-31是有100家店铺的连锁零售公司其中一个店铺的排名制雷达图,我们一眼就能看见坪效、人效、销售折扣和VIP折扣有问题,因为在100家店铺中,这几个指标排名比较靠后。13项指标中,除折扣的两项指标外,都是指标值越大排名越靠前(值就越小),而折扣是逆序排行,指标值(折扣)越低排名越靠后。

这张图可作为月销售分析模板中重要的一个图表,可以一图打尽门店的所有指标。

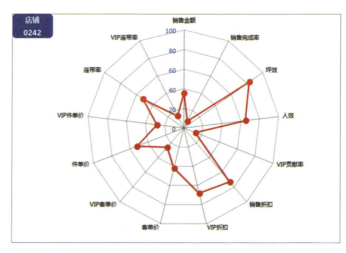

图7-31 店铺13项指标排名分析

3 相对值

首先找到一个标准值,然后将指标值(a)和标准值(b)对比求出雷达图的值(C),标准值可以是目标值、平均值、经验值、指定值等。如销售额和销售目标对比即是目标完成率,和平均销售额对比,大于1则高于平均值,小于1则低于平均值。这个方法需要注意"正指标"和"逆指标"的处理差异,销售额、利润值等是正指标,值越大代表完成得越好,但营销成本、库存金额等却是逆指标，值越大代表越差。二者公式如下：

正指标：C=a÷b

逆指标：C=b÷a

如图7-32所示，这是零售店铺的营运指标，利用目标值做去量纲化处理，其中的"计算值"就是去量纲后的结果，即C值。大家要注意其中正逆指标的处理差异。

4 极值法

利用极值法做无量纲化处理涉及三个值，指标值（X）、历史最大值（X_{max}）、历史最小值（X_{min}），公式如下所示。这种方法可以有效地将计算值控制在0~1之间。

$$C = (X - X_{min}) \div (X_{max} - X_{min})$$

营运评估	实际值	目标值	计算值	备注
销售金额（万元）	8580	8000	1.07	正指标
利润金额（万元）	1850	2000	0.93	正指标
库存金额（万元）	7210	6000	0.83	逆指标
营销费用（万元）	450	400	0.89	逆指标
营运费用（万元）	385	400	1.04	逆指标
顾客投诉（人次）	168	200	1.19	逆指标
员工离职（人）	25	40	1.60	逆指标
会员总数（万人）	23	20	1.15	正指标

图7-32 利用相对值标准化

7.4.3 清清爽爽的K线图

凡是买过股票的人一定会对K线图（即股价图）非常熟悉，而Excel中也内置有专门的股价图模板。做数据分析，模仿是必须会的技能，模仿并能跨业务场景使用更能创造出更多的分析或展示方法。在目标的数据化管理中，我们经常会用到实际销售和目标的对比问题，一种方法是用曲线图直接展示每个时间节点的完成率，第二种方法做两条线，一条是目标线，另一条是实际完成线。前者的缺点是只能看到相对值，不能看到绝对值，后者的缺点是当时间节点多时，两条线上下互相缠绕会显得非常混乱，而用K线图来展示就清爽多了。

图7-33就是一张日销售目标管理的K线图，它和股票中的K线图最大的区别是没有最高价和最低价，也就是光头光脚的K线图。图中红色代表完成目标，绿色代表未完成目标，柱体的长度代表超出目标（红色柱体）或距离目标（绿色柱体）的大小。这种展示方法很容易发现月销售在每日的完成情况，一目了然，适合用在日销售追踪上。需要注意的是，K线图中红色、绿色的定义是和国际通用准则相反的，这里主要遵从的是中国股市红色代表上涨，绿色代表下跌的规则，这也符合中国人对颜色的喜好。

图7-33 日销售-目标追踪K线图

这种K线图的做法，是用Excel图表的"股价图"中"开盘-盘高-盘低-收盘图"做出来的，只是将盘高和盘低作为辅助数据，盘高等于开盘，盘低等于收盘。数据源如图7-34所示，利用这样的数据源直接就可以生成K线图了。

	1	2	3	4	5	6	7	8	9	10
	日	一	二	三	四	五	六	日	一	二
销售额-开盘	175.5	71.9	79.2	80.0	86.1	94.1	101.0	148.0	92.0	89.0
销售额-盘高	175.5	71.9	79.2	80.0	86.1	94.1	101.0	148.0	92.0	89.0
日目标-盘低	145.9	74.9	72.0	123.4	115.1	135.3	157.0	145.9	85.0	85.0
日目标-收盘	145.9	74.9	72.0	123.4	115.1	135.3	157.0	145.9	85.0	85.0

图7-34 K线图的数据源

K线图还可以赋予更多的信息，例如将盘高设定为日销售最高纪录，盘低为最低纪录。这就是标准的股价图了，信息量也更大。K线图的另一种演变是加上客流量或销售量等数据，类似于股价图的成交量。如图7-35所示，这个图加上了店铺的每日客流量数据，信息量也更丰富了。此图直接使用Excel股价图中的"成交量-开盘-盘高-盘低-收盘图"即可。

图7-35 日销售-目标-客流量追踪K图

杰克：K线图的方式除了用来展示日销售-目标外，还可以用在月销售-目标、实际库存-标准库存等上面。另外，股票分析系统是一个非常完善的数据分析及展示系统，里面有很多分析方法是可以直接借鉴的，建议你们俩多学习学习。

星星：那我明天买本书系统学习一下。

柯北：我明天直接找我老爸借10万块投进去，不入虎穴焉得数据？！（哈哈）

杰克：是的，一定要亲身体验下，也需要星星那样系统的学习。

7.4.4 高端大气的热力图

热力图是最近几年非常流行的一种数据展示方法，它利用不同的色块把对象分成不同的等级区间。热力图流行的原因是因为数据展示超级直观，并且可以结合地图等进行展示，外延空间非常大。热力图常常做成交互式图表，使展示的指标更多样化，内容更丰富。在这里给大家展示几个我做的热力图。

1 全国客单价热力图，如图7-36所示，很清楚地就可以看到每个省的客单价处在什么水平。

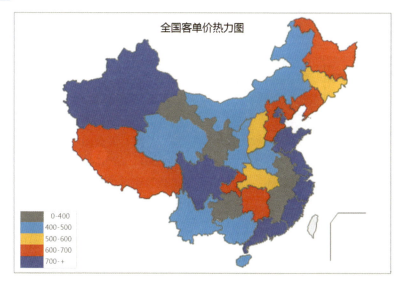

图7-36　全国客单价热力图

2 北京客单价热力图，如图7-37所示，我在北京市地图上标注了各商场的位置，商场的颜色就代表客单件所处的区间。

图7-37 北京各商场客单价热力图

3. 商场楼层坪效图，如图7-38所示，在商场楼层平面图上画出了各品牌专卖店的位置和形状，其中颜色就代表各店铺坪效所处的区间。商场楼面热力图还可以用来深度研究顾客动线，找到顾客高流动性的区域，然后配合对应的商场布局以达到最佳落位效果的目的。

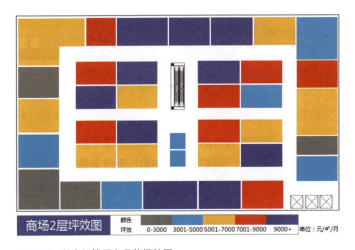

图7-38 某商场楼层各品牌坪效图

除了客单价、坪效外，这几张图还可以用来展示件单价、人效、销售额、利润额等指标。

热力图上的颜色不是手动填充的，是在Excel中是利用一小段宏完成的自动填充。制作热力图首先要有一张地图或商场楼层的矢量图，深入学习热力图推荐刘万祥的《用地图说话》这本书，里面有热力图的详细制作方法，这里只提出概念，不详细说明。

热力图其实就是分区展示数据，各行各业都用得到。我们再看两个案例，如图7-39所示，这是NBA中的两支球队步行者和快船队投篮命中率的热区图[5]。NBA是一个崇尚数据的组织，你们可以上其官网进一步学习。

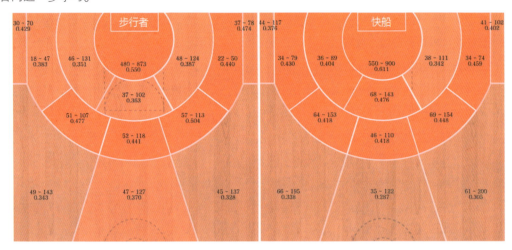

图7-39　NBA球队投篮命中率热区图

如图7-40所示，这是著名的尼尔森网页浏览F模式[6]，这是用户在浏览网页时视线的移动研究，"眼动"轨迹呈现字母F的形状。百度这两年也一直在做网页点击热力图，目的也是为了研究消费者点击的规律。

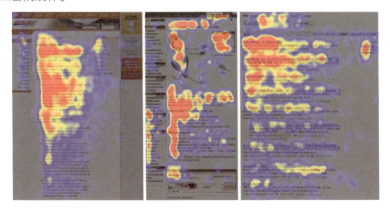

图7-40　尼尔森网页浏览F模式

5　热区图来源于NBA中国官方网站 http://china.nba.com/。
6　图片来自于Nielsen Norman Group网站 http://www.nngroup.com/。

7.4.5 四象限图的策略思维

四象限分析也叫矩阵分析法，是一种策略分析模型。其中最著名的四象限分析就是波斯顿矩阵，它由产品市场占有率和产品市场增长率两个维度，将企业现有产品划分为明星、金牛、问题、瘦狗四种类型。另一个著名的四象限应用是时间四象限分析，通过紧迫性（X轴）和重要性（Y轴）将需要处理的事情分成四个象限。

四象限图是以横轴（X轴）和纵轴（Y轴）组成一个坐标系，在XY坐标轴上按某种标准进行切分，组成四象限。从右上角的象限开始沿逆时针旋转，分别为第一象限到第四象限，被分析的对象散落在这四个象限中。

用来切割四象限的切割线的标准可以是平均值、目标值、行业值、指定值等。

在零售业务中有大量的指标可以组合成四象限来分析。例如客单件和件单价的组合，人效和坪效的组合等。如图7-41是新春天南京店服装楼层各品牌面积和坪效（单位面积产出）的组合，其中分割线为平均值。

- I象限：重点区。面积大、坪效也高，是销售额的主要贡献对象，这些店铺是被重点支持的对象。

- II象限：潜力区。坪效高、面积小，适当提高面积可能会有更大的销售额，想办法把它们转化为I象限。

- III象限：问题区。面积小、坪效也低，这些店铺有潜力的留下，没有潜力的坚决关闭。

- IV象限：观察区。面积大但是坪效低，对这些店铺的策略就是降低面积以观后效。

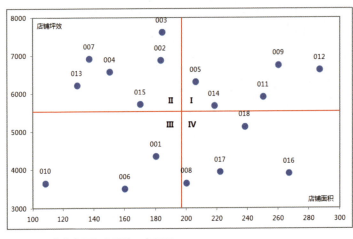

图7-41 专卖店面积和坪效四象限图

当然，在实际营运过程中的策略不会这么简单，还会看各专卖店的利润、成长状况等指标才能综合地下结论。具体四象限图的Excel做法，详见8.2.4节。

杰克： 数据分析不是什么神秘的东西，它和厨师炒菜有异曲同工之妙。首先需要思考做什么菜（明确目的），准备食材（数据），找到对应的菜谱（分析逻辑及框架），烹饪（分析），最后用最合适的器皿盛出来（展示方法），端到食客面前（报告）。

柯北： 对啊，厨师要做到大师不容易，数据分析要做到数据分析师也是相当艰辛的。

星星： 还有厨师要经常创新，不断要有新菜出品。数据分析也需要不断创新，我觉得杰克那个K线图就是一种非常好的创新。

杰克： 不同领域间的借鉴是一种创新，创新是一种态度，也可以说是一种思维及工作方式。我总结了几条数据分析师创新的思路给你们参考：

1 借鉴是最简单的创新模式，这种创新来源于不断地学习，博览群书，三人行必有我师。

2 尝试不同的组合方式是创新的基本模式，厨师的创新很多就是来源于食材、烹饪方法、辅料之间的不同组合，例如宫保鸡丁、宫保肉丁、宫保兔丁，等等。

3 适当的诱发是创新的源泉，参加各种论坛、讨论，同事朋友间的头脑风暴，甚至是自己放空思绪的"遐想"等，总有一些灵感能促进你的创新欲望。

4 使用创新技巧进行创新，例如放大、缩小、调整、颠倒、代替等方式。

下一章我们学习建立数据化管理的Excel模型，其中你们俩就能看到一些创新内容。

第 8 章
如何建立数据化管理模型

经过半年多轰炸式的集中培训，柯北和星星对零售业的数据分析已经掌握得差不多了，同时Excel水平也大有长进，杰克准备培训他俩最后一项，数据化管理模板。数据化管理模板能有效地将数据分析产品化，方便使用，提高效率。柯北和星星对这一天也期盼了很久。

8.1 数据化管理应用模板

一个完整的数据化管理模板应该包括如下六部分：自定义区域、数据源区域、分析辅助区域、业务预警区域、业务分析区域、报告展示区域。它由模板开发者制作，数据维护者定期录入数据，最后提供给模板使用者进行数据化管理，这三者既可以是一个人也可以是不同分工的个体。

星星： 杰克，我们为什么要将数据化管理模板化？我们公司不是有专门的数据分析师吗？

杰克： 星星这个问题问得好。数据化管理是一个过程，数据分析只是这个过程的一个环节，模板化后可以提高效率、节约时间，还可以将分析过程逻辑化，分析结论自动化，使用过程傻瓜化。由数据分析师设计数据化管理模板，将自己对商业逻辑的理解植入到分析模板中去，最后变成一个一个的产品。所以有时数据分析师不是在做数据分析而是在生产产品。有些产品是一次性的，这样会比较浪费，所以需要生产一些通用且实用性强的可重复利用的产品，这就是模板。

数据化管理模板不能代替数据分析师的全部，毕竟有很多分析是不能模板化的。当然可以设计模板的也不仅仅是分析师们，每个人都可以是数据化管理的模板设计者。

柯北： 我们需要把模板开发成软件吗？或者说模板的载体是什么？

杰克：柯北，你这个问题问得也不错。小的模板可以是一个文件，一个应用程序，也可以是系统的一个组成部分，大的模板可以自成一个系统。但是对普通的数据分析人员来说，开发一个应用程序或系统是不现实的，不但成本高，开发周期也会很长。一个企业可以没有系统软件，但是不会没有Excel，模板开发可以借助Excel完成，这种模板具有通用性强、开发和使用成本极低、使用简单的特点。

星星：怪不得你老是逼我们学习Excel，找到答案了。

杰克：下面我用Excel做的"零售连锁店铺月销售分析模板"来说一说模板的结构。

最小的Excel模板六个区域可以是在一个Sheet中，大些的模板每个功能区域是由一或几个独立的Sheet组成，如图8-1所示。

图8-1　数据化管理模板结构

8.1.1　自定义区域

自定义区域的作用是模板设计者留给模板使用者来自定义数据属性、字段名称标准、业务逻辑值的区域。它既是为了提高模板通用性，也是为了提高模板的使用价值。没有自定义功能的模板是死的，通用性会大打折扣。

图8-2就是"连锁店铺月销售分析模板"的自定义区域，其中区域1为店铺和代码（这两部分在系统中是唯一的）。区域2为店铺的属性配置区，也就是自定义区，模板使用者可以根据业务进程随时对店铺属性做调整，相应的分析也就会对应改变。这些属性是为了后期分析做准备的，属性越详细，后期分析的维度就会越多。

客户名称	店铺名称	店铺代码	区域	省份	城市	业态	面积-m²	店铺级别	时间属性	卖场定位	财务属性	自定义1	自定义2
春天百货	时尚春天	10001	北区	辽宁	沈阳	购物中心	93,801	C	老店	三级商圈	盈利		
春天百货	春天广场	10002	南区	广东	广州	购物中心	65,964	C	次新店	三级商圈	盈利		
春天百货	春天时尚	10003	北区	北京	北京	购物中心	61,625	E	老店	三级商圈	盈利		
春天百货	春天时尚	10004	西区	四川	成都	百货商场	40,007	A	次新店	一级商圈	亏损		
春天百货	春天时尚	10005	东区	上海	上海	百货商场	39,000	C	老店	三级商圈	盈利		
春天百货	王府百货	10006	东区	浙江	杭州	百货商场	24,575	B	次新店	三级商圈	亏损		
春天百货	东方百货	10007	南区	广东	深圳	百货商场	42,747	E	次新店	三级商圈	盈利		
春天百货	成都店	10008	西区	四川	成都	百货商场	32,023	C	老店	独立商圈	盈利		
春天超市	天坛店	20009	北区	北京	北京	生活超市	2,801	C	新店	社区店	盈利		
春天超市	蓝天店	20010	北区	辽宁	沈阳	生活超市	2,540	C	新店	社区店	持平		
春天超市	红旗店	20011	南区	广东	广州	生活超市	4,310	B	老店	社区店	持平		
春天超市	青年店	20012	北区	辽宁	大连	大卖场	5,509	C	次新店	写字楼店	持平		
春天超市	时尚店	20013	南区	广东	东莞	大卖场	5,778	B	次新店	写字楼店	持平		
春天超市	西单店	20014	北区	北京	北京	大卖场	15,681	E	新店	一级商圈	盈利		
春天超市	南京路店	20015	东区	浙江	杭州	大卖场	10,221	A	老店	二级商圈	盈利		
春天超市	新街口店	20016	北区	北京	北京	生活超市	4,171	C	次新店	三级商圈	持平		
春天超市	华强路店	20017	南区	福建	厦门	生活超市	2,544	A	次新店	二级商圈	盈利		
春天超市	公园店	20018	西区	陕西	西安	生活超市	3,409	D	老店	社区店	亏损		

图8-2 月销售分析模板之自定义区域

柯北：杰克，其实我们能够从系统软件中直接导出店铺的各种属性，为什么还需要在模板中单独准备区域？

杰克：好问题。第一，因为很多公司的系统中属性经常是缺失状态，有些甚至是错误的。第二，在系统中修改店铺属性是非常麻烦的一件事情。第三，我们自定义区域的属性范畴是可以大于系统的，比较灵活，比如图8-2中的财务属性，一般公司的系统中就不会直接有这个属性。第四，好的自定义模板还会预留一些升级空间来提高模板的灵活度，例如图8-2中的自定义1和自定义2。

需要提醒一下的是，在图8-2中的区域2，最好使用Excel有效性功能来限制自定义的录入内容，让使用者只能选择标准名称而不能随机录入，不然就会出现"成都"、"成 都"、"成都市"这种非标准化的格式。

配置好自定义区域的属性后，其他五个区域就可以到自定义区域来引用对应的属性用于分析、展示、报告等。

8.1.2 数据源区域

数据源区域是用来存放原始数据的地方。在Excel中有两种存放格式[1]，如图8-3（横版，补充新的数据需要向下和向右扩展）和图8-4（竖版，补充新数据时只需要向下扩展）所示。图中的区域❶为店铺属性区域，放在店铺后是为了更好地进行数据分析的统计，本图将它们的信息省略，这些属性具体内容可以通过Vlookup函数从自定义区域获取。区域❷为存放月销售相关的数据区。

---

1 为了简洁需要，图8-2和图8-3只是用了三个店铺的数据来举例，如果超过三个店铺在表格中往下放就可以了。

店铺名称	店铺代码	数据属性	2012年1月	2012年2月	2012年3月	2012年4月	2012年5月	2012年6月	2012年7月
时尚春天	10001	销售目标（10万）	830	600	650	530	550	530	430
春天广场	10002	销售目标（10万）	1,200	900	880	670	730	720	700
春天时尚	10003	销售目标（10万）	1,050	600	520	700	770	680	550
时尚春天	10001	销售额（10万）	863	546	728	493	506	493	
春天广场	10002	销售额（10万）	1,368	805	986	603	730	792	
春天时尚	10003	销售额（10万）	1,124	523	489	644	770	748	
时尚春天	10001	会员销售额（10万）	397	240	342	202	233	246	
春天广场	10002	会员销售额（10万）	602	370	483	265	372	356	340
春天时尚	10003	会员销售额（10万）	4	9	220	335	439	411	300
时尚春天	10001	成交笔数（单）	57,	98	140,541	41,316	26,150	38,121	44,103
春天广场	10002	成交笔数（单）	78,	69	62,222	42,765	54,490	54,831	52,345
春天时尚	10003	成交笔数（单）	79,	03	24,538	35,978	59,185	62,333	36,693

图8-3　月销售分析模板之数据源横版

店铺名称	店铺代码	时间属性	销售目标（10万）	销售额（10万）	会员销售额（10万）	成交笔数（单）	成交数量（件）
时尚春天	10001	2012年1月	830	863	397	57,778	161,778
春天广场	10002	2012年1月	1,200	1,	602	78,171	218,880
春天时尚	10003	2012年1月	1,050		472	79,399	230,258
时尚春天	10001	2012年2月	600	5	240	45,998	128,795
春天广场	10002	2012年2月	700	805	370	51,669	134,339
春天时尚	10003	2012年2月	480	523	309	33,603	73,927
时尚春天	10001	2012年3月	650	728	342	140,541	365,405
春天广场	10002	2012年3月	880	986	483	62,222	168,000
春天时尚	10003	2012年3月	52	39	220	24,538	73,614
时尚春天	10001	2012年4月	53	3	202	41,316	82,632
春天广场	10002	2012年4月	67	3	265	42,765	124,019
春天时尚	10003	2012年4月	70	14	335	35,978	89,944

图8-4　月销售分析模板之数据源竖版

图8-3的版式符合大多数人看数据的习惯（从左到右），缺点是在后期的数据处理时比较麻烦，不能很方便地使用数据透视表，只能用大量的公式来处理。图8-4则可以直接使用数据透视表，简单、高效。

8.1.3　分析辅助区域

分析辅助区域相当于是业务分析区域和报告展示区域的后台，大量的分析过程存放在这个区域，比如透视表等。当数据量比较小时我们可以把分析辅助区域合并到分析和展示区域，但是当数据分析过程比较大，或者我们需要将分析逻辑隐藏起来的时候，就需要给它单独找一个地方来放置了。道理很简单，我们只需要给使用者看产品，具体的生产过程就不用给对方看了。

8.1.4　业务预警区域

数据想要更好地为业务服务，那么基于业务逻辑的预警功能就是必需的了。预警顾名思义就是预先发布警告，分为两个方面：一是对已经发生的业务指标突变进行及时报警，二是对未来可能发生的状况进行预报。前者一般采用触发式，提前在模板中植入大量的标准值，一旦触发立刻报警。后者需要在模板中植入各种预测逻辑，通过数据分析去预测未来的各种状况，所以采用预报式。预警的作用是提醒管理者已经或即将发生的各种状况，以便管理者及时采取对应策略。

星星（兴奋地说）：杰克，我发现触发式就像股票市场的股价警报功能，一旦股价涨或跌到预设价位时，软件就会弹出一个报警炸弹出来。而预报式就像天气预报一样，固定时间发布未来的天气状况！

杰克：你的比喻太恰当了。需要注意的是预警的原则是报喜也报忧，如图8-5就是在我们的"日销售追踪模型"中在2013年10月18日9:00的一个预警界面截图。

图8-5　2013年10月18日的销售预警

预警是一个体系，背后是大量的商业逻辑，预警可以按日、周、月等时间节点来设置。在实际工作中可以请经验丰富的业务人员提供这些逻辑，然后由技术人员将它们实现。每当Excel中数据更新的时候，满足条件的预警信息就可以自动生成，提醒管理者采取动作。

8.1.5　业务分析区域

业务分析区域和报告展示区域都是数据分析结果的输出区域。前者追求广而泛，后者追求小而精。业务分析区域具有三个特点：首先必须对业务层面进行多维度分析，要求尽量全面；其次要求设计为高互动性，以利于使用者可以自由选择分析的角度；第三尽可能以图表方式展示。

如图8-6是月销售分析模板中的指标排行分析。区域❶是图表展示的分析结果，它会随着选择器的变化自动变化结果，区域❷为可以自由选择的分析属性，该属性和自定义区域的属性一致，区域❸为时间范畴的选择器，可以选择查询月度、季度、年度累计，区域❹为各种分析指标的选择器[2]。区域❷❸❹选择器的每个地方都可以供使用者任意选择（图8-6选择的是各大区在2013年1-8月的完成率排行），互动性非常高，同时使用者有充分的自由度，可以从各个角度、各个时间段查到各个指标的排行状况，孰好孰坏一目了然。

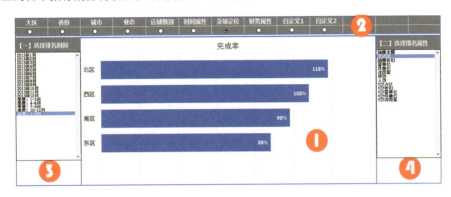

图8-6　月销售分析模板之指标排行分析

业务分析区域的主要作用是用来分析业务的各个层面，发现业务中的问题。所以分析维度必须够多，尽量做成高交互式的格式。图8-7是对店铺进行四象限分析的一个交互式图表（图中显示的是南区广东所有店铺在2013年10月的客单价和件单价分析图），此图区域❷❸❹仍然是交互式的选择器。它和图8-6稍有不同，区域❷不是单一的选择，而是可以输入查询条件来任意组合查询，既可以查询"南区""广东"，还可以增加查询条件，比如在店铺级别中输入"A"类店等；区域❹中的指标可以用来控制XY的属性，单击这个区域的指标可以对应改变四象限图的XY两个分析指标，既可以查询"客单价+件单价"，也可以用"坪效+人效"等的随意组合。

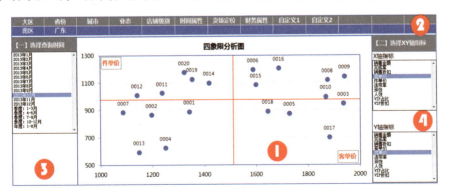

图8-7　四象限分析图

2　图8-6中的区域1为Excel的条形图，区域2、3、4使用了Excel"开发工具"中的"控件"技术。

杰克：图8-7是一个无比强大的四象限分析图，它有上亿种组合查询方式，当然在我们实际工作中是不需要这么多的。这种交互图表的好处就是将数据分析交给了使用者自己来定义。

星星：好厉害！什么时候能教我们俩用Excel做这样的图呢？我们有点迫不及待了！

杰克：不要着急嘛，8.2节我就会介绍几个制作类似图表的Excel方法给你们。

8.1.6 报告展示区域

报告展示区域更多聚焦在关键业务指标的分析上，它是将业务分析区域中的一些主要内容集中到一个区域来展示，可以讲这是一个浓缩就是精华的区域。首先它的展示格式一般是固定的，不是高互动性的。其次报告就一定要有结论，所以这个区域的内容不仅仅是分析，它是一份完整的分析报告。第三，报告的逻辑性必须要非常清晰。在设计报告展示区域时可以借鉴用PPT做业务报告的结构。PPT业务报告的结构是每页一个主题，每个主题都是由标题、观点、数据（图表格式）三部分组成，而我们在Excel中也完全可以参照此结构。

图8-8是【连锁店铺月销售分析模板】中的部分报告格式。它由销售、利润、客流和流失四部分组成，每部分又分为题目、观点、数据图表。其中观点部分可以是人工填写，也可以利用内置逻辑由各种公式自动生成。

图8-8 店铺月销售分析报告

杰克：这六部分构成了数据化管理模板，你们俩学到什么了吗？

柯北：学到了很多，更多地觉得数据化管理模板是为业务服务的，只有对业务足够精通才能设计出一个大家喜欢的产品。看来我以后还得经常去营运部多向他们学习了。

星星：我还要抓紧学习Excel，现在看来我的Excel水平还很低，没有想到它这么强大！

杰克：Excel本来就是一款非常强大的数据分析软件，如果把它仅仅用来制表就有点大材小用了。当然没有业务逻辑你的Excel水平再高也没有意义，只能是炫技。

8.2 搭建数据化管理模板必会的Excel十大技巧

学习一些Excel技巧对于搭建Excel模板是非常必要的，当然不一定是具有非常高的Excel水平才有能力制作模板。如图8-9所示，这就是一个非常小的零售店铺盈亏平衡速查模板，只需要在红框内输入数据，就能在速查结论中自动生成查询结果。我把这个小模板统称为计算器，设计起来简单，使用起来方便。当然要设计更加复杂的模板必须要有扎实的Excel功底才可以做到。我总结了十大技巧给你们参考，由于本书不是专业讲Excel技巧的书，所以有些内容只会给出知识点，大家可以通过其他渠道来深入学习。

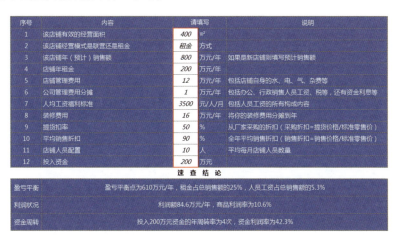

图8-9 零售店铺盈亏平衡速查表

8.2.1 必须要掌握的54个函数

1 日期函数：**day**，**month**，**year**，**date**，**today**，weekday，weeknum

② 数学函数：product，rand，randbetween，round，sum，sumif，sumifs，sumproduct

③ 统计函数：large，small，max，min，median，mode，rank，count，countif，countifs，average，averageif，averageifs

④ 查找和引用函数：choose，match，index，indirect，column，row，vlookup，hlookup，lookup，offset，getpivotdata

⑤ 文本函数：find，search，text，value，concatenate，left，right，mid，len

⑥ 逻辑函数：and，or，false，true，if，iferror

杰克：函数是建立数据化管理模板的通行证，不会函数，基本没有可能去制作模板。这54个函数不但要都学会，其中25个红色字体的函数要优先掌握，更重要的是要学会函数和函数的组合，在许多大模板中基本上很少有使用单个函数的情况，基本都是函数和函数组合在一起才能完成一个复杂的计算过程。

柯北：学习函数最好的方法是什么呢？

杰克：多练，不懂就百度！

8.2.2 数据透视表

半年前当星星和柯北刚进公司的时候，有一天杰克拿出10万条数据，让他们俩分类统计成规定报表。二人足足花了两天才搞定，当他们把成果交给杰克时，杰克看了一眼说："我能5分钟之内搞定这个报告，你们信吗？"说完杰克操起鼠标，只见光标上下翻飞，一会儿一份报表就出来了，一看时间居然不到5分钟。当时的星星和柯北看得目瞪口呆，对杰克的佩服犹如滔滔江水般绵绵不绝。

这个神奇的工具就是Excel自带的数据透视表，它是一个常用且功能强大的数据分析工具，它能快速地把大量的数据生成可以进行交互的报表，我们可以通过关键字段的随意组合，快速地"变"出各种报表。数据透视表具有如下一些常用功能：

- 自动计算字段间的分类汇总、计数、平均值、最大值、最小值等。
- 自动排序、自动筛选、自动分组。
- 可以分析占比、同比、环比、定基比等各种对比。
- 可以根据业务逻辑自定义公式进行个性化分析。
- 数据源发生变化时，只需要"刷新"一下即可变成新的报表，省时省力。

数据透视表其本身就是一个分析模型，它代替了我们植入复杂公式的过程，让数据分析简单化，稍加培训，每个使用Excel的人就能够使用这个工具。不管你是否是以数据分析为主要工作，数据透视表你都值得拥有！

8.2.3 自动排名

从小学开始，我们就生活在各种排名之中，长大后排名更是比比皆是，销售排名、商品排名、工资排名、周排名、月排名，等等。在Excel中有排序的功能，但是这个功能只能手动，不能将一组数据自动排名。要想实现自动排名需要用到部分函数和技巧，如图8-10中将区域❶的销售额前10名进行自动排名，操作过程如图8-10所示：

Step 1 在A列之前插入两列辅助列，分别是"辅助名次"和"辅助销售额"，如图8-10❷所示。

Step 2 B列"辅助销售额"中加上row（）/10000，这个动作目的是为了对D列的销售额去掉重复数字（例如图中的产品6和产品10原来都是286，去重后就有细微的差距了。如果不去重，直接用Rank函数的话产品10的排名将不能正确地显示出来）。公式中row（）函数是为了引用当前行的行号，同时为了不影响原来数据的大小，所以将对应的行号除以了10000。实际使用过程中大家可以根据数据的大小随机地调整这个值。

此步骤还需要用rank函数对"辅助销售额"进行排序，公式如❸所示。

Step 3 找一个用来显示前十大产品的地方，假定是D~F列，提前输入❹中的相关信息。

Step 4 使用Vlookup函数将1~10名的产品名称和销售额引用到D~F列。大功告成，下次只需要更新区域❶中的数据，后面的工作都就将自动完成了。

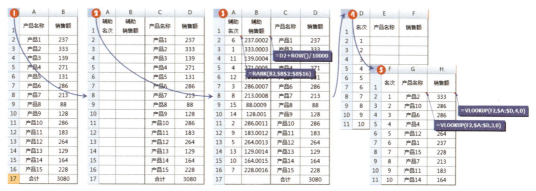

图8-10　自动排名演示图

8.2.4 四象限图

四象限图多用于策略分析时候使用，它具有XY两个相关联的维度，同时利用分割线[3]将若干元素分割成四个区域，每个区域代表一种状态，可以差异化管理。四象限图一般用散点图或气泡图来展示。我们以图8-11的20个店铺的年人效和年坪效数据为基础，制作四象限图，过程[4]如图8-12所示。

Step 1 选择图8-11中B2:C21区域制作散点图（注意不能选择A1:C21区域，也不能选择B1:C21区域，散点图只能选择数据区域，不能选择标签区域），散点图效果如图8-12 ❶ 所示。

Step 2 将平均值作为新的系列添加到散点图中，效果如图8-12 ❷ 所示。

Step 3 选中平均值那个点，然后依次选择菜单中的[布局]、[误差线]、[百分比误差线]，效果如图8-12 ❸ 所示，出来了一个小十字叉。

Step 4 选中X轴，单击鼠标右键，选择[设置坐标轴格式]命令，在[坐标轴选项]中固定住X轴的最大和最小值，本例中最大值固定为5.0，最小值固定为1.0。同样的步骤将Y轴的极值固定住。效果如图8-12 ❹ 所示。

Step 5 选中系列2的水平误差线，单击鼠标右键，选择[设置错误栏格式]命令，然后选[水平误差线]，将百分比调到适合比例。Excel默认为5%，本例调为200%。同样的步骤将垂直误差线调整到位，效果如图8-12 ❺ 所示。

Step 6 添加标签，由于Excel不能直接添加标签，我们需要下载安装一个叫"XY chart labels"的小插件，下载地址：http://www.appspro.com/Utilities/ChartLabeler.htm。使用的时候只需要选中系列1，并在菜单中依次选择[加载项]→[XY chart labels]→[add chart labels]，选择标签的位置，本例是A2:A21，最后单击"确定"按钮即可。效果如图8-12 ❻ 所示。

Step 7 对图表进行一些适当的美化处理，最后就形成了图8-12 ❼ 中的效果。

店铺	年坪效	年人效
古北	4.6	65
春熙路	1.9	61
景山	4.2	48
新街口	4.2	56
华强北	1.8	57
南京路	2.5	69
王府井	4.0	54
西单	2.1	33
东单	4.0	67
五一广场	4.7	73
泉城广场	4.4	40
太原街	4.6	54
花城	2.9	72
春城	3.6	32
市府路	3.3	34
天竺	3.2	46
中关村	2.5	58
亚运村	4.0	37
奥运村	3.3	63
天坛	1.5	50
平均值	3.4	53

图8-11 店铺人效和坪效数据

---

3 分割线可以使平均值、行业标准值、企业目标值等。
4 本案例使用Excel 2007版本完成，Excel 2003版本略有不同。

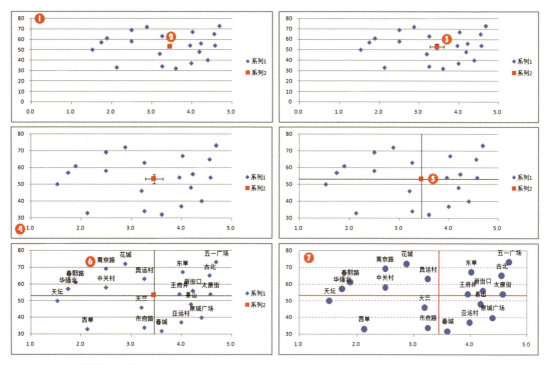

图8-12 四象限图制作过程

8.2.5 智能提醒

我连续三年都会在新浪微博上发布一个"零售店铺日销售追踪预测表"的Excel文件。这是一个用于零售店铺每日销售追踪管理的小模板,每年的下载量都在两万次以上。很多人给我反馈说特别喜欢里面的那个今日提醒,如图8-13所示,它会每天自动提醒最新的几个关键数据,18日它就提醒18日的目标以及1-17日的销售数据,到19日的时候它又会自动显示当天销售目标和1-18日累计数据。大家觉得非常神奇,为什么它能够每天自动更新,并且还有自动业务诊断功能?

今日提醒	你好,今天是9月18日,星期2,今天的销售目标是53万元。截止到昨天为止,累计完成销售1198.1万元,目标完成比率是59.9%,销售势头不错,继续加油!正常进度应该是58.2%。预计本月最后可以完成销售2058.2万元!

图8-13 日销售追踪预测模板中的智能提醒

我来揭秘一下,其实这并不难也不神秘。图8-13中蓝色字体部分其实是一个Excel合并单元格,我在里面内置了一个公式,如图8-14所示。它是由文字和若干公式组合而成的,图中红色字体为公式，公式计算结果自动会随其他单元格值的变化而变化。而文字部分是相对固定的，中间用"&"串联在一起，当然也可以用函数CONCATENATE。这些公式中引用的单元格是提前植入了算法的，比如其中的单元格B20就内置了一个月销售预测的公式在里面。这里面还有一个关键就是TODAY[5]函数，其他单元格会随着TODAY的变化而变化。

```
="你好，今天是"&MONTH(TODAY())&"月"&DAY(TODAY())&"日，星期"&WEEKDAY(TODAY(),2)&"，今天的销售目标是"&ROUND(B14/10000,0)&"万元。截止到昨天为止"&IF(B12=0,"（昨天居然销售小于10万元？）","")&"，累计完成销售"&ROUND(SUM(C13:AG13)/10000,1)&"万元，目标完成比率是"&ROUND(B13,3)*100&"%"&IF(B13>B18,"，销售势头不错，继续加油！","，你已经落后于正常进度了，要加油哦！")&"正常进度应该是"&ROUND(B18,3)*100&"%。预计本月最后可以完成销售"&B20&"万元！"
```

图8-14　自动提醒功能的单元格公式

8.1.4节介绍的业务预警，其背后的逻辑就是由大量的这种文字和公式混搭而成的。

8.2.6　PPT随Excel图表自动更新

做业务每个月最头痛的就是用PPT做销售月报，需要在PPT中手动更新一个月的数据，非常麻烦！有没有一种办法，我们只需要在Excel中更新好数据，PPT中就自动生成？特别是当我们的Excel文件本身就是分析模板的时候，我们就不需要重复劳动了。答案是这个可以有！

首先在Excel中提前做好图表，选中该图表，然后选择复制。最后打开PPT对应页面，按照如图8-15中5个步骤操作即可。这个时候PPT图表中的数字就会随Excel中的数据变化而变化，如果PPT中的图表数据没有变化，也可以选中PPT中的图表后单击鼠标右键，手动选择"更新链接"，如图8-16所示。

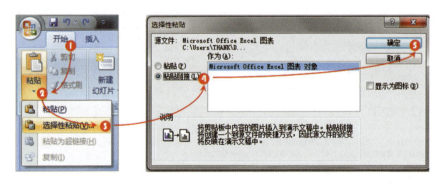

图8-15　复制粘贴Excel图表到PPT

5　Today函数，作用是返回日期格式的当前日期，它会默认我们系统日期为当前日期。

图8-16 更新链接

无论Excel中有多少个图表,都可以依次复制粘贴到PPT中。另外每次打开这个PPT文件的时候它都会提醒你是否需要更新链接,如果你点了"更新链接",那所有图表都将一次性全部更新。

8.2.7 密码保护

劳心劳力做的模板如果没有密码保护那就只能是一个艺术品,需要小心翼翼地捧着,使用者稍微一疏忽,这个模板就有可能被破坏。对模板使用密码保护既是对设计者知识产权的保护,也是为了保护数据安全以及方便使用者。Excel的密码保护主要有下面几种方法。

1 保护整个Excel文件: 依次单击Excel左上角的"Office按钮"→"准备"→"加密文件",输入密码,如图8-17所示。

图8-17 设计文件密码保护

②   **保护工作表的全部/部分区域**：操作步骤如图8-18所示，首先选择允许对方编辑的区域（即图中❶号区域B2:K8），再按"CTRL+1"组合键调出"自定义序列"对话框，选择"保护"选项卡，取消❹中"锁定"前面的"√"（Excel默认为所有单元格都是锁定状态。"锁定"下面的"隐藏"是为了隐藏单元格公式，如果选中"隐藏"选项，则选中区域内的所有单元格公式都是不可见，对方只能看到计算结果，这样就可以隐藏计算逻辑），最后单击"确定"按钮。如果是保护全部区域即整个工作表，则没有此步骤。

接下来需要保护Excel工作表才能让前面的动作有效。依次单击菜单上的"审阅"→"保护工作表"，连续两次输入密码，最后单击"确定"按钮。这个时候用户只能编辑区域❶中的数据了。

有时候我们需要禁止用户复制工作表中被保护区域的内容，只需要在❼的时候取消"选定锁定单元格"前面的"√"即可。其实❼的"允许此工作表的所有用户进行"列表框中有很多选项，这些选项可以供我们选择对使用者的开放权限。

图8-18 保护工作表的全部/部分区域

③   **允许多用户编辑工作表不同的区域**：如图8-19所示，南区❶只能由用户1编辑，北区❷只能允许用户2编辑，其他区域所有人都不能编辑。操作步骤是，依次单击Excel菜单上的"审

核"→"允许用户编辑区域",弹出对话框后单击"新建"按钮,在❻处设置对应的"标题"、"引用单元格"(即允许用户编辑的区域)、"区域密码"(这个密码由模板设计者预置,然后只提供给用户1),最后单击"确定"按钮。再次单击"新建"按钮,重复上一个步骤设置用户2的编辑区域和密码,当然这个密码要和上面的密码有区别,同时也只能告诉用户2。如果有更多用户,还可以继续重复这个步骤。

接下来依次选择Excel菜单上的"审阅"→"保护工作表",连续两次录入一个新的密码,最后单击"确定"按钮。大功告成!这个功能适合需要多用户录入数据的场景,如果能把它放到企业的共享空间里面,那就成为一个小小的数据录入平台了。

当然密码保护不仅仅这三种方法,这是三种最常用的方法。最后提醒大家,密码保护只能防君子不能防小人,所以需要时刻注意数据的安全性。

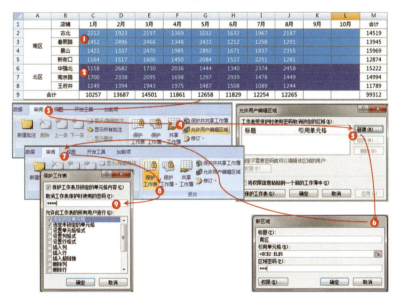

图8-19 允许多用户编辑表格不同区域

8.2.8 控件和VBA的使用

在Excel中有一个菜单"开发工具",如图8-20❶所示,它主要由两部分组成:第一是VBA、宏,图中区域❷;第二是各种控件,图中区域❸。这是Excel的高阶应用。有些Excel中没有"开发工具"这个菜单选项,需要通过如图8-21所示的步骤调出来这个菜单。依次单击"Office按钮"→"Excel选项"→"常用",再勾选上"在功能区显示'开发工具'选项卡"复选框,单击"确定"按钮。

图8-20 开发工具菜单

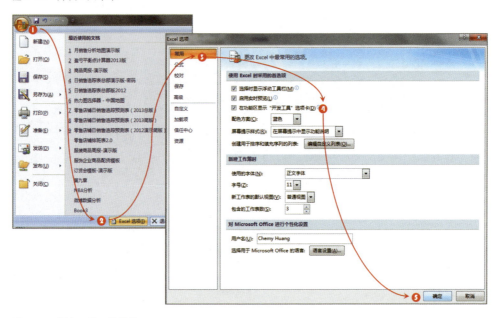

图8-21 调出开发工具菜单

在Excel模板中宏的作用主要有以下几点:

- 将重复性的动作程序化,编成VBA代码后,通过一键单击达到自动完成这些规定动作,大大提高效率。

- 规范用户的动作,让用户只能按照你设定的步骤操作数据分析。

- 代替一些函数、透视表等不能完成的功能。

宏可以通过编写VBA代码和录制宏两种方式来完成，简单地掌握它们其实并不难。对于宏的初学者来说只需要三招就能搞定Excel的宏应用：

1 会录制宏。这个微软贴心功能简单到就如录音机一样，只要开启"录制宏"，位置在如图8-20中的区域**2**中，你的每一个动作都会被Excel"翻译"为现成的代码供你使用。按Alt+F11组合键可以调出VBA编辑器来查看编辑这些代码。

2 会使用百度、谷歌等搜索引擎，很多Excel的解决方案已经被高手攻克放在各Excel论坛中了，发挥拿来主义就行，当然别忘了感谢人家。

3 会简单对代码进行变量设置，就是会修改这些拿来的或自己录制的东西。

当然，要深度掌握还是得踏踏实实地啃几本书，写几千行代码才行，不过一般人不需要。

控件的主要作用和使用：

- 通过控件来运行宏代码。
- 通过控件来修改单元格的值，从而实现图表的互动性，如图8-22所示，红色箭头所指的就是一个窗体控件，用户可以自由选择任何一个店铺，右边的柱状图就会对应地变化。当门店多，数据量大的时候，这种互动性的图表就非常有优势了。图8-6和图8-7中就使用了好几个控件来达到多维度的展示作用。

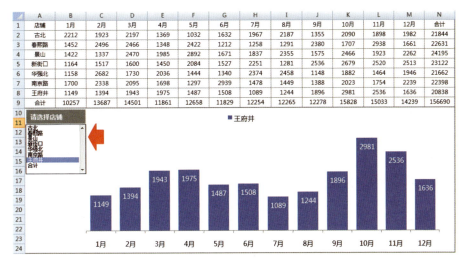

图8-22 控件的使用

学会宏和控件的使用是向高级Excel模板迈进的必由之路。本书不具体去讲这两个功能，提醒大家的是互动图表中控件常常和index，offset，vlookup等几个函数以及名称管理器一起使用。

8.2.9 名称管理器

名称管理器顾名思义就是一个定义Excel各种名称的地方，可以按Ctrl+F3组合键调出如图8-23所示的"名称管理器"。使用名称管理器可使公式更加容易理解和维护，可以为单元格区域、函数、常量或表格定义名称，一些模板中使用频率较高的公式也可以保存在这里供引用。一旦采用了在工作簿中使用名称的做法，便可轻松地更新、审核和管理这些名称。例如你可以将Sheet4中的A2:F58区域取个名字，叫"南区销售"，下次再使用公式调用A2:F58区域时就可以直接写"南区销售"了。并且如果指定使用范围是工作簿的话，无论在那个工作表中引用"南区销售"，都是Sheet4中的A2:F58。

图8-23 名称管理器

名称管理器的作用：

- 解决那些不能跨工作表引用的功能，例如条件格式，数据有效性（据说Excel 2010版解决了这个问题）。

- 简化公式，例如sum（Sheet4!A2:F58）就可以简化为sum（南区销售）。

- 和某些查找与引用函数（例如offset，index，indirect等）联合使用，用于图片引用或图表自动化引用。

自动引用图片功能：做PM或商品管理的人经常需要在Excel中放置一些产品图片，大部分人都是把图片通过手工复制粘贴完成这些动作，这种方法实际上是没办法用在建模的，建模需要的是自动化，如图8-24所示，工作表"图片库"中存放产品图片（图8-24左侧），我们希望在工作表"图片引用区"中通过产品代码来自动引用"图片库"中的图片，即在工作表"图片引用区"的单元格A2中输入代码，则B2自动出现对应的图片（图8-24右侧）。

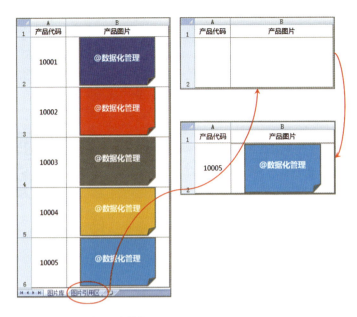

图8-24 Excel引用图片效果

制作方法是首先按Ctrl+F3组合键调出名称管理器,再单击"新建"按钮调出"编辑名称"对话框。接下来的步骤如图8-25所示,在❶处命名为"图片","引用位置中"录入❷中的公式并确认,该公式实际上就是指向产品"10005"对应的图片。接着依次单击"开发工具"→"插入"→"图像",将图像插入单元格B2,如❻所示。选中图像并在编辑栏中输入"=图片",如❼所示,按回车键,大功告成。此时在A2中录入图片库中的任意代码,在B2中就将出现对应的图片。

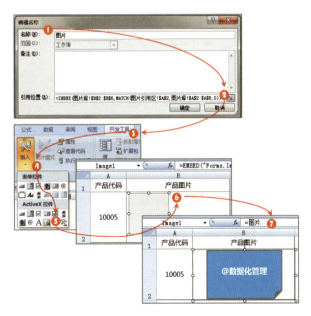

图8-25 利用名称管理器引用图片

8.2.10 如何隐藏数据

不会隐藏数据的人就不会用Excel建模,这话可能有点大。但你想想一个厨师如果把菜和作料一起给你端上来你会什么感觉?用Excel建模,就一定要学会隐藏数据。需要隐藏的包括不方便使用者看的数据,数据源区域的数据,辅助计算过程中的数据,计算逻辑,影响模板美观的数据等。

主要的隐藏数据的方法有如下几种。

- **局部隐藏数据**:有两种方法,如图8-26所示,效果一是种障眼法,将"合计"中的数字不显示或显示为***号,效果二是将"合计"所在的"9"行、"J"列全部隐藏起来。效果一通过对数据格式进行自定义达到目的,先按Ctrl+1组合键调出"设置单元格格式"对话框,依次选择"数字"→"自定义",再在"类型"中输入";;;"或"**",最后单击"确定"按钮。取消隐藏只需重新设置单元格格式为"常规"或"数字"即可。效果二步骤是首先选择整个需要隐藏的"J"列,单击鼠标右键,选择"隐藏";隐藏"9"行也是同样的步骤。取消对"J"列的隐藏,只需要先选择整个"I:K",单击鼠标右键,选择"取消隐藏"即可。

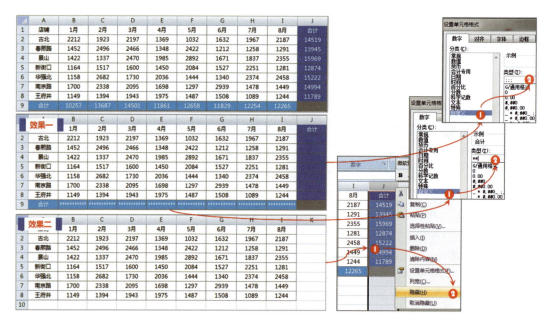

图8-26 局部隐藏数据

这两种方法隐藏后的数据虽然对方看不见，但数据还是实实在在存在的，不影响后续对这些单元格的引用。

- **隐藏工作表**：即某个或某几个工作表不可见。有三种隐藏方法：隐藏工作表，隐藏工作表标签，深度隐藏工作表。

1 **隐藏工作表**：如图8-27所示，首先选择需要隐藏的工作表，再单击"隐藏"，则"辅助分析区"这个工作表就被隐藏起来了，效果如图8-27的右图。相反选择"取消隐藏"则可以将被隐藏的工作表重新显示出来。

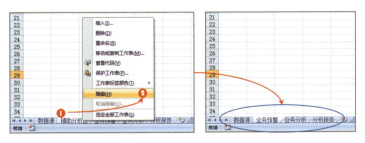

图8-27　直接隐藏工作表

2 **隐藏工作表标签**：这是个一般人不知道的用法，所有工作表的标签其实都可以隐藏起来。分析师总希望给模板加个封面，让模板漂亮一些，也更感觉产品化一些，如图8-28所示，增加一个名叫"封面"的工作表，首先选中这个工作表，然后依次单击"Office按钮"→"Excel选项"→"高级"，再取消对"显示工作表标签"的选择，单击"确定"按钮。最后效果就是如图8-29右图所示，所有工作表的标签都没有了。反之，勾选上"显示工作表标签"，则所有的标签又全部"回来"了。

隐藏工作表标签后，此时使用者没有办法通过单击对应"标签"来选择查看其他工作表了，也就没办法去"使用"这份模板其他工作表中的功能，所以我们需要在"封面"中添加一些"超链接[6]"功能来指引用户使用此模板，用户单击这些图形就能够进入对应的分析区域，如图8-29所示，添加了三个功能区，而工作表"数据源区域"和"分析辅助区域"则不开放给用户。需要注意的是应在"业务预警""业务分析""报告展示"的工作表中放置一个回到封面的"超链接"，否则用户就回不到主菜单"封面"了。

6　超链接：先选中一个对象，如"业务预警区域"，单击鼠标右键，就能找到"超链接"，然后根据对话框选择插入对应的工作表即可。

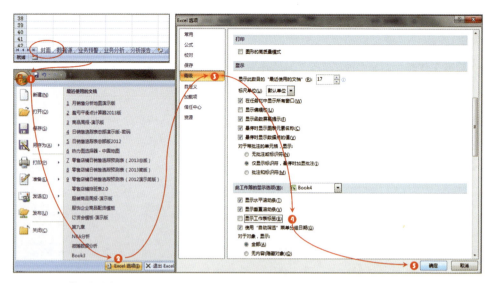

图8-28 隐藏工作表标签

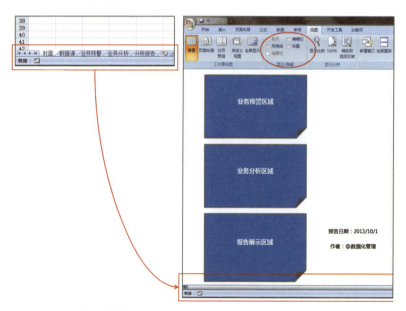

图8-29 设置封面及链接

为了让"封面"更漂亮一些,我取消对"视图"中的"网格线"、"编辑栏"和"标题",图8-29中椭圆框内的内容。做了这样的处理,你的Excel模板是不是更有范儿了?

3 **深度隐藏工作表**：按Alt+F11组合键，调出VBA编辑窗口，再选择需要深度隐藏的工作表，如图8-30所示，选择Sheet2，然后依次单击"视图"→"属性窗口"→"Visible（可见性）"→"2-xlsheetVeryHidden"深度隐藏即可。取消深度隐藏则选择"-1-xlSheetVisible"。

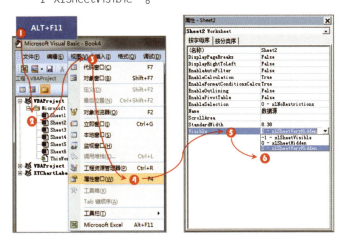

图8-30 深度隐藏工作表

深度隐藏的好处是如果给VBA编辑窗体设置了密码，用户是没有办法将隐藏的工作表显示出来的。

柯北：好厉害的Excel，杰克我太佩服你了！

星星：经过半年的锻炼后，我原认为自己Excel水平已经是熟练掌握了，现在看来只是刚刚入门。又被打击了！

杰克：不用气馁！学习Excel是一个长期过程，多看，多练，多问，自然就会成长得很快。你们目前的水平"做表"是够了。不过如果你们能将上面的十项技巧都掌握的话，我想那时你们的水平就能够打败90%使用Excel的人了。

柯北/星星：才90%啊？……

后 记

入职6个月后,柯北和星星顺利通过了试用期,也通过了杰克的"结业"考试,二人分别被派到曾经战斗过的四川分公司和上海分公司做数据分析专员,杰克也准备去迎接下一届培训生的到来。

临行前,杰克又告诫了他们几句话:

- 数据是鲜活的,是有生命的。
- 不要迷信数据,多换位思考。
- 必须尊重数据,做良心分析。
- 数据化管理不仅仅是数据分析,它是一门管理工具。
- 一定要把数据和商业结合起来思考问题,多去了解业务。

柯北:以后就不能跟着你学了,太遗憾了。

杰克:不会的,你忘了除数据分析师之外,我还是一个培训师,我会经常举行培训邀请你们参加的。

星星:我好想叫你一声师傅!

杰克:三人行,必有我师焉。择其善者而从之,其不善者而改之。你们走好!临走前我送你们一份礼物,这是我这几年用Excel制作的管理模板[1],也算是自己的心血吧,你们可以仔细研究并使用。

模板分类	模板名称	功能
零售店铺	《日销售追踪、预测、分析模板》店铺版	自动分解月目标,预测月销售额,客单价、件单价、连带率分析,加权销售分析,销售对比分析等
	《商品分析周报》店铺版	商品品类分析,库存结构(天数)分析,畅滞销产品分析,库存预警,自动提醒补货、调拨
	《数据化排班模板》店铺版	分析每月排班是否符合销售规律,排班是否公平,评估店员的销售能力,追求销售的最大化
	《店铺盈亏平衡点计算器》	计算盈亏平衡点,成本结构分析,资金回报率等
人力资源部	《店铺人力资源管理模板》	分析员工结构,监控员工流失率,店铺满意度,评估店铺员工实现差异化管理
	《数据化排班模板》管理版	遏制排班漏洞、量化排班的系统管理、精确的店铺人员评估
销售部	《日销售追踪、预测、分析模板》总部版	实现远程监控店铺/城市/区域日销售进展(包括自动分解月目标,预测月销售额,客单价、件单价、连带率分析,加权销售分析,销售对比分析),三维度(时间-对象-指标)高互动分析查询系统
	《月销售分析预测模板》分析版	各个维度的销售数据分析,预测年销售,三级(总部-区域-门店)分析系统,高互动分析查询系统,销售预警
	《月销售分析预测模板》报告版	将月度分析内容报告化,可以直接用于会议
	《月目标分解平衡模板》	辅助区域分解月目标,监控区域目标分解的合理性
	《促销活动预测、分析、评估模板》	实现促销活动事前预测、事中追踪、事后评估的量化分析
	《店铺贸易条件智能查询模板》	记录店铺贸易条件,合同到期提醒,促销申请等信息。分析贸易条款优劣,新开店铺贸易条款匹配等
商品部	《商品分析周报》总部版	商品品类分析,库存结构(天数)分析,畅滞销产品分析,库存预警,自动提醒补货、调拨
	《商品分析月报》	商品品类分析,三度(广度-宽度-深度)分析,库存结构(天数)分析,畅滞销产品分析,库存预警,建议商品策略,店铺库存结构分类展示
	《商品分析月报》报告版	将商品月度分析内容报告化,可以直接用于会议
	《服装行业采购模板》	自动计算卖货目标,建议买货结构,买货深度,买货后的分析评估
	《自动配货及分货模板》	用于店铺间及仓库和店铺间的自动配货

---

1 这些管理模板是作者为企业定制化开发的模板,读者需要的话可以上知了帮:zhiliaobang.com

附 录
测试你对数据敏感度的答案

第一部分：每题1分

❶ 错误，永远也算不出78%这个数值。

❷ 错误，城镇人口有11.5亿吗？

❸ 错误，每个地区的增长比率都小于32%，总数不可能是32%。

❹ 错误，百分比后的第一位小数只可能是0或5。

❺ 不确定，没有明显的逻辑错误，还需要其他数据来论证。

❻ 不确定，离职率的公式是离职人数÷((期初人数+期末人数)÷2)，所以离职率是有可能大于100%的。但根据这是数据还不能判断是绝对正确的。

❼ 错误，不能肯定女性超过男性。

❽ 不确定，不了解上座率的定义。

❾ 错误，尾数不满足四则运算。

第二部分：每题2分

❶ 291，规律是3、5、8、12、17的平方加2。

❷ 45，前后数字差呈0，4，8，12，16排列。

❸ 18，前一个数字乘以2再减去2。

❹ 26，隔一个数字的规律，65，50，37，26按照8，7，6，5的平方加1排列。

第三部分：每题1分

❶ 5+8+9+2=24，8×9÷(5−2)=24

❷ 6−6+8×3=24，6×8÷(6÷3)=24

❸ 3×7+8−5=24，5×7−8−3=24

你的总分是：?

- **0~5分**：你的逻辑思维很差，更谈不上用数据说话了，在日常工作中，你可能经常会被同事、下属蒙骗，如果你是单位或部门的领导者，那你在做决定的时候一定要慎重，多问下属几个为什么也未尝不可。

- **6~10分**：你具备基本的逻辑分析能力，但是遇到复杂问题可能就不行了。你可以从销售报告中看出问题，但是却不能独立的进行数据化的分析。

- **11~15分**：你有不错的逻辑分析能力，也可以从不一样的角度解析数字，你的上司会被你的数据化分析能力折服的，你一定能从数据分析中发现销售增长的机会，加油吧！

- **16~20分**：不得不佩服你的数据分析能力，你可能已经是在你的公司身居要职了，不过切记：有好的数据思维能力，只代表你的个体很强，并不意味你一定能将它们运用到数据化管理中去。

如果你是借助外力（比如计算器等）完成的上面的题目，我告诉你，你的大脑已经变成计算机模式了，你只会按照0和1思维。用数据说话也会很机械！

如果觉得本书内容不错，扫描下来分享给你的小伙伴看看吧！